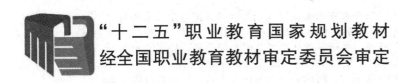

"十二五"职业教育国家规划教材
经全国职业教育教材审定委员会审定

土建大类系列规划教材

结构力学同步辅导与题解

沈养中　闫礼平　主编

科学出版社

北　京

内 容 简 介

本书是与"十二五"职业教育国家规划教材《结构力学(第四版)》配套的学习辅导用书,与教材相辅相成、相得益彰。

全书内容包括绪论、平面杆件体系的几何组成分析、静定结构的内力、静定结构的位移、力法、位移法、渐近法和近似法、用PKPM软件计算平面杆件结构、影响线、结构的动力分析等十章。每一章由内容总结、典型例题、思考题解答和习题解答等四个部分组成。本书内容丰富、突出应用、深入浅出、通俗易懂。

本书与本系列规划教材中的《理论力学同步辅导与题解》《材料力学同步辅导与题解》《建筑力学同步辅导与题解》在内容上融合、贯通、有机地连成一体,可作为高等职业学校、高等专科学校、成人高校及本科院校开办的二级职业技术学院和民办高校的土建大类专业,以及道桥、市政、水利等专业的本、专科力学课程的辅导教材,专升本考试用书,也可作为教师的教学参考书,以及有关工程技术人员的参考用书。

图书在版编目(CIP)数据

结构力学同步辅导与题解/沈养中,闫礼平主编. —北京:科学出版社,2017

("十二五"职业教育国家规划教材·经全国职业教育教材审定委员会审定·土建大类系列规划教材)

ISBN 978-7-03-050295-7

Ⅰ. ①结… Ⅱ. ①沈…②闫… Ⅲ. ①结构力学—高等职业教育—教学参考资料 Ⅳ. ①O342

中国版本图书馆CIP数据核字(2016)第258131号

责任编辑:李 欣 杜 晓/责任校对:王万红
责任印制:吕春珉/封面设计:曹 来

科学出版社 出版

北京东黄城根北街16号
邮政编码:100717
http://www.sciencep.com

新科印刷有限公司 印刷

科学出版社发行 各地新华书店经销

*

2017年3月第 一 版 开本:787×1092 1/16
2017年3月第一次印刷 印张:17
字数:403 000

定价:**36.00元**

(如有印装质量问题,我社负责调换〈新科〉)

销售部电话 010-62136230 编辑部电话 010-62132124(VA03)

前言

　　为了帮助读者更好地学习结构力学，我们根据多年的教学经验编写了与"十二五"职业教育国家规划教材《结构力学（第四版）》配套的教学辅导用书。

　　全书紧扣教材内容，共分十章。各章由内容总结、典型例题、思考题解答和习题解答等四个部分组成。内容总结简明扼要；典型例题精心挑选，有解题分析过程，分析透彻，解题规范，起引领作用；对教材中的思考题和习题全部做了解答，解答只写主要步骤，为学生留有进一步思考的空间，并对习题进行了分类，便于学生掌握知识的应用。

　　本书与本系列规划教材中的《理论力学同步辅导与题解》《材料力学同步辅导与题解》《建筑力学同步辅导与题解》在内容上融合、贯通、有机地连成一体，旨在帮助读者系统地掌握力学课程的知识要点，培养分析问题和解决问题的能力。

　　参加本书编写工作的有：江苏建筑职业技术学院沈养中（第一、四、六章）、河北筑美工程设计有限公司闫品强（第二、五章）、白景（第三、十章）、河北工程技术高等专科学校闫礼平（第七～第九章）。全书由沈养中统稿。

　　在本书的编写过程中，许多同行提出了很好的意见和建议，在此表示感谢。

　　鉴于编者水平有限，书中难免有不妥之处，敬请广大读者批评指正。

目录

第一章 绪 论

内容总结

1. 结构力学的研究对象和基本任务

1）结构的概念。在建筑物中承受并传递荷载而起骨架作用的部分称为结构。

2）结构的分类。工程中常见的结构按其几何特征可分为杆件结构、板壳结构和实体结构三类。按其空间特征可分为平面结构和空间结构两类。

3）结构力学的研究对象。结构力学的主要研究对象是杆件结构。本书只限于研究平面杆件结构。

4）结构力学的基本任务。包括以下两个方面：

① 研究结构的几何组成规律和合理形式，以确保在预定荷载作用下，结构能维持其原有的几何形状。

② 研究结构的内力和位移计算，以便对结构进行强度、刚度和稳定性计算。

2. 杆件结构的计算简图

1）结构计算简图的概念。将实际结构抽象为既能反映结构的实际受力和变形特点又便于计算的理想模型，称为结构的计算简图。

2）杆件结构的简化要点。在选取计算简图时，通常对实际杆件结构从以下几个方面进行简化：

① 结构体系的简化。结构体系的简化就是把有些空间结构，简化或分解为若干个平面结构。

② 杆件的简化。杆件用其轴线表示。直杆简化为直线，其长度则用轴线交点间的距离来确定。曲杆简化为曲线。

③ 结点的简化。结构中各杆件间的相互连接处称为结点。结点可简化为铰结点和刚结点两种基本类型。

④ 支座的简化。支座根据其支承情况的不同可简化为活动铰支座、固定铰支座、固定端支座和定向支座。

⑤ 荷载的简化。按荷载的分布范围可简化为集中荷载和分布荷载。按荷载作用时间的

久暂可简化为恒载和活载。按荷载作用的性质可简化为静荷载和动荷载。

温度的改变、支座的移动、材料的收缩等非荷外界因素有可能使结构产生变形或内力，在对结构进行分析、计算时，必须考虑这些因素对结构产生的影响。

思考题解答

思考题 1.1 何谓结构？结构可分为哪几类？

解 在建筑物中，承受并传递荷载而起骨架作用的部分称为结构。工程中常见的结构按其几何特征可分为杆件结构、板壳结构和实体结构三类。按其空间特征可分为平面结构和空间结构两类。

思考题 1.2 结构力学的研究对象是什么？

解 结构力学的主要研究对象是杆件结构。本书只限于研究平面杆件结构。

思考题 1.3 结构力学的基本任务是什么？

解 结构力学的基本任务包括以下两个方面：

1) 研究结构的几何组成规律和合理形式，以确保在预定荷载作用下，结构能维持其原有的几何形状。

2) 研究结构的内力和位移计算，以便对结构进行强度、刚度和稳定性计算。

思考题 1.4 为什么要选取结构的计算简图？选取计算简图应遵循什么原则？

解 将实际结构抽象为既能反映结构的实际受力和变形特点又便于计算的理想模型，称为结构的计算简图。

选取计算简图应遵循两方面原则：①必须使计算简图尽可能地反映结构的实际情况；②忽略次要因素，便于分析计算。

思考题 1.5 杆件结构从哪几个方面进行简化？

解 在选取计算简图时，通常对实际结构从以下几个方面进行简化：①结构体系的简化；②杆件的简化；③结点的简化；④支座的简化；⑤荷载的简化。

思考题 1.6 从受力和变形方面考虑，刚结点和铰结点各具有什么特点？

解 刚结点的特征是所连各杆既不能相对移动，也不能绕结点相对转动，各杆之间的夹角在变形前后保持不变。

铰结点的特征是所连各杆不能相对移动，但可以绕结点相对转动，在结点处各杆之间的夹角可以改变。

思考题 1.7 支座有哪几种形式？分别存在何种支座反力？

解 平面结构的支座根据其支承情况的不同可简化为活动铰支座、固定铰支座、定向支座和固定端支座。

活动铰支座的支座反力垂直于支承面，通过铰链中心，指向待定。

固定铰支座的支座反力通过铰链的中心，方向待定，通常用两个正交分力表示。

定向支座的支座反力为一个垂直于支承面、指向待定的力和一个转向待定的力偶。

固定端支座的支座反力为一个方向待定的力（通常用两个正交分力表示）和一个转向待定的力偶。

思考题 1.8 结构上的荷载分为哪几类？怎样理解非荷外界因素对结构的影响？

解 按荷载的分布范围可分为集中荷载和分布荷载。按荷载作用的时间可分为恒载和活载。按荷载作用的性质可分为静荷载和动荷载。

结构在受到其他外界因素的影响，例如温度的改变、支座的移动、材料的收缩等，这些非荷载外界因素有可能使结构产生变形或内力。因此在对结构进行分析、计算时，必须考虑非荷外界因素对结构产生的影响。

第二章 平面杆件体系的几何组成分析

内容总结

1. 基本概念

1）几何不变体系。不考虑材料的应变，在任意荷载作用下能保持原有的几何形状和位置不变的体系。

工程结构必须是几何不变体系。

2）几何可变体系。不考虑材料的应变，在任意荷载作用下其原有的几何形状和位置发生变化的体系。

3）瞬变体系。如果一个几何可变体系在发生微小的位移后，即成为几何不变体系，则称为瞬变体系。

4）刚片。在平面体系中把刚体称为刚片。体系中已被确定为几何不变的某个部分，可看成为一个刚片。同样，作为支承体系的基础也可看成为一个刚片。

5）自由度。体系的自由度是指该体系在运动时，确定其位置所需的独立坐标的数目。平面上一个点有 2 个自由度，一个刚片有 3 个自由度。

6）约束。约束是刚片与基础或刚片与刚片之间的某种连接装置，是限制体系运动的一种条件。

7）多余约束。如果在一个体系中增加一个约束，而体系的自由度并不因此而减少，则此约束称为多余约束。

8）链杆。两端是铰链连接，中间不受力的直杆称为链杆。一根链杆相当于一个约束。

9）铰。连接两个刚片的铰称为单铰。一个单铰相当于两个约束。

当两个以上的刚片连接于同一铰时，这样的铰称为复铰。连接 n 个刚片的复铰，其作用相当于（$n-1$）个单铰。

由链杆的延长线交点而形成的铰称为虚铰。当体系运动时，虚铰的位置也随之改变，故又称它为瞬铰。

10）二元体。用两根不共线的链杆连接一个结点的装置称为二元体。

2. 平面体系的自由度计算

（1）计算公式

① 刚片体系的自由度计算公式。

$$W = 3m - 2h - r$$

式中：W——体系的计算自由度；

m——刚片数；

h——单铰数；

r——支座链杆数。

② 链杆体系的自由度计算公式。

$$W = 2j - b - r$$

式中：j——铰结点数；

b——链杆数；

r——支座链杆数。

（2）体系的计算自由度与几何组成性质的关系

$W \leqslant 0$ 是保证体系几何不变的必要条件，但不是充分条件。如约束布置得当，则体系为几何不变的；如约束布置不当，则体系为几何可变的。

3. 几何不变体系的基本组成规则

1）二刚片连接规则。二刚片用不全交于一点也不全平行的三根链杆相互连接，或用一个铰及一根不通过铰心的链杆相连接，组成无多余约束的几何不变体系。

2）三刚片连接规则。三刚片用不在同一直线上的三个铰两两相连，组成无多余约束的几何不变体系。

3）加减二元体规则。在一个体系上增加或减少二元体，不改变体系的几何可变或不变性。

4. 几何组成分析解题技巧

1）应用基本组成规则对体系进行几何组成分析的关键是恰当地选取基础、体系中的杆件或可判别为几何不变的部分作为刚片，应用规则扩大其范围，如能扩大至整个体系，则体系为几何不变的；如不能的话，则应把体系简化成二至三个刚片，再应用规则进行分析。

2）体系中如有二元体，则先将其逐一撤除，以使分析简化。

3）若体系与基础是按二刚片规则连接时，则可先撤去这些支座链杆，只分析体系内部杆件的几何组成性质。

5. 平面杆件结构的分类

平面杆件结构按其受力特性可分为五种类型：梁、刚架、桁架、组合结构和拱。

典型例题

例 2.1 试计算图 2.1 所示体系的自由度 W，并进行几何组成分析。

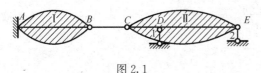

图 2.1

分析 对多跨梁等结构分析时，应用基本组成规则进行分析的关键是恰当地选取基础、体系中的杆件或可判别为几何不变的部分作为刚片，应用规则扩大其范围，如能扩大至整个体系，则体系为几何不变的；如不能的话，则应把体系简化成二至三个刚片，再应用规则进行分析。

解 1）计算自由度。体系的自由度为

$$W = 3m - 2h - r = 3 \times 2 - 2 \times 2 - 2 = 0$$

体系满足几何不变的必要条件，还需作进一步分析。

2）几何组成分析。首先，刚片 AB 由固定端 A 与基础相连，符合二刚片规则，组成一个大的刚片Ⅰ。其次，杆件 CDE 为刚片Ⅱ。刚片Ⅰ、Ⅱ之间用不完全平行也不全交于一点的三根链杆 BC、1、2 相连，符合二刚片规则，故整个体系几何不变，且无多余约束。

例 2.2 试计算图 2.2 所示体系的自由度 W，并进行几何组成分析。

分析 对桁架等结构分析时，体系中如有二元体，则先将其逐一撤除，以使分析简化。当两个刚片用两根链杆相连时，相当于在两杆轴线的交点处用一虚铰相连，其作用与一个单铰相同。当两杆轴线相互平行时，可认为两杆轴线在无穷远处相交，组成一个无穷远铰。无穷远铰属于虚铰。

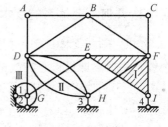

图 2.2

解 1）计算自由度。体系的自由度为

$$W = 2j - b - r = 2 \times 9 - 14 - 4 = 0$$

体系满足几何不变的必要条件，还需作进一步分析。

2）几何组成分析。首先在体系上依次去掉二元体 DAB、BCF、DBF，不改变原体系的几何组成性质，所以下面只分析 DEF 以下部分即可。

把三角形 EFI 看作刚片Ⅰ；把杆件 DH 看作刚片Ⅱ；把基础上增加二元体 12 看作刚片Ⅲ。刚片Ⅰ和刚片Ⅱ由虚铰 F 相连；刚片Ⅰ和刚片Ⅲ由链杆 GE 及链杆 4 相连，交点在 CI 直线上；刚片Ⅱ和刚片Ⅲ由平行链杆 DG 及链杆 3 相连，由于链杆 DG、3 和直线 CI 平行，且三直线将在无穷远处相交，所以三个虚铰在同一直线上，因而整个体系为瞬变体系。

例 2.3 试计算图 2.3 所示体系的自由度 W，并进行几何组成分析。

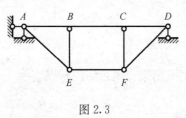

图 2.3

分析 当体系与基础是按两刚片规则连接时，可先撤去支座链杆，只分析体系内部杆件的几何组成性质。

解 1）计算自由度。体系的自由度为

$$W = 3m - 2h - r = 3 \times 6 - 2 \times 8 - 3 = -1$$

体系满足几何不变的必要条件，且有一个多余约束，但还需作进一步分析。

2）几何组成分析。由于 $ABCDFE$ 部分由基础简支，所以可只分析 $ABCDFE$ 部分。

在杆件 $ABCD$ 上依次增加二元体 AEB、CFD 构成几何不变体系，链杆 EF 可看作多余约束。因而整个体系为几何不变，且有一个多余约束。

例 2.4　试计算图 2.4 所示体系的自由度 W，并进行几何组成分析。

分析　当某些杆件与基础用固定铰支座连接时，可把这些杆件看作刚片之间的连接杆，而不作为刚片分析。

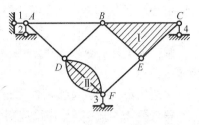

解　1）计算自由度。体系的自由度为
$$W = 2j - b - r = 2 \times 6 - 8 - 4 = 0$$
体系满足几何不变的必要条件，还需作进一步分析。

2）几何组成分析。由于体系与基础的连接多于三

图 2.4

个链杆，故把基础上增加二元体 12 看作刚片Ⅲ，三角形 EBC 看作刚片Ⅰ，把杆件 DF 看作刚片Ⅱ，刚片Ⅰ和刚片Ⅱ由链杆 FE、BD 相连，交点在无穷远处，刚片Ⅰ和刚片Ⅲ由链杆 AB 及链杆 4 相连，交点在 C 点，刚片Ⅱ和刚片Ⅲ由链杆 DA 及链杆 3 相连，交点在 F 点，显然三个铰在同一直线上，因而整个体系为瞬变体系。

思考题解答

思考题 2.1　何谓几何不变体系、几何可变体系和瞬变体系？几何可变体系和瞬变体系为什么不能作为结构？

解　在任意荷载作用下，其原有的几何形状和位置保持不变，这样的体系称为几何不变体系。在任意荷载作用下，其原有的几何形状和位置发生变化的，这样的体系称为几何可变体系。如果一个几何可变体系在发生微小的位移后，即成为几何不变体系，则称为瞬变体系。

几何可变体系因为不能保持其原有的几何形状和位置，所以不能作为结构。因为瞬变体系的内力为无穷大或不定值，所以也不能作为结构。

思考题 2.2　何谓单铰、复铰和虚铰？图示复铰各折算为几个单铰？

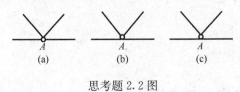

思考题 2.2 图

解　连接两个刚片的铰称为单铰。当两个以上的刚片连接于同一铰时，这样的铰称为复铰。由链杆的延长线交点而形成的铰称为虚铰。当体系运动时，虚铰的位置也随之改变，故又称它为瞬铰。

图（a）所示复铰折算为 3 个单铰。图（b）所示复铰折算为 2 个单铰。图（c）所示为单铰。

思考题 2.3　体系的实际自由度和计算自由度 W 之间有什么区别和联系？

解　体系的实际自由度和计算自由度 W 之间有如下区别和联系：$W > 0$ 表明体系存在自由度，缺乏足够的约束，实际自由度也是大于零的。而 $W \le 0$ 表明体系具备了几何不变所需的约束数。体系具备了实际自由度为零的条件。但是，如果约束布置不当，体系的

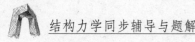

实际自由度仍可能是大于零的。

思考题 2.4 为什么 $W \leqslant 0$ 是保证体系几何不变的必要条件，而不是充分条件？

解 因为 $W > 0$ 表明体系存在自由度，缺乏足够的约束。而 $W \leqslant 0$ 表明体系具备了几何不变所需要的约束数。这是几何不变所必需的。但是，如果约束布置不当，体系仍可能是几何可变。所以 $W \leqslant 0$ 是保证体系几何不变的必要条件，而不是充分条件。

思考题 2.5 何谓多余约束？如何确定多余约束的个数？

解 如果在一个体系中增加一个约束，而体系的自由度并不因此而减少，则此约束称为多余约束。

多余约束的个数可通过计算自由度或几何组成分析得出。

思考题 2.6 二刚片连接规则中有哪些限制条件？三刚片连接规则中有什么限制条件？

解 二刚片连接规则中的限制条件是：连接二刚片的三根链杆不全交于一点也不全平行；当用一个铰和一根链杆连接时，要求链杆不通过铰心。

三刚片连接规则中的限制条件是：连接三刚片的三个铰不在同一直线上。

思考题 2.7 何谓二元体？图中 $B-A-C$ 能否都可看成为二元体？

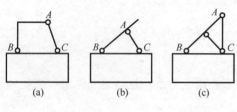

思考题 2.7 图

解 用两根不共线的链杆连接一个结点的装置称为二元体。

图（a~c）中 $B-A-C$ 均不是二元体。

思考题 2.8 何谓静定结构和超静定结构？这两类结构有什么区别？

解 当结构的全部约束力和内力都可由静力平衡方程求得，这类结构称为静定结构。当结构的全部约束力和内力仅用静力平衡方程无法全部求得，这类结构称为静定结构。

这两类结构的区别在于：静定结构无多余约束，超静定结构存在多余约束。对静定结构进行内力分析时，只需考虑静力平衡条件；而对超静定结构进行内力分析时，除了考虑静力平衡条件外，还需考虑变形条件。

思考题 2.9 平面杆件结构可分为哪几种类型？

解 平面杆件结构可分为五种类型：梁、刚架、桁架、组合结构、拱。

习题解答

习题 2.1～习题 2.16　体系的几何组成分析

习题 2.1～习题 2.16 试计算图示体系的自由度 W，并进行几何组成分析。如果是具有多余约束的几何不变体系，则须指出其多余约束的数目。

习题 2.1

解 1）计算自由度。体系的自由度为

$$W = 3m - 2h - r = 3 \times 3 - 2 \times 2 - 5 = 0$$

体系满足几何不变的必要条件，还需作进一步分析。

2) 几何组成分析。首先把基础和二元体1、2看作刚片Ⅰ。其次把杆件 BC 看作刚片Ⅱ。刚片Ⅰ、Ⅱ用不全交于一点的链杆 AB、3、4 相连，组成几何不变体系。再在该体系上增加二元体 CD、5。最后得知整个体系为几何不变体系，且无多余约束。

习题 2.2

解　1）计算自由度。体系的自由度为
$$W=3m-2h-r=3\times2-2\times2-2=0$$
体系满足几何不变的必要条件，还需作进一步分析。

2）几何组成分析。首先从体系中去掉二元体 CDE，不影响原体系的几何组成性质。此时可看到杆件 BC 能绕 B 点转动，所以原体系为几何可变体系。

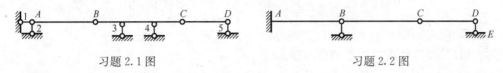

习题 2.1 图　　　　　　　　　　习题 2.2 图

习题 2.3

解　1）计算自由度。体系的自由度为
$$W=3m-2h-r=3\times5-2\times4-7=0$$
体系满足几何不变的必要条件，还需作进一步分析。

2）几何组成分析。首先把基础看作一个刚片，把杆件 AB 看作另一刚片，两刚片由三链杆1、2、3相连组成大刚片。然后把杆件 CD 看作刚片Ⅰ，则刚片Ⅰ和前面大刚片由三链杆 BC、4、5 相连组成更大的刚片。最后把杆件 EF 看作刚片Ⅱ，则刚片Ⅱ和前面更大的刚片由三链杆 DE、6、7 相连组成几何不变体系。所以整个体系为几何不变体系，且无多余约束。

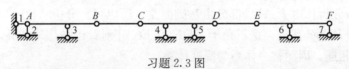

习题 2.3 图

习题 2.4

解　1）计算自由度。体系的自由度为
$$W=2j-b-r=2\times8-12-4=0$$
体系满足几何不变的必要条件，还需作进一步分析。

2）几何组成分析。将 ABEF 部分作为一刚片，这个刚片与基础用不共点的三根链杆1、2、3相连，组成一个更大的刚片Ⅰ。

同理可把 CDGH 部分作为刚片Ⅱ，它由不共点的三根链杆 BC、FG、4 与刚片Ⅰ相连，因而整个体系为几何不变体系，且无多余约束。

习题 2.5

解　体系的自由度为
$$W=2j-b-r=2\times17-30-3=1$$
体系缺少足够的约束，为几何可变体系。

若利用规则可作如下分析：由于 *AFLQ* 部分由基础简支，所以可只分析 *AFLQ* 部分。在 *AFLQ* 部分上依次撤除二元体 *EFK*、*KQP*、*EKP*、*DEJ*、*JPO*、*DJO*、*CDI*、*ION*、*CIN*、*BCH*、*HNM*、*BHM*、*ABG*、*GML*，最后剩下 *AGL* 部分，显然为几何可变的。所以整个体系为几何可变体系。

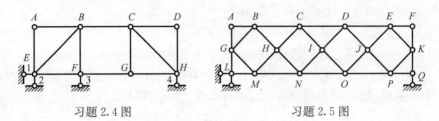

习题 2.4 图　　　　　　　习题 2.5 图

习题 2.6

解　1）计算自由度。体系的自由度为
$$W=3m-2h-r=3\times9-2\times13-3=-2$$
体系满足几何不变的必要条件，且有两个多余约束，但还需作进一步分析。

2）几何组成分析。由于 *ADEFG* 部分由基础简支，所以可只分析 *ADEFG* 部分。把三角形 *AED* 看作刚片Ⅰ，杆 *BE* 看作多余约束；把三角形 *AFG* 看作刚片Ⅱ，杆 *CF* 看作多余约束。刚片Ⅰ和刚片Ⅱ由不共线的铰 *A* 及链杆 *EF* 相连，因而整个体系为几何不变体系，且有两个多余约束。

习题 2.7

解　1）计算自由度。体系的自由度为
$$W=2j-b-r=2\times7-11-3=0$$
体系满足几何不变的必要条件，还需作进一步分析。

2）几何组成分析。由于 *AFG* 部分由基础简支，所以可只分析 *AFG* 部分。可去掉二元体 *BAC*，只分析 *BFGC* 部分。把三角形 *BDF*、*CEG* 分别看作刚片Ⅰ和Ⅱ，刚片Ⅰ和Ⅱ由三根平行的链杆相连，因而整个体系为瞬变体系。

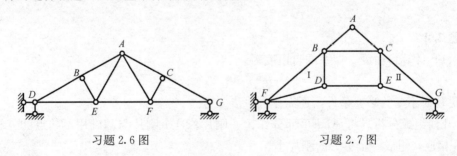

习题 2.6 图　　　　　　　习题 2.7 图

习题 2.8

解　1）计算自由度。体系的自由度为
$$W=2j-b-r=2\times9-13-5=0$$
体系满足几何不变的必要条件，还需作进一步分析。

2）几何组成分析。首先在基础上依次增加二元体 12、*AE*3、*AFE*、*ABF*、*FI*4 构成一个大的刚片Ⅰ。其次，把 *CDHG* 部分看作刚片Ⅱ，刚片Ⅰ、Ⅱ由三根共点的链杆 *BC*、

IG、5 相连，因而整个体系为瞬变体系。

习题 2.9

解　1）计算自由度。体系的自由度为
$$W=3m-2h-r=3\times2-2\times2-2=0$$
体系满足几何不变的必要条件，还需作进一步分析。

2）几何组成分析。由于 D 处为固定端支座（刚性连接），E 处为固定铰支座，所以 ABD 部分和固定铰支座 E 以及基础组成几何不变体系，在此体系上增加二元体 BCE 组成几何不变体系，所以整个体系为几何不变体系，且无多余约束。

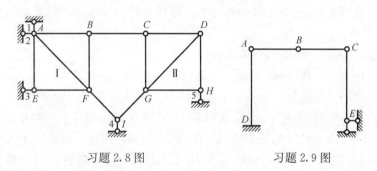

习题 2.8 图　　　　　　习题 2.9 图

习题 2.10

解　1）计算自由度。体系的自由度为
$$W=3m-2h-r=3\times4-2\times3-6=0$$
体系满足几何不变的必要条件，还需作进一步分析。

2）几何组成分析。首先把基础和固定铰支座 E、F、G 一起作为一个刚片，把 CDG 部分作为另一刚片，则两刚片用不共线的单铰 G 和链杆 CF 相连组成一个更大的刚片。再把 ABC 部分作为刚片Ⅰ，刚片Ⅰ和前面的大刚片用不共线的单铰 C 和链杆 AE 相连组成几何不变体系，所以整个体系为几何不变体系，且无多余约束。

习题 2.11

解　1）计算自由度。体系的自由度为
$$W=3m-2h-r=3\times3-2\times2-5=0$$
体系满足几何不变的必要条件，还需作进一步分析。

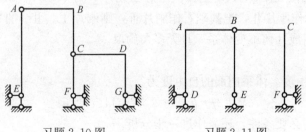

习题 2.10 图　　　　习题 2.11 图

2）几何组成分析。首先把固定铰支座 D、F 和基础一起看作刚片，再分别把 ABD 部分和 BCF 部分看作刚片Ⅰ、Ⅱ，此三刚片由不共线的三个铰 D、B、F 相连组成更大的刚

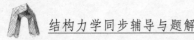

片。把杆件 BE 看作刚片Ⅲ，刚片Ⅲ和前面的大刚片用共线的单铰 E 和链杆 1 相连组成瞬变体系，所以整个体系为瞬变体系。

习题 2.12

解 1）计算自由度。体系的自由度为
$$W=3m-2h-r=3\times6-2\times7-4=0$$
体系满足几何不变的必要条件，还需作进一步分析。

2）几何组成分析。刚片 AF 和 AB 由不共线的单铰 A 以及链杆 DH 相连，组成刚片Ⅰ，同理可把 $BICEG$ 部分看作刚片Ⅱ，把基础以及二元体 12、34 看作刚片Ⅲ，则刚片Ⅰ、Ⅱ、Ⅲ由不共线的三个铰 F、B、G 两两相连，组成几何不变体系，且无多余约束。

习题 2.13

解 1）计算自由度。体系的自由度为
$$W=3m-2h-r=3\times13-2\times16-8=-1$$
体系满足几何不变的必要条件，且有一个多余约束，但还需作进一步分析。

2）几何组成分析。首先把三角形 ACD 和 BCE 分别看作刚片Ⅰ和刚片Ⅱ，把基础看作刚片Ⅲ，则三个刚片用不共线的三个铰 A、B、C 分别两两相连，组成一个大的刚片。在这个大的刚片上依次增加二元体 12、DGF、CHG、EIH、$IJ3$。链杆 4 可看作多余约束，最后得知整个体系为几何不变体系，且有一个多余约束。

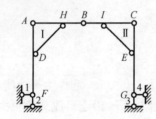 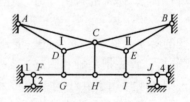

习题 2.12 图　　　　习题 2.13 图

习题 2.14

解 1）计算自由度。体系的自由度为
$$W=3m-2h-r=3\times16-2\times21-6=0$$
体系满足几何不变的必要条件，还需作进一步分析。

2）几何组成分析。在刚片 HD 上依次增加二元体 DCJ、CBI、BAH 构成刚片Ⅰ，同理可把 DMG 部分看作刚片Ⅱ，把基础看作刚片Ⅲ，则刚片Ⅰ、Ⅱ、Ⅲ由不共线的单铰 D、虚铰 N、O 相连，组成几何不变体系，且无多余约束。

习题 2.15

解 1）计算自由度。体系内部的自由度为
$$V=2j-b-3=2\times7-11-3=0$$
体系满足几何不变的必要条件，还需作进一步分析。

2）几何组成分析。该体系没有和基础相连，只需要分析其内部几何组成性质。把三角形 ABD 看作刚片Ⅰ，BCF 看作刚片Ⅱ，杆件 GE 看作刚片Ⅲ，则三个刚片由不共线的单铰 B、虚铰 O_1、O_2 分别两两相连，组成几何不变体系，且无多余约束。

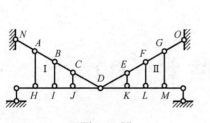

习题 2.14 图

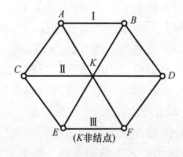

习题 2.15 图

习题 2.16

解 1) 计算自由度。体系内部的自由度为

$$V = 2j - b - 3 = 2 \times 6 - 9 - 3 = 0$$

体系满足几何不变的必要条件，还需作进一步分析。

2) 几何组成分析。该体系没有和基础相连，只需要分析其内部几何组成性质。把杆件 AB 看作刚片Ⅰ，把杆件 CD 看作刚片Ⅱ，把杆件 EF 看作刚片Ⅲ，刚片Ⅰ和刚片Ⅱ由链杆 AC、BD 相连（相当于在两杆轴线的交点上用一虚铰相连），刚片Ⅱ和刚片Ⅲ由链杆 CE、FD 相连（相当于在两杆轴线的交点上用一虚铰相连），刚片Ⅰ和刚片Ⅲ由链杆 AF、EB 相连（相当于在两杆轴线的交点上用一虚铰相连），且三个虚铰在一条直线上。因而整个体系为瞬变体系。

习题 2.16 图

13

第三章 静定结构的内力

内容总结

1. 静定梁

（1）单跨静定梁

1）内力。在任意荷载作用下，梁横截面上一般有三个内力分量，即轴力 F_N、剪力 F_S 和弯矩 M。内力符号规定如下：轴力以拉力为正，剪力以使所取微段梁产生顺时针方向转动趋势的为正，弯矩以使梁的下边纤维受拉为正。横截面上的内力的计算规律如下：

① 梁任意横截面上的轴力 F_N 的数值，等于该截面左边（或右边）梁上所有轴向外力的代数和。当轴向外力与该截面上正号轴力的方向相反时为正，相同时为负。

② 梁任意横截面上的剪力 F_S 的数值，等于该截面左边（或右边）梁上所有横向外力的代数和。当横向外力与该截面上正号剪力的方向相反时为正，相同时为负。

应该注意，当梁上的外力与梁斜交时，应先将其分解成轴向分力和横向分力。

③ 梁任意横截面上的弯矩 M 的数值，等于该截面左边（或右边）梁上所有外力对该截面形心之矩的代数和。当力矩与该截面上正号弯矩的转向相反时为正，相同时为负。

2）内力图。内力图是反映结构中各个截面上内力变化规律的图形，其绘制方法可归纳如下：

① 内力方程法。列出内力方程，在坐标系中绘出方程的图线，即得内力图。

② 微分关系法。根据梁所受外力将梁分为若干段，由微分关系判断各段梁剪力图和弯矩图的形状；计算控制截面上的剪力值和弯矩值，逐段绘制剪力图和弯矩图。

③ 区段叠加法。在梁上选取外力的不连续点作为控制截面，并求出各控制截面上的弯矩值，从而确定弯矩图的控制点；若控制截面间无荷载作用，则用直线连接两控制点就绘出了该段梁的弯矩图。若控制截面间有均布荷载作用，则先用虚线连接两控制点，然后以此虚直线为基线，叠加上该段在均布荷载单独作用下的相应简支梁的弯矩图，从而绘出该段梁的弯矩图。

（2）多跨静定梁

多跨静定梁是主从结构，由附属部分和基本部分组成。其受力特点是：外力作用于基本部分时，附属部分不受力；外力作用于附属部分时，附属部分和基本部分都受力。其约束力计算方法是：先计算附属部分，将附属部分上的约束力反方向加在基本部分上，再计算基本部分。因此，多跨静定梁可以拆成若干个单跨梁分别进行内力计算，然后将各单跨梁的内力图连在一起即可得多跨静定梁的内力图。上述方法也适用于其他型式的主从结构。

2. 静定平面刚架

（1）内力的表示和符号规定

1）为了使杆件内力表达得清晰，在内力符号的右下方用两个下标注明，第一个下标表示该内力所属的截面；第二个下标表示杆段的另一端截面。

2）在刚架的内力计算中，弯矩可自行规定正负，但须注明受拉的一侧；弯矩图绘在杆的受拉一侧。剪力和轴力的正负号规定同前。剪力图和轴力图可绘在杆的任一侧，但须注明正负号。

（2）刚架内力的计算规律

1）刚架任一横截面上的弯矩，其数值等于该截面任一边刚架上所有外力对该截面形心之矩的代数和。当力矩与该截面上规定的正号弯矩的转向相反时为正，相同时为负。

2）刚架任一横截面上的剪力，其数值等于该截面任一边刚架上所有外力在该截面所在杆的横向上的分力的代数和。当分力与该截面上正号剪力的方向相反时为正，相同时为负。

3）刚架任一横截面上的轴力，其数值等于该截面任一边刚架上所有外力在该截面所在杆的轴向上的分力的代数和。当分力与该截面上正号轴力的方向相反时为正，相同时为负。

（3）刚架内力图的绘制步骤

1）由整体或部分的平衡条件，求出支座反力和铰结点处的约束力。

2）选取刚架上的外力不连续点（如集中力作用点、集中力偶作用点、分布荷载作用的起点和终点等）和杆件的连接点作为控制截面，按刚架内力计算规律，计算各控制截面上的内力值。

3）按单跨静定梁的内力图的绘制方法，逐杆绘制内力图，即用区段叠加法和微分关系法绘制弯矩图，用微分关系法绘制剪力图和轴力图；最后将各杆的内力图连在一起，即得整个刚架的内力图。

3. 静定平面桁架

桁架中各杆的内力只有轴力，计算时均假设为拉力。求解内力的方法是：结点法、截面法、联合法。

结点法是取桁架结点为研究对象，由平面汇交力系的平衡方程求杆件的轴力；截面法是截取桁架一部分为研究对象，由平面一般力系的平衡方程求杆件的轴力；联合应用结点法和截面法求桁架的轴力，称为联合法，适用于联合桁架和复杂桁架的内力计算。

4. 静定平面组合结构

组合结构是由只受轴力的链杆和承受弯矩、剪力和轴力的梁式杆所组成。

组合结构的内力计算，一般是在求出支座反力后，先计算链杆的轴力，其计算方法与平面桁架内力计算相似；然后再计算梁式杆的内力，其计算方法与梁、刚架内力计算相似；

最后绘制结构的内力图。

5. 三铰拱

1）水平推力。在竖向荷载作用下，三铰拱将产生水平推力，由于水平推力的存在，拱的各截面上的弯矩、剪力较具有相同跨度的相应简支梁对应截面上的弯矩、剪力要小得多，即拱主要承受轴向压力。三铰拱的竖向反力与相应简支梁相同，它的水平推力为

$$F_x = \frac{M_C^0}{f}$$

式中：M_C^0——相应简支梁跨中 C 截面上的弯矩；

f——拱高。

2）内力。三铰拱任意横截面 K 上的内力计算公式为

$$\left.\begin{aligned} M_K &= M_K^0 - F_x y_K \\ F_{SK} &= F_{SK}^0 \cos\varphi_k - F_x \sin\varphi_K \\ F_{NK} &= F_{SK}^0 \sin\varphi_K + F_x \cos\varphi_K \end{aligned}\right\}$$

式中：M_K、F_{SK}、F_{NK}——三铰拱任意横截面 K 上的弯矩、剪力和轴力。弯矩以使拱内侧纤维受拉为正，剪力以使隔离体顺时针转动为正，轴力以使拱截面受压为正。

M_K^0、F_{SK}^0、F_{NK}^0——相应简支梁中对应截面上的弯矩、剪力和轴力。

y_K——三铰拱任意横截面 K 距离通过支座的水平线的高度。

φ_K——三铰拱任意横截面 K 的切线与水平线的夹角。

3）合理拱轴。当拱在荷载作用下，各横截面上没有弯矩时，该拱轴就称为在该荷载作用下的合理拱轴。

三铰拱的合理拱轴方程为

$$y_K = \frac{M_K^0}{F_x}$$

典型例题

例 3.1 试绘制图 3.1（a）所示多跨静定梁的内力图。

分析 计算多跨静定梁的内力时，应首先分清楚基本部分和附属部分，绘出层次图，由附属部分最高的梁开始计算。求出各段梁的约束力后再逐杆绘制出内力图。

解 1）绘层次图。本题的几何组成关系如图 3.1（b）所示，梁 ABC 以固定端支座与基础相连接，是基本部分，CE 部分在 E 端原本是一个铰，有水平约束，可以阻止梁 EFG 的水平运动。但在竖向荷载作用下，此处水平约束力为零；将铰 E 处的水平约束改移到 G 处，并不改变此结构的受力状态，故层次图如图 3.1（c）所示。在此层次图中，EFG 也是基本部分，CDE 支承在 ABC 和 EFG 上，是附属部分。

2）求约束力。先计算 CDE 的约束力。铰 C 上作用的集中力可以认为是加在梁 CDE 上（也可认为是加在梁 ABC 上，对多跨梁的约束力和内力没有影响），由 CDE 的平衡条件，求得约束力后，将 C 和 E 处的约束力反向作用于梁 ABC 和 EFG 上，再计算梁 ABC 和

EFG 的约束力。其计算结果示于图 3.1（d）中。

3）绘内力图。分别绘出单跨梁 *ABC*、*CDE* 和 *EFG* 的弯矩图与剪力图，连在一起，即得多跨静定梁的弯矩图与剪力图，分别如图 3.1（e，f）所示。

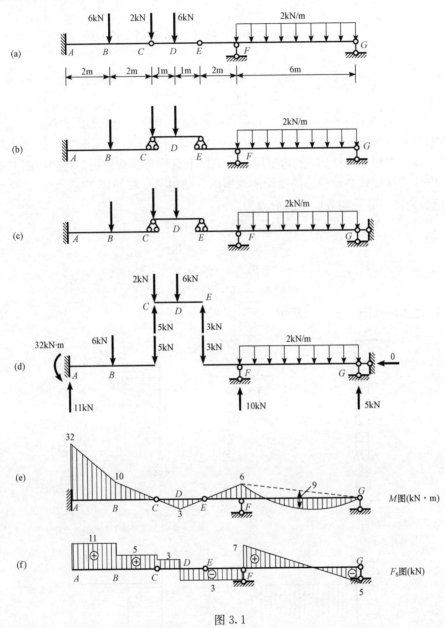

图 3.1

例 3.2　试绘制图 3.2（a）所示刚架的内力图。

分析　通常先由平衡条件求出刚架的支座反力和铰结点处的约束力，然后按刚架内力计算规律，计算各控制截面上的内力。按单跨静定梁的内力图的绘制方法逐杆绘制内力图。在绘制刚架的弯矩图时，不标弯矩的正负号，只将弯矩绘在杆件的受拉侧；剪力、轴力的正负号规定与静定梁相同，剪力图和轴力图上要标注正负号。

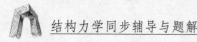
解 1）求支座反力。由刚架整体的平衡方程，求得支座反力为

$$F_{Ax} = 8\text{kN}, \; F_{Ay} = -7\text{kN}, \; F_{By} = 7\text{kN}$$

2）绘弯矩图。各控制截面上的弯矩为

$$M_{CD} = 0$$

$$M_{DC} = 4\text{kN} \times 1\text{m} = 4\text{kN} \cdot \text{m}（左侧受拉）$$

$$M_{BD} = 0$$

$$M_{DB} = F_{By} \times 4\text{m} = 7\text{kN} \times 4\text{m} = 28\text{kN} \cdot \text{m}（下侧受拉）$$

$$M_{AD} = 0$$

$$M_{DA} = F_{Ax} \times 4\text{m} - 1\text{kN/m} \times 4\text{m} \times 2\text{m} = 24\text{kN} \cdot \text{m}（右侧受拉）$$

绘出刚架的弯矩图如图 3.2（b）所示。其中杆 CD 和 BD 属无荷载区段，将两控制点连以直线，即可得杆 CD 和 BD 的弯矩图。杆 AD 上有均布荷载作用，将两控制点连以虚直线，以此虚线为基线，叠加相应简支梁的弯矩图，即得 AD 杆的弯矩图。

3）绘剪力图。各控制截面上的剪力为

$$F_{SCD} = F_{SDC} = 4\text{kN}$$

$$F_{SDB} = F_{SBD} = -7\text{kN}$$

$$F_{SAD} = 8\text{kN}$$

$$F_{SDA} = 8\text{kN} - 1\text{kN/m} \times 4\text{m} = 4\text{kN}$$

绘出刚架的剪力图如图 3.2（c）所示。

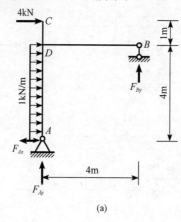

(a)

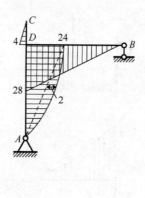

(b)M图(图中数字单位为kN·m)

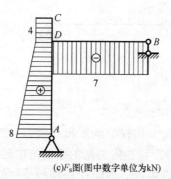

(c)F_S图(图中数字单位为kN)

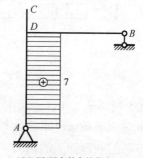

(d)F_N图(图中数字单位为kN)

图 3.2

4）绘轴力图。各控制截面上的轴力为

$$F_{NCD} = F_{NDC} = 0$$
$$F_{NDB} = F_{NBD} = 0$$
$$F_{NAD} = F_{NDA} = 7\text{kN}$$

绘出刚架的轴力图如图 3.2（d）所示。

例 3.3　试求图 3.3（a）所示桁架中杆件 a、b、c 的内力。

分析　当整个桁架各杆内力都需要求解时，通常用结点法。当只需要求解桁架中指定杆件内力时，通常用截面法。求解联合桁架和复杂桁架的内力时，通常联合应用结点法和截面法。

桁架中的各杆内力只有轴力，计算时均设为拉力。

解　1）求支座反力。由桁架整体的平衡方程，求得支座反力为

$$F_{Ay} = F_{By} = 100\text{kN}$$

2）求杆 a、b 的内力。用截面 I-I 截取桁架左边部分为研究对象〔图 3.3（b）〕，以点 4 为矩心，由力矩平衡方程 $\sum M_4 = 0$，得

$$F_{Nax} = -160\text{kN}$$

利用比例并系，得

$$F_{Na} = (-160)\text{kN} \times \frac{3.092}{3} = -164.91\text{kN}（压力）$$

以 13 杆与 24 杆的交点 O 为矩心。由几何关系，可得 $OA = 6\text{m}$。由力矩平衡方程 $\sum M_O = 0$，得

$$F_{Nby} = 20\text{kN}$$

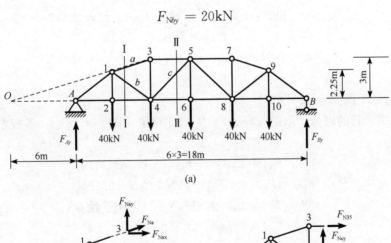

(a)

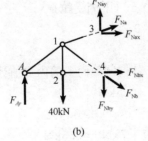

(b)

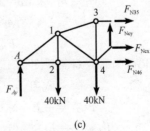

(c)

图 3.3

利用比例关系，得

$$F_{Nb} = 20\text{kN} \times \frac{3.75}{2.25} = 33.33\text{kN（拉力）}$$

3）求杆 c 的内力。用截面 Ⅱ－Ⅱ 截取桁架左边部分为研究对象 ［图 3.3（c）］，由平衡方程 $\sum Y = 0$，得

$$F_{Ncy} = -(100 - 40 \times 2)\text{kN} = -20\text{kN}$$

利用比例关系，得

$$F_{Nc} = -20 \times \sqrt{2}\text{kN} = -28.28\text{kN（压力）}$$

例 3.4 试求图 3.4（a）所示组合结构的内力，并绘制梁式杆的内力图。

分析 求解静定平面组合结构内力的关键是：分清结构中哪些是梁式杆，哪些是链杆。首先用截面法和结点法求出链杆的轴力，然后再按梁、刚架内力计算方法求梁式杆的内力，并绘出梁式杆的内力图。

解 在图 3.4（a）所示结构中，AFC、BGC 为梁式杆，其余各杆均为链杆。

1）求支座反力。由整体的平衡方程，得

$$F_{Ax} = 0, \quad F_{Ay} = 7.5\text{kN}, \quad F_{By} = 6.5\text{kN}$$

2）求链杆的轴力。用截面将杆 DE 和铰 C 截开，取左边部分为研究对象 ［图 3.4（b）］，由平衡方程得，

$$F_{NDE} = -7\text{kN}$$

$$F_{Cx} = 7\text{kN}, \quad F_{Cy} = 0.5\text{kN}$$

依次取结点 D、E 为研究对象，由平衡方程得

$$F_{NDAx} = -7\text{kN}, \quad F_{NDAy} = -7\text{kN}, \quad F_{NDA} = -9.898\text{kN}$$

$$F_{NDF} = 7\text{kN}$$

$$F_{NEBx} = -7\text{kN}, \quad F_{NEBy} = -7\text{kN}, \quad F_{NEB} = -9.898\text{kN}$$

$$F_{NEG} = 7\text{kN}$$

各链杆的轴力示于图 3.4（g）中。

3）计算梁式杆的内力。取梁式杆 AFC 为研究对象 ［图 3.4（c）］，各控制截面上的内力值计算如下：

$$F_{SCF} = F_{SFC} = -F_{Cy} = -0.5\text{kN}$$

$$F_{SFA} = F_{SAF} = -F_{Cy} - 7\text{kN} + 8\text{kN} = 0.5\text{kN}$$

$$M_F = F_{Cy} \times 3\text{m} = 1.5\text{kN} \cdot \text{m（下侧受拉）}$$

$$M_C = M_A = 0$$

$$F_{NAC} = 7\text{kN}$$

再取梁式杆 BGC 为研究对象 ［图 3.4（d）］，各控制截面上的内力值计算如下：

$$F_{SCG} = -F_{Cy} = -0.5\text{kN}$$

$$F_{SGC} = -F_{Cy} - (1 \times 3)\text{kN} = -3.5\text{kN}$$

$$F_{SGB} = -F_{Cy} - (1 \times 3)\text{kN} + 7\text{kN} = 3.5\text{kN}$$

$$F_{SBG} = -F_{By} + 7\text{kN} = 0.5\text{kN}$$

$$M_G = F_{Cy} \times 3\text{m} + (1 \times 3 \times 1.5)\text{kN} \cdot \text{m} = 6\text{kN} \cdot \text{m（上侧受拉）}$$

$$M_C = M_B = 0$$

$$F_{NCB} = 7\text{kN}$$

4）绘制梁式杆的内力图。绘出梁式杆 AFC 和 BGC 的内力图分别如图 3.4（e～g）所示。

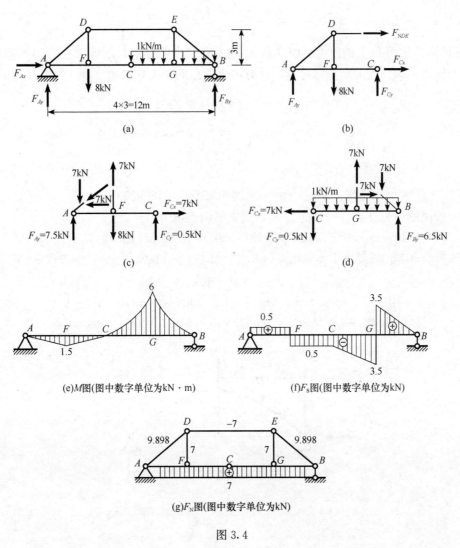

(a)

(b)

(c)

(d)

(e)M图(图中数字单位为kN·m)

(f)F_s图(图中数字单位为kN)

(g)F_N图(图中数字单位为kN)

图 3.4

例 3.5 试求图 3.5（a）所示三铰拱横截面 D 上的内力。已知拱轴线方程为 $y = \dfrac{4f}{l^2}x(l-x)$。

分析 在计算三铰拱内力时，如果只计算一处内力，则可采用截面法截取研究对象，列平衡方程直接计算；如果计算三铰拱的多处内力，则用内力计算公式求得；如果要绘制三铰拱的内力图，需要计算较多处内力，通常采用内力计算公式列算表进行。本例按内力计算公式求解。

解 1）求支座反力。三铰拱的相应简支梁如图 3.5（b）所示，其支座反力为

$$F_{Ax}^0 = 0, \ F_{Ay}^0 = 40\text{kN}, \ F_{By}^0 = 20\text{kN}$$

横截面 C 上的弯矩为

$$M_C^0 = 160\text{kN} \cdot \text{m}$$

三铰拱的支座反力为

$$F_{Ay} = F_{Ay}^0 = 40\text{kN}, \ F_{By} = F_{By}^0 = 20\text{kN}$$

$$F_{Ax} = F_{Bx} = F_x = \frac{M_C^0}{f} = \frac{160\text{kN} \cdot \text{m}}{4\text{m}} = 40\text{kN}$$

2）计算横截面 D 上的内力。因横截面 D 上有集中力作用，故该处左右两侧横截面上的剪力和轴力不同，需分别加以计算。计算内力所需的相关数据为

$$x_D = 4\text{m}, \ y_D = \frac{4f}{l^2}x_D(l - x_D) = 3\text{m}$$

$$\tan\varphi_D = 0.5, \ \sin\varphi_D = 0.447, \ \cos\varphi_D = 0.894$$

$$F_{SD}^{L0} = F_{Ay}^0 = 40\text{kN}$$

$$F_{SD}^{R0} = F_{Ay}^0 - 40\text{kN} = 0$$

$$M_D^0 = F_{Ay}^0 \times 4\text{m} = 40\text{kN} \times 4\text{m} = 160\text{kN} \cdot \text{m}$$

由三铰拱的内力计算公式可得 D 横截面上的内力值为

$$F_{SD}^L = F_{SD}^{L0}\cos\varphi_D - F_x\sin\varphi_D = 40\text{kN} \times 0.894 - 40\text{kN} \times 0.447 = 17.88\text{kN}$$

$$F_{ND}^L = F_{SD}^{L0}\sin\varphi_D + F_x\cos\varphi_D = 40\text{kN} \times 0.447 + 40\text{kN} \times 0.894 = 53.64\text{kN}$$

$$F_{SD}^R = F_{SD}^{R0}\cos\varphi_D - F_x\sin\varphi_D = 0 - 40\text{kN} \times 0.447 = -17.88\text{kN}$$

$$F_{ND}^R = F_{SD}^{R0}\sin\varphi_D + F_x\cos\varphi_D = 0 + 40\text{kN} \times 0.894 = 35.76\text{kN}$$

$$M_D = M_D^0 - F_x \times y_D = 160\text{kN} \cdot \text{m} - 40\text{kN} \times 3\text{m} = 40\text{kN} \cdot \text{m}$$

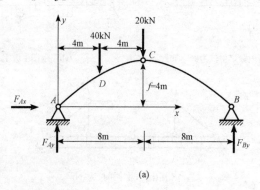

(a)

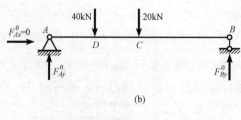

(b)

图 3.5

思考题解答

思考题 3.1　在用区段叠加法绘制梁的弯矩图时，为什么必须是竖标的相加，而不是两个图形的简单拼合？

解　因为两个图形都是以水平线为基线绘出的，弯矩图数值是垂直于水平基线的竖标，所以用区段叠加法绘制梁的弯矩图时，必须是竖标的相加。

思考题 3.2　如何区分多跨静定梁的基本部分和附属部分？多跨静定梁的约束力计算顺序为什么是先计算附属部分后计算基本部分？

解　在多跨静定梁中，与基础相连能独立地承受荷载的部分，称为基本部分。需依靠其他的梁段支承才能承受荷载的部分，称为附属部分。

通过层次图可以看出力的传递过程。因为基本部分直接与基础相连，当荷载作用于基本部分时，仅基本部分受力，附属部分不受力。当荷载作用于附属部分时，由于附属部分与基本部分相连，所以基本部分也受力。因此，多跨静定梁的约束力计算顺序应该是先计算附属部分后计算基本部分。即从附属程度最高的部分算起，求出附属部分的约束力后，将其反向加于基本部分即为基本部分的荷载，再计算基本部分的约束力。

思考题 3.3　多跨静定梁和与之相应的系列多跨简支梁在受力性能上有什么差别？

解　由于多跨静定梁的基本部分中有伸臂存在，使支座处截面上产生负弯矩，从而降低跨中截面上的正弯矩数值。因此，多跨静定梁和与之相应的同跨度、同荷载的系列简支梁在受力性能上相比，多跨静定梁的受力较均匀，使用材料较省。

思考题 3.4　刚结点和铰结点在受力和变形方面各有什么特点？

解　在刚结点处，刚结在一起的各杆不能发生相对移动和转动，变形时它们的夹角将保持不变，故刚结点能承受和传递弯矩。

在铰结点处，各杆间的夹角可以改变，故铰结点不能承受和传递弯矩。

思考题 3.5　试改正图示静定平面刚架的弯矩图中的错误。

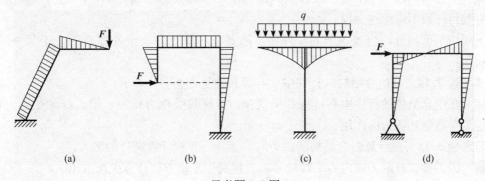

思考题 3.5 图

解　改正后的弯矩图如思考题 3.5 题解图所示。

思考题 3.6　在进行刚架的内力图绘制时，如何根据弯矩图来绘制剪力图，又如何根据剪力图来绘制轴力图？

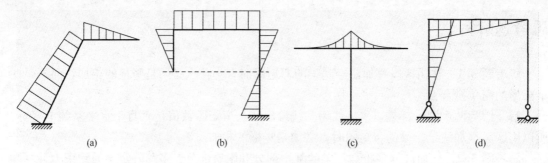

思考题 3.5 题解图

解 根据已绘出的弯矩图来绘制剪力图时，一般取该杆为研究对象并绘出该杆的受力，因杆端弯矩已求得，故利用力矩平衡条件即可求得杆端剪力，进而绘出剪力图。根据已绘出的剪力图来绘制轴力图时，一般取结点为研究对象，由结点的平衡条件求得各杆轴力，进而绘出轴力图。

思考题 3.7 什么是桁架的主内力？什么是桁架的次内力？

解 通常把根据计算简图求出的内力称为主内力，主内力一般是轴力。把由于实际情况与理想情况不完全相符而产生的附加内力称为次内力，次内力一般是弯矩和剪力。理论分析和实测表明，在一般情况下次内力可忽略不计。

思考题 3.8 桁架中的零杆是否可以拆除不要？为什么？

解 不能拆除。拆除后桁架可能会变为几何可变结构或与实际情况不符（理想桁架中的零杆在实际情况下内力不一定为零）。

思考题 3.9 用截面法计算桁架的内力时，为什么截断的杆件一般不应超过三根？什么情况下可以例外？

解 由于截面法是用一截面（平面或曲面）截取桁架的某一部分（两个结点以上）为研究对象，利用该部分的静力平衡方程来计算截断杆的轴力。此研究对象所受的力通常构成平面一般力系，而一个平面一般力系只能列出三个独立的平衡方程，因此用截面法截断的杆件数目一般不应超过三根。

下列情况可例外：当被截断的杆件中，除其中一杆外，其余各杆均汇交于某一结点，或互相平行时。

思考题 3.10 在组合结构的杆件中，有哪几种受力类型？

解 在组合结构的杆件中有链杆和梁式杆。链杆只受轴力作用，梁式杆除受轴力的作用外还承受弯矩和剪力的作用。

思考题 3.11 在计算组合结构的内力时，为什么要先计算链杆的轴力？

解 因为梁式杆的未知内力个数较多，直接利用平衡方程计算无法求出。

思考题 3.12 为什么三铰拱可以用砖、石、混凝土等抗拉性能差而抗压性能好的材料建造？而梁却很少用这类材料建造？

解 在拱结构中，由于水平推力的存在，拱横截面上的弯矩比相应简支梁对应截面上的弯矩小得多，并且可使拱横截面上的内力以轴向压力为主。这样，拱可以用抗压强度较高而抗拉强度较低的砖、石和混凝土等材料来建造。而梁的横截面内力以弯矩为主，截面存在受拉区，砖、石、混凝土等抗拉性能差，故梁很少用这类材料建造。

思考题 3.13 什么是三铰拱的合理拱轴？如何确定合理拱轴？在什么情况下三铰拱的合理拱轴为二次抛物线？

解 若拱的所有截面上的弯矩都为零，则这样的拱轴线就称为在该荷载作用下的合理拱轴。

当拱所受的荷载为已知时，只要求出相应简支梁的弯矩方程 M_K^0，然后除以水平推力（水平支座反力）F_x，便可得到合理拱轴方程。

在满跨的竖向均布荷载作用下，对称三铰拱的合理拱轴为二次抛物线。

思考题 3.14 简述静定的梁、刚架、桁架、组合结构和三铰拱的受力特点以及工程应用？

解 梁、刚架是以承受弯矩为主的结构，截面上的应力分布不均匀，因而材料的强度得不到充分发挥，但结构形式简单，施工方便，能形成各种结构形式，故实际工程应用最广。桁架结构内力只有轴力，应力分布均匀，材料的强度能充分发挥，是大跨度结构常用的一种形式，但铰的构造比较复杂。组合结构由于链杆的存在，使得梁式杆的弯矩峰值减小，但施工相对复杂。三铰拱由于水平推力的存在，截面上的弯矩小而压力大，应力分布均匀，材料的强度能充分发挥，适合用混凝土、砖、石材等材料制作，但构造复杂，施工困难，工程实际中用于桥梁、屋盖等结构。

思考题 3.15 静定结构有哪些特性？

解 1）静定结构解的唯一性。静定结构是无多余约束的几何不变体系。由于没有多余约束，其所有的支座反力和内力都可以由静力平衡方程完全确定，并且解答只与荷载及结构的几何形状、尺寸有关，而与构件所用的材料及构件截面的形状、尺寸无关。另外，当静定结构受到支座移动、温度改变和制造误差等非荷载因素作用时，只能使静定结构产生位移，不产生支座反力和内力。

2）静定结构的局部平衡性。静定结构在平衡力系作用下，其影响的范围只限于受该力系作用的最小几何不变部分，而不致影响到此范围以外。即仅在该部分产生内力，在其余部分均不产生内力和反力。

3）静定结构的荷载等效性。当对静定结构的一个内部几何不变部分上的荷载进行等效变换时，其余部分的内力和反力不变。

习题解答

习题 3.1～习题 3.2 单跨静定梁、斜梁

习题 3.1 试绘制图示单跨静定梁的内力图。

解 （1）题（a）解

1）求支座反力。取 AB 梁为研究对象 [习题 3.1 (a) 题解图 (a)]，由平衡方程，可求得支座反力为

$$F_{Ax}=0, \quad F_{Ay}=10\text{kN}, \quad F_{By}=50\text{kN}$$

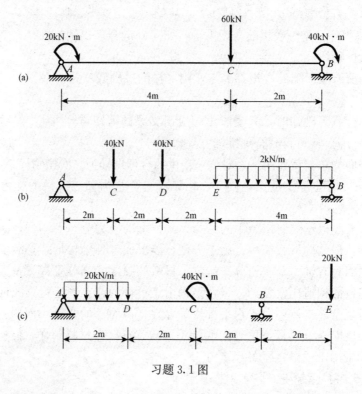

习题 3.1 图

2）绘内力图。计算控制截面上的弯矩值和剪力值，绘出弯矩图和剪力图分别如习题 3.1（a）题解图（b，c）所示。

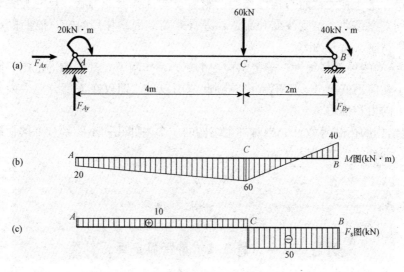

习题 3.1（a）题解图

（2）题（b）解

1）求支座反力。取 AB 梁为研究对象［习题 3.1（b）题解图（a）］，由平衡方程，可求得支座反力为

$$F_{Ax}=0,\quad F_{Ay}=72\text{kN},\quad F_{By}=88\text{kN}$$

2）绘内力图。计算控制截面上的弯矩值和剪力值，绘出弯矩图和剪力图分别如习题3.1（b）题解图（b，c）所示。

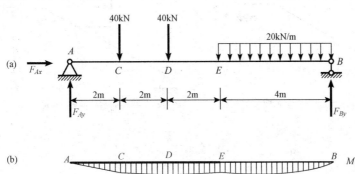

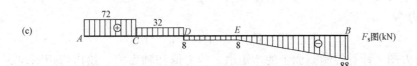

习题 3.1（b）题解图

（3）题（c）解

1）求支座反力。取 AB 梁为研究对象［习题3.1（c）题解图（a）］，由平衡方程，可求得支座反力为

$$F_{Ax}=0,\quad F_{Ay}=20\text{kN},\quad F_{By}=40\text{kN}$$

2）绘内力图。计算控制截面上的弯矩值和剪力值，绘出弯矩图和剪力图分别如习题3.1（c）题解图（b，c）所示。

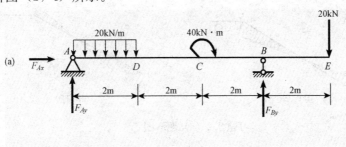

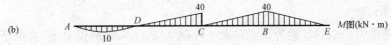

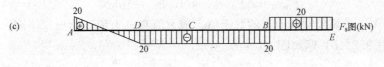

习题 3.1（c）题解图

习题 3.2 试绘制图示斜梁的内力图。

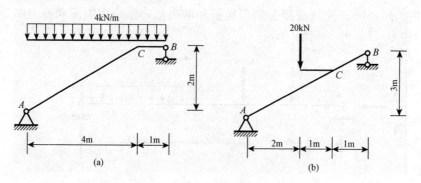

习题 3.2 图

解 （1）题（a）解

1）求支座反力。取 AB 梁为研究对象 ［习题 3.2（a）题解图（a）］，由平衡方程，可求得支座反力为

$$F_{Ax}=0, \quad F_{Ay}=10\text{kN}, \quad F_{By}=10\text{kN}$$

2）绘内力图。计算控制截面上的弯矩值、剪力值和轴力值，绘出弯矩图、剪力图和轴力图分别如习题 3.2（a）题解图（b～d）所示。

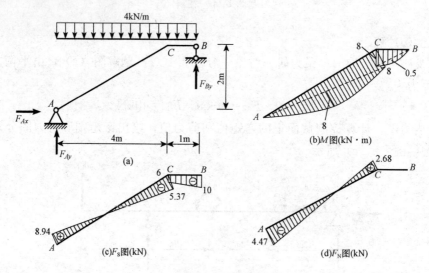

习题 3.2（a）题解图

（2）题（b）解

1）求支座反力。取 AB 梁为研究对象 ［习题 3.2（b）题解图（a）］，由平衡方程，可求得支座反力为

$$F_{Ax}=0, \quad F_{Ay}=10\text{kN}, \quad F_{By}=10\text{kN}$$

2）绘内力图。计算控制截面上的弯矩值、剪力值和轴力值，绘出弯矩图、剪力图和轴力图分别如习题 3.2（b）题解图（b～d）所示。

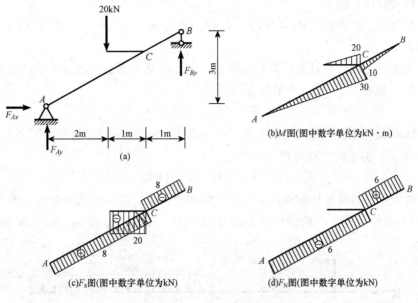

(a)

(b)M图(图中数字单位为kN·m)

(c)F_s图(图中数字单位为kN)

(d)F_N图(图中数字单位为kN)

习题 3.2（b）题解图

习题 3.3 多跨静定梁

习题 3.3 试绘制图示多跨静定梁的内力图。

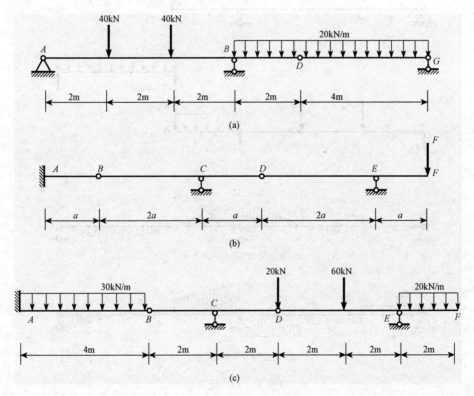

(a)

(b)

(c)

习题 3.3 图

解 （1）题（a）解

1）绘层次图。绘出层次图如习题 3.3（a）题解图（b）所示。梁 *ABD* 为基本部分，*DC* 为附属部分。

2）求支座反力。计算时先计算附属部分，再计算基本部分。故先取 *DC* 梁为研究对象〔习题 3.3（a）题解图（c）〕，由平衡方程可得

$$F_{Cy}=F_{Dy}=40\text{kN}$$

再取 *ABD* 梁为研究对象〔习题 3.3（a）题解图（c）〕，将 F_{Dy} 的反作用力 F'_{Dy} 作为荷载加在 *ABD* 梁上，由平衡方程可得

$$F_{Ay}=20\text{kN}, \quad F_{By}=140\text{kN}$$

3）绘内力图。计算各控制截面上的弯矩值和剪力值，逐一绘出各单跨梁的弯矩图和剪力图，连在一起即为整个多跨梁的弯矩图和剪力图，分别如习题 3.3（a）题解图（d，e）所示。

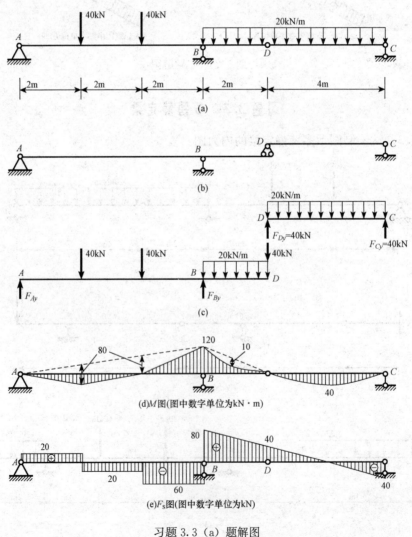

习题 3.3（a）题解图

（2）题（b）解

1）绘层次图。绘出层次图如习题 3.3（b）题解图（b）所示。梁 AB 为基本部分，BCD、DEF 为附属部分。

2）求支座反力。计算时先计算附属部分，再计算基本部分，且从附属程度最高的部分算起。故先取 DEF 梁为研究对象［习题 3.3（b）题解图（c）］，由平衡方程可得

$$F_{Dy}=-F/2, \quad F_{Ey}=3F/2$$

再取 BCD 梁为研究对象［习题 3.3（b）题解图（c）］，将 F_{Dy} 的反作用力 F'_{Dy} 作为荷载加在 BCD 梁上，由平衡方程可得

$$F_{By}=F/4, \quad F_{Cy}=-3F/4$$

最后取 AB 梁为研究对象［习题 3.3（b）题解图（c）］，将 F_{By} 的反作用力 F'_{By} 作为荷载加在 AB 梁上，由平衡方程可得

$$F_{Ay}=F/4, \quad M_A=Fa/4$$

3）绘内力图。计算各控制截面上的弯矩值和剪力值，逐一绘出各单跨梁的弯矩图和剪力图，连在一起即为整个多跨梁的弯矩图和剪力图，分别如习题 3.3（b）题解图（d，e）所示。

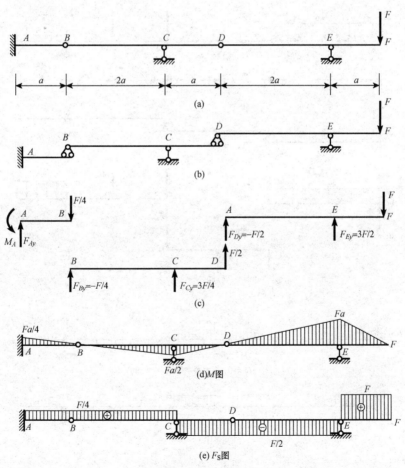

习题 3.3（b）题解图

（3）题（c）解

1）绘层次图。绘出层次图如习题 3.3（c）题解图（b）所示。梁 AB 为基本部分，BD、DEF 为附属部分。

2）求支座反力。计算时先计算附属部分，再计算基本部分，且从附属程度最高的部分算起。故先取 DEF 梁为研究对象［习题 3.3（c）题解图（c）］，由平衡方程可得

$$F_{Dy}=40\text{kN}, \quad F_{Ey}=80\text{kN}$$

再取 BD 梁为研究对象［习题 3.3（c）题解图（c）］，将 F_{Dy} 的反作用力 F'_{Dy} 作为荷载加在 BD 梁上，由平衡方程可得

$$F_{By}=-40\text{kN}, \quad F_{Cy}=80\text{kN}$$

最后取 AB 梁为研究对象［习题 3.3（c）题解图（c）］，将 F_{By} 的反作用力 F'_{By} 作为荷载加在 AB 梁上，由平衡方程可得

$$F_{Ay}=80\text{kN}, \quad M_A=80\text{kN·m}$$

3）绘内力图。计算各控制截面上的弯矩值和剪力值，逐一绘出各单跨梁的弯矩图和剪力图，连在一起即为整个多跨梁的弯矩图和剪力图，分别如习题 3.3（c）题解图（d，e）所示。

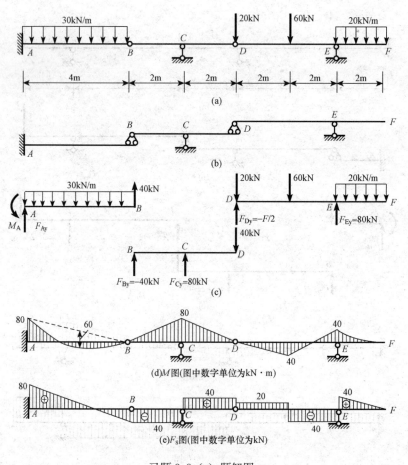

习题 3.3（c）题解图

习题 3.4 静定平面刚架

习题 3.4 试绘制图示刚架的内力图。

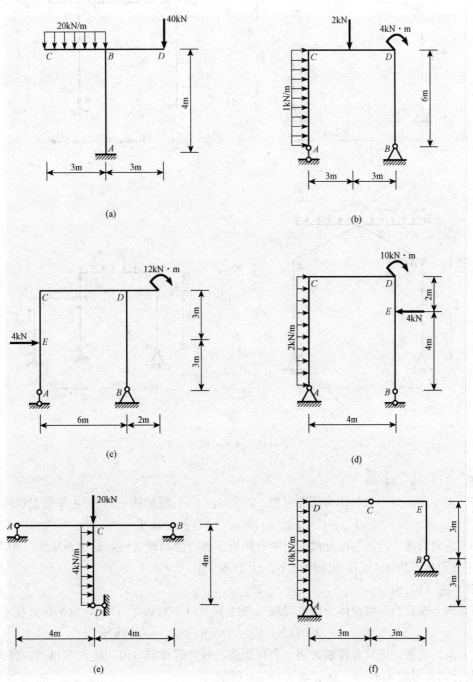

习题 3.4 图

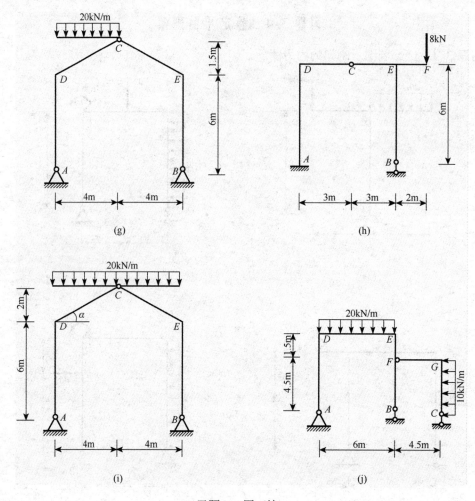

习题 3.4 图（续）

解 （1）题（a）解

1）求支座反力。取整体为研究对象［习题 3.4（a）题解图（a）］，由平衡方程可得
$$F_{Ax} = 0, \ F_{Ay} = 100\text{kN}, \ M_A = 30\text{kN} \cdot \text{m}$$

2）绘内力图。计算各控制截面上的弯矩值、剪力值和轴力值，绘出弯矩图、剪力图和轴力图分别如习题 3.4（a）题解图（b~d）所示。

（2）题（b）解

1）求支座反力。取整体为研究对象［习题 3.4（b）题解图（a）］，由平衡方程可得
$$F_{Ay} = -2.67\text{kN}, \ F_{Bx} = 6\text{kN}, \ F_{By} = 4.67\text{kN}$$

2）绘内力图。计算各控制截面上的弯矩值、剪力值和轴力值，绘出弯矩图、剪力图和轴力图分别如习题 3.4（b）题解图（b~d）所示。

（3）题（c）解

1）求支座反力。取整体为研究对象［习题 3.4（c）题解图（a）］，由平衡方程可得
$$F_{Ay} = -4\text{kN}, \ F_{Bx} = 4\text{kN}, \ F_{By} = 4\text{kN}$$

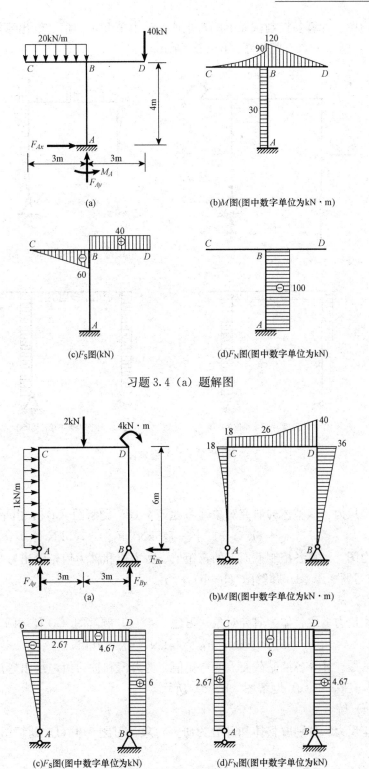

(a)

(b)*M*图(图中数字单位为kN·m)

(c)*F*$_S$图(kN)

(d)*F*$_N$图(图中数字单位为kN)

习题3.4（a）题解图

(a)

(b)*M*图(图中数字单位为kN·m)

(c)*F*$_S$图(图中数字单位为kN)

(d)*F*$_N$图(图中数字单位为kN)

习题3.4（b）题解图

2）绘内力图。计算各控制截面上的弯矩值、剪力值和轴力值，绘出弯矩图、剪力图和轴力图分别如习题3.4（c）题解图（b～d）所示。

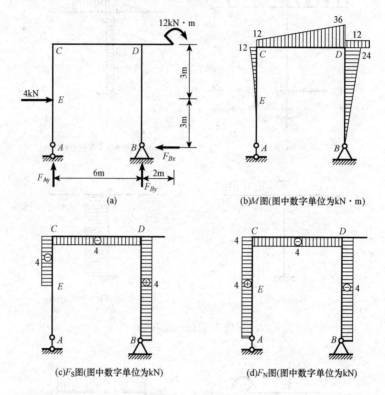

(a)

(b)M图(图中数字单位为kN·m)

(c)F_S图(图中数字单位为kN)

(d)F_N图(图中数字单位为kN)

习题3.4（c）题解图

（4）题（d）解

1）求支座反力。取整体为研究对象［习题3.4（d）题解图（a）］，由平衡方程可得

$$F_{Ax}=-8\text{kN},\ F_{Ay}=-7.5\text{kN},\ F_{By}=7.5\text{kN}$$

2）绘内力图。计算各控制截面上的弯矩值、剪力值和轴力值，绘出弯矩图、剪力图和轴力图分别如习题3.4（d）题解图（b～d）所示。

（5）题（e）解

1）求支座反力。取整体为研究对象［习题3.4（e）题解图（a）］，由平衡方程可得

$$F_{Ay}=6\text{kN},\ F_{By}=14\text{kN},\ F_{Dx}=16\text{kN}$$

2）绘内力图。计算各控制截面上的弯矩值、剪力值和轴力值，绘出弯矩图、剪力图和轴力图分别如习题3.4（e）题解图（b～d）所示。

（6）题（f）解

1）求支座反力。分别取整体和部分为研究对象［习题3.4（f）题解图（a）］，由平衡方程可得

$$F_{Ax}=-40\text{kN},\ F_{Ay}=-20\text{kN},\ F_{Bx}=20\text{kN},\ F_{By}=20\text{kN}$$

2）绘内力图。计算各控制截面上的弯矩值、剪力值和轴力值，绘出弯矩图、剪力图和轴力图分别如习题3.4（f）题解图（b～d）所示。

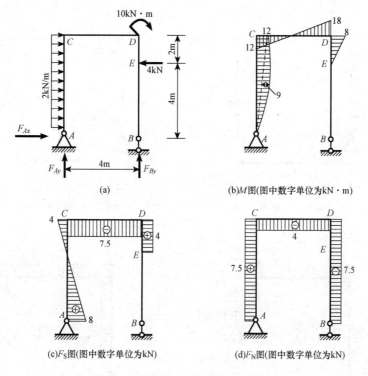

(a)

(b)M图(图中数字单位为kN·m)

(c)F_S图(图中数字单位为kN)

(d)F_N图(图中数字单位为kN)

习题 3.4（d）题解图

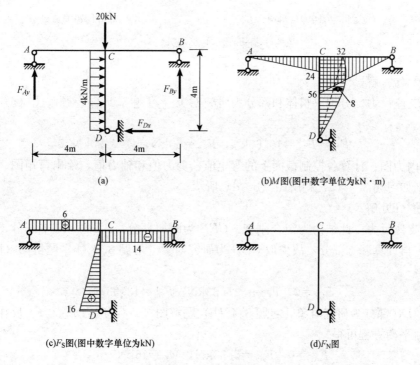

(a)

(b)M图(图中数字单位为kN·m)

(c)F_S图(图中数字单位为kN)

(d)F_N图

习题 3.4（e）题解图

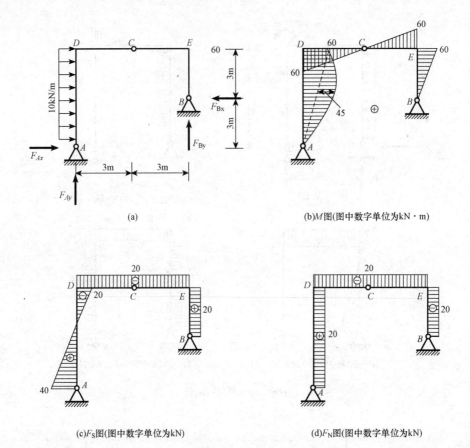

(a)

(b)M图(图中数字单位为kN·m)

(c)F_S图(图中数字单位为kN)

(d)F_N图(图中数字单位为kN)

习题 3.4（f）题解图

（7）题（g）解

1）求支座反力。分别取整体和部分为研究对象［习题 3.4（g）题解图（a）］，由平衡方程可得

$$F_{Ax}=F_{Bx}=10.67\text{kN}, \quad F_{Ay}=60\text{kN}, \quad F_{By}=20\text{kN}$$

2）绘内力图。计算各控制截面上的弯矩值、剪力值和轴力值，绘出弯矩图、剪力图和轴力图分别如习题 3.4（g）题解图（b～d）所示。

（8）题（h）解

1）求支座反力。此结构为组合刚架，CEB 为附属部分。ADC 为基本部分，应先计算附属部分，再计算基本部分，故先取 CEB 为研究对象［习题 3.4（h）题解图（b）］，由平衡方程可得

$$F_{Cx}=0, \quad F_{Cy}=-5.33\text{kN}, \quad F_{By}=13.33\text{kN}$$

再取 ADC 部分为研究对象［习题 3.4（h）题解图（a）］，反力 F_{Cx}、F_{Cy} 反作用于基本部分上，由平衡方程可得

$$F_{Ax}=0, \quad F_{Ay}=5.33\text{kN}, \quad M_A=16\text{kN·m}$$

2）绘内力图。计算各控制截面上的弯矩值、剪力值和轴力值，绘出弯矩图、剪力图和轴力图分别如习题 3.4（h）题解图（c～e）所示。

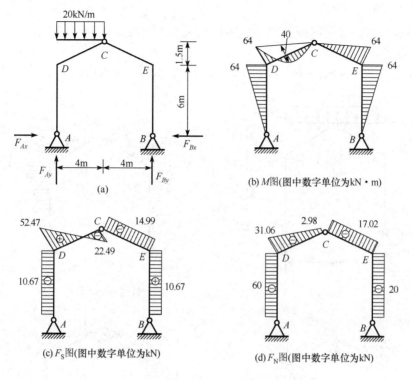

(a)

(b) M图(图中数字单位为kN·m)

(c) F_S图(图中数字单位为kN)

(d) F_N图(图中数字单位为kN)

习题 3.4（g）题解图

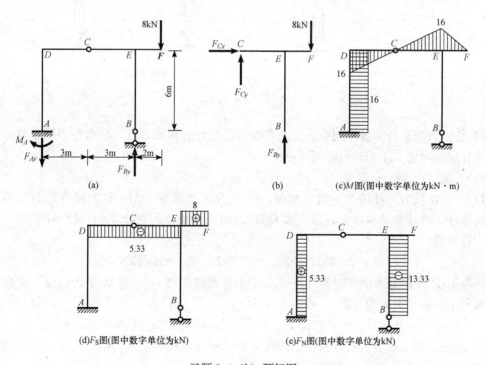

(a)

(b)

(c)M图(图中数字单位为kN·m)

(d)F_S图(图中数字单位为kN)

(e)F_N图(图中数字单位为kN)

习题 3.4（h）题解图

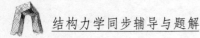

（9）题（i）解

1）求支座反力。分别取整体和部分为研究对象［习题 3.4（i）题解图（a）］，由平衡方程可得

$$F_{Ax}=F_{Bx}=20\text{kN}，\ F_{Ay}=80\text{kN}，\ F_{By}=80\text{kN}$$

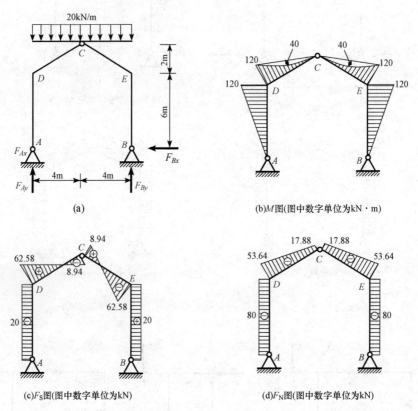

(a)

(b)M图(图中数字单位为 kN·m)

(c)F_S图(图中数字单位为 kN)

(d)F_N图(图中数字单位为 kN)

习题 3.4（i）题解图

2）绘内力图。计算各控制截面上的弯矩值、剪力值和轴力值，绘出弯矩图、剪力图和轴力图分别如习题 3.4（i）题解图（b~d）所示。

（10）题（j）解

1）求支座反力。此结构为组合刚架，CGF 为附属部分。$ADEB$ 为基本部分，应先计算附属部分，再计算基本部分，故先取 CGF 为研究对象［习题 3.4（j）题解图（b）］，由平衡方程可得

$$F_{Fx}=45\text{kN}，\ F_{Fy}=22.5\text{kN}，\ F_{Cy}=22.5\text{kN}$$

再取 $ADEB$ 部分为研究对象［习题 3.4（j）题解图（a）］，将反力 F_{Fx}、F_{Fy} 反作用于基本部分上，由平衡方程可得

$$F_{Ax}=45\text{kN}，\ F_{Ay}=93.75\text{kN}，\ F_{By}=3.75\text{kN}$$

2）绘内力图。计算各控制截面上的弯矩值、剪力值和轴力值，绘出弯矩图、剪力图和轴力图分别如习题 3.4（j）题解图（c~e）所示。

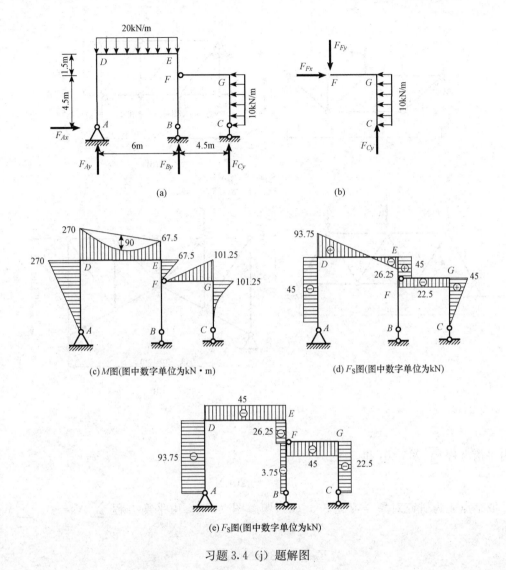

(a)

(b)

(c) M图(图中数字单位为kN·m)

(d) F_S图(图中数字单位为kN)

(e) F_S图(图中数字单位为kN)

习题 3.4 (j) 题解图

习题 3.5～习题 3.6 静定平面桁架

习题 3.5 试用结点法求图示桁架中各杆的内力。

解 (1) 题 (a) 解

1) 求支座反力。取桁架整体为研究对象 [习题 3.5 (a) 题解图 (a)]，由平衡方程可得

$$F_{1x}=0,\ F_{1y}=20\text{kN},\ F_{2y}=20\text{kN}$$

2) 计算各杆内力。反力求出后，可截取结点解算各杆内力。从只包含两个未知力的结点 1 开始，然后依次分析其邻近结点。

取结点 1 为研究对象 [习题 3.5 (a) 题解图 (c)]，由平衡方程 $\sum Y=0$，得

$$F_{N15}=20\sqrt{2}\text{kN}$$

41

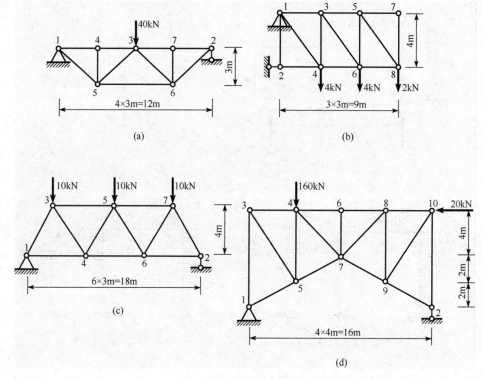

习题 3.5 图

再由平衡方程 $\sum X = 0$，得

$$F_{N14} = -20\text{kN}$$

取结点 4 为研究对象 [习题 3.5（a）题解图（d）]，由平衡方程 $\sum X = 0$、$\sum Y = 0$，得

$$F_{N34} = -20\text{kN}, \quad F_{N45} = 0$$

取结点 5 为研究对象 [习题 3.5（a）题解图（e）]，由平衡方程 $\sum Y = 0$，得

$$F_{N35} = -20\sqrt{2}\text{kN}$$

再由平衡方程 $\sum X = 0$，得

$$F_{N56} = 40\text{kN}$$

利用对称性得到其余杆的轴力。各杆的轴力示于习题 3.5（a）题解图（b）中。

（2）题（b）解

1）求支座反力。取桁架整体为研究对象 [习题 3.5（b）题解图（a）]，由平衡方程可得

$$F_{1x} = -13.5\text{kN}, \quad F_{1y} = 10\text{kN}, \quad F_{2x} = 13.5\text{kN}$$

2）计算各杆内力。反力求出后，可截取结点解算各杆内力。从只包含两个未知力的结点 7 开始，然后依次分析其邻近结点。

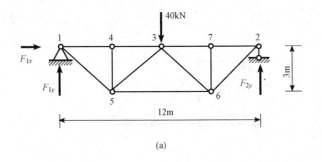

(a)

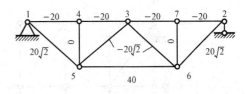

(b) F_N图(图中数字单位为kN)

(c)

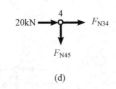

(d)

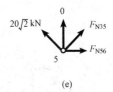

(e)

习题 3.5（a）题解图

取结点 7 为研究对象［习题 3.5（b）题解图（c）］，由平衡方程 $\sum X=0$、$\sum Y=0$，得

$$F_{N57}=0、\ F_{N78}=0$$

取结点 8 为研究对象［习题 3.5（b）题解图（d）］，由平衡方程 $\sum X=0$、$\sum Y=0$，得

$$F_{N58}=2.5\text{kN},\ F_{N68}=-1.5\text{kN}$$

取结点 5 为研究对象［习题 3.5（b）题解图（e）］，由平衡方程 $\sum X=0$、$\sum Y=0$，得

$$F_{N35}=1.5\text{kN},\ F_{N56}=-2\text{kN}$$

取结点 6 为研究对象［习题 3.5（b）题解图（f）］，由平衡方程 $\sum X=0$、$\sum Y=0$，得

$$F_{N36}=7.5\text{kN},\ F_{N46}=-6\text{kN}$$

取结点 3 为研究对象［习题 3.5（b）题解图（g）］，由平衡方程 $\sum X=0$、$\sum Y=0$，得

$$F_{N13}=6\text{kN},\ F_{N34}=-6\text{kN}$$

取结点 4 为研究对象［习题 3.5（b）题解图（h）］，由平衡方程 $\sum X=0$、$\sum Y=0$，得

$$F_{N14}=12.5\text{kN},\ F_{N24}=-13.5\text{kN}$$

取结点 2 为研究对象［习题 3.5（b）题解图（i）］，由平衡方程 $\sum Y=0$，得

$$F_{N12}=0$$

各杆的轴力示于习题 3.5（b）题解图（b）中。

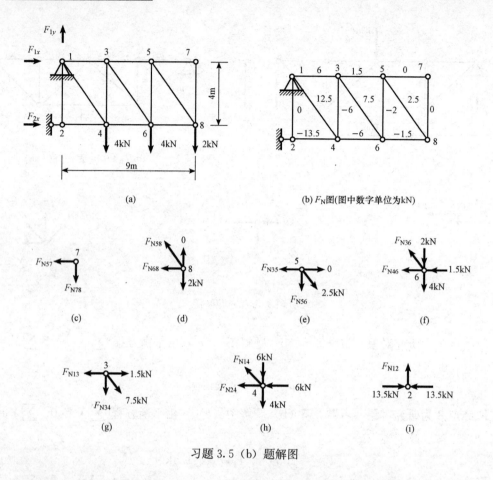

(a)

(b) F_N图(图中数字单位为kN)

(c)　　　　　(d)　　　　　(e)　　　　　(f)

(g)　　　　　(h)　　　　　(i)

习题 3.5（b）题解图

（3）题（c）解

1）求支座反力。取桁架整体为研究对象［习题 3.5（c）题解图（a）］，由平衡方程可得

$$F_{1x}=0, \quad F_{1y}=15\text{kN}, \quad F_{2y}=15\text{kN}$$

2）计算各杆内力。反力求出后，可截取结点解算各杆内力。从只包含两个未知力的结点 1 开始，然后依次分析其邻近结点。

取结点 1 为研究对象［习题 3.5（c）题解图（c）］，由平衡方程 $\sum Y=0$，得

$$F_{N13}=-18.75\text{kN}$$

再由平衡方程 $\sum X=0$，得

$$F_{N14}=11.25\text{kN}$$

取结点 3 为研究对象［习题 3.5（c）题解图（d）］，由平衡方程 $\sum X=0$、$\sum Y=0$，得

$$F_{N34}=6.25\text{kN}, \quad F_{N35}=-15\text{kN}$$

取结点 4 为研究对象［习题 3.5（c）题解图（e）］，由平衡方程 $\sum Y=0$，得

$$F_{N45}=-6.25\text{kN}$$

再由平衡方程 $\sum X = 0$，得

$$F_{N46} = 18.75\text{kN}$$

利用对称性得到其余杆的轴力。各杆的轴力示于习题 3.5（c）题解图（b）中。

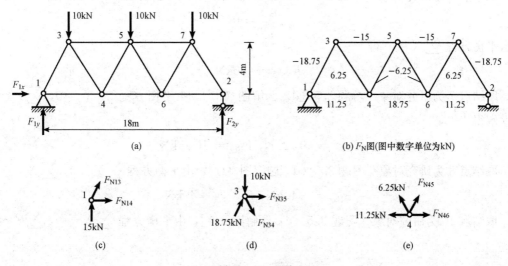

(a)

(b) F_N图(图中数字单位为kN)

(c)　　　　　　(d)　　　　　　(e)

习题 3.5（c）题解图

（4）题（d）解

1）求支座反力。取桁架整体为研究对象［习题 3.5（d）题解图（a）］，由平衡方程可得

$$F_{1x} = 20\text{kN}, \quad F_{1y} = 130\text{kN}, \quad F_2 = 30\text{kN}$$

2）计算各杆内力。反力求出后，可截取结点解算各杆内力。从只包含两个未知力的结点 1 开始，然后依次分析其邻近结点。

取结点 1 为研究对象隔离体［习题 3.5（d）题解图（c）］，由平衡方程 $\sum X = 0$ 得

$$F_{N15} = -10\sqrt{5}\text{kN}$$

再由平衡方程 $\sum Y = 0$，得

$$F_{N13} = -120\text{kN}$$

取结点 3 为研究对象［习题 3.5（d）题解图（d）］，由平衡方程 $\sum Y = 0$，$\sum X = 0$ 得

$$F_{N35} = 40\sqrt{13}\text{kN}, \quad F_{N34} = -80\text{kN}$$

取结点 5 为研究对象［习题 3.5（d）题解图（e）］，由平衡方程 $\sum X = 0$ 得

$$F_{N57} = 30\sqrt{5}\text{kN}$$

再由平衡方程 $\sum Y = 0$，得

$$F_{N45} = -160\text{kN}$$

取结点 4 为研究对象［习题 3.5（d）题解图（f）］，由平衡方程 $\sum Y = 0$ 得

$$F_{N47} = 0$$

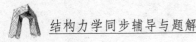

再由平衡方程 $\sum X = 0$ 得

$$F_{N46} = -80\text{kN}$$

取结点 6 为研究对象［习题 3.5（d）题解图（g）］，由平衡方程 $\sum Y = 0$ 得

$$F_{N67} = 0$$

再由平衡方程 $\sum X = 0$ 得

$$F_{N68} = -80\text{kN}$$

取结点 7 为研究对象［习题 3.5（d）题解图（h）］，由平衡方程 $\sum X = 0$，$\sum Y = 0$ 联立解得

$$F_{N78} = 40\sqrt{2}\text{kN}, \quad F_{N79} = 10\sqrt{5}\text{kN}$$

取结点 8 为研究对象［习题 3.5（d）题解图（i）］，由平衡方程 $\sum Y = 0$，$\sum X = 0$ 得

$$F_{N89} = -40\text{kN}, \quad F_{N810} = -40\text{kN}$$

取结点 10 为研究对象［习题 3.5（d）题解图（j）］，由平衡方程 $\sum X = 0$，$\sum Y = 0$ 得

$$F_{N910} = 10\sqrt{13}\text{kN}, \quad F_{N210} = -30\text{kN}$$

取结点 2 为研究对象［习题 3.5（d）题解图（k）］，由平衡方程 $\sum X = 0$ 得

$$F_{N29} = 0$$

各杆的轴力示于习题 3.5（d）题解图（b）中。

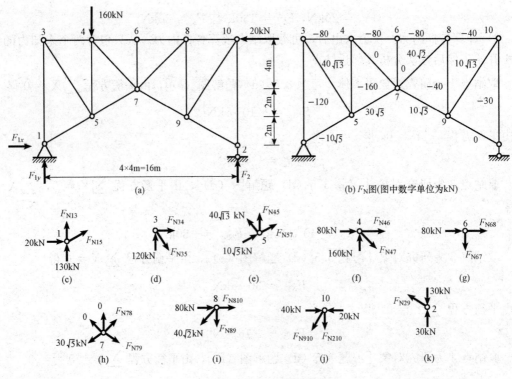

习题 3.5（d）题解图

习题 3.6　试用较简捷的方法求图示桁架中指定杆件的内力。

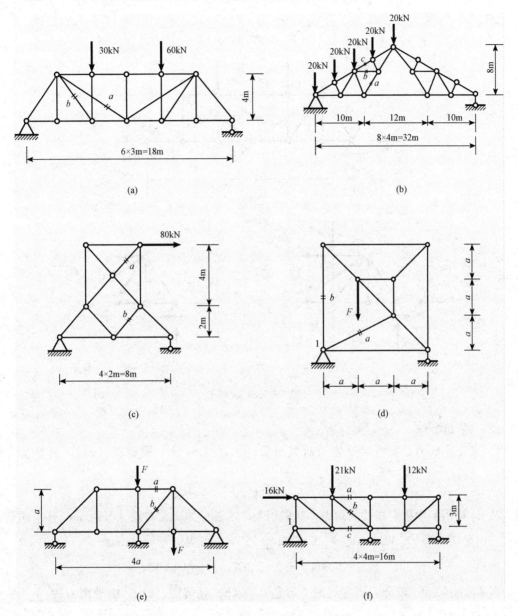

习题 3.6 图

解　（1）题（a）解

1）求支座反力。取桁架整体为研究对象［习题 3.6（a）题解图（a）］，由平衡方程可得

$$F_{1x}=0，\ F_{1y}=40\text{kN}，\ F_{2y}=50\text{kN}$$

2）计算桁架中指定杆件的内力。用截面 Ⅰ—Ⅰ 截取桁架左半部分为研究对象［习题 3.6（a）题解图（b）］，由平衡方程 $\sum Y=0$ 可得

$$F_{\text{N}a}=18.03\text{kN}$$

再用截面Ⅱ—Ⅱ截取桁架左半部分为研究对象 [习题 3.6（a）题解图（c）]，由平衡方程 $\sum Y = 0$ 可得

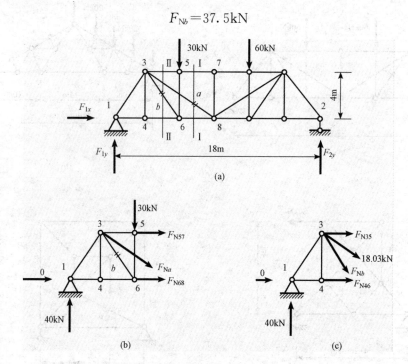

习题 3.6（a）题解图

（2）题（b）解

1）求支座反力。取桁架整体为研究对象 [习题 3.6（b）题解图（a）]，由平衡方程可得

$$F_{1x} = 0, \quad F_{1y} = 75\text{kN}, \quad F_{2y} = 25\text{kN}$$

2）计算桁架中指定杆件的内力。截取桁架 269 部分为研究对象 [习题 3.6（b）题解图（b）]，由平衡方程 $\sum M_6 = 0$、$\sum X = 0$、$\sum Y = 0$ 可得

$$F_{N89} = 50\text{kN}, \quad F_{6x} = 50\text{kN}, \quad F_{6y} = -25\text{kN}$$

再截取桁架 567 部分为研究对象 [习题 3.6（b）题解图（c）]，由平衡方程 $\sum M_6 = 0$、$\sum M_4 = 0$、$\sum M_7 = 0$ 可得

$$F_{Nb} = 20\text{kN}, \quad F_{Na} = 40\text{kN}, \quad F_{Nc} = -105.1\text{kN}$$

（3）题（c）解

1）求支座反力。取桁架整体为研究对象 [习题 3.6（c）题解图（a）]，由平衡方程可得

$$F_{1x} = -80\text{kN}, \quad F_{1y} = -60\text{kN}, \quad F_{2y} = 60\text{kN}$$

2）计算桁架中指定杆件的内力。截取结点 1 为研究对象 [习题 3.6（c）题解图（b）]，由平衡方程 $\sum Y = 0$、$\sum X = 0$ 可得

$$F_{N13} = 20kN, \quad F_{N14} = 84.85kN$$

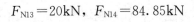

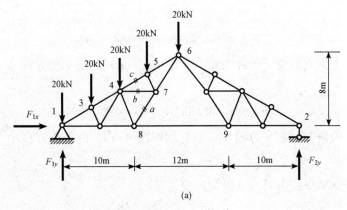

(a)

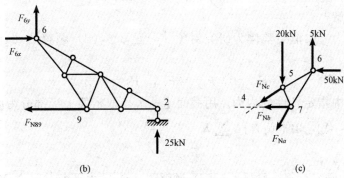

(b)   (c)

习题 3.6 (b) 题解图

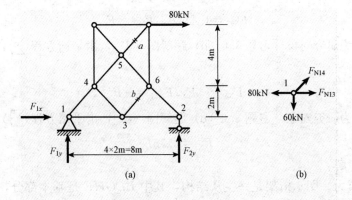

(a)   (b)

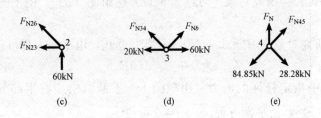

(c)   (d)   (e)

习题 3.6 (c) 题解图

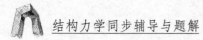

截取结点 2 为研究对象 [习题 3.6 (c) 题解图 (c)]，由平衡方程 $\sum Y = 0$、$\sum X = 0$ 可得

$$F_{N23} = 60\text{kN}, \quad F_{N26} = -84.85\text{kN}$$

截取结点 3 为研究对象 [习题 3.6 (c) 题解图 (d)]，由平衡方程 $\sum Y = 0$、$\sum X = 0$ 可得

$$F_{Nb} = -28.28\text{kN}, \quad F_{N34} = 28.28\text{kN}$$

截取结点 4 为研究对象 [习题 3.6 (c) 题解图 (e)]，由平衡方程 $\sum X = 0$ 可得

$$F_{N45} = 56.57\text{kN}$$

结点 5 为特殊结点，由结点 5 可知

$$F_{Na} = F_{N45} = 56.57\text{kN}$$

(4) 题 (d) 解

1) 求支座反力。取桁架整体为研究对象 [习题 3.6 (d) 题解图 (a)]，由平衡方程可得

$$F_{1x} = 0, \quad F_{1y} = 2F/3, \quad F_{2y} = F/3$$

2) 计算桁架中指定杆件的内力。用截面 Ⅰ—Ⅰ 截取桁架上半部分为研究对象 [习题 3.6 (d) 题解图 (b)]，由平衡方程 $\sum X = 0$ 可得

$$F_{N57} = 0$$

截取结点 5 为研究对象 [习题 3.6 (d) 题解图 (c)]，由平衡方程 $\sum Y = 0$、$\sum X = 0$ 可得

$$F_{N35} = 1.414F, \quad F_{N56} = F$$

截取结点 3 为研究对象 [习题 3.6 (d) 题解图 (d)]，由平衡方程 $\sum Y = 0$、$\sum X = 0$ 可得

$$F_{Nb} = -F, \quad F_{N34} = -F$$

截取结点 1 为研究对象 [习题 3.6 (d) 题解图 (e)]，由平衡方程 $\sum Y = 0$ 可得

$$F_{Na} = 0.75F$$

(5) 题 (e) 解

1) 求支座反力。图示桁架是一主从结构，其中 BDGHF 是基本部分，ACE 是附属部分。取附属部分 ACE 为研究对象 [习题 3.6 (e) 题解图 (b)]，由平衡方程可得

$$F_{Ay} = 0$$

再取整体为研究对象 [习题 3.6 (e) 题解图 (a)]，由平衡方程可得

$$F_{Hy} = 1.5F$$

2) 计算桁架中指定杆件的内力。用截面 Ⅰ—Ⅰ 截取桁架右半部分为研究对象 [习题 3.6 (e) 题解图 (c)]，由平衡方程 $\sum Y = 0$ 可得

$$F_{Nby} = -0.5F$$

由比例关系求得

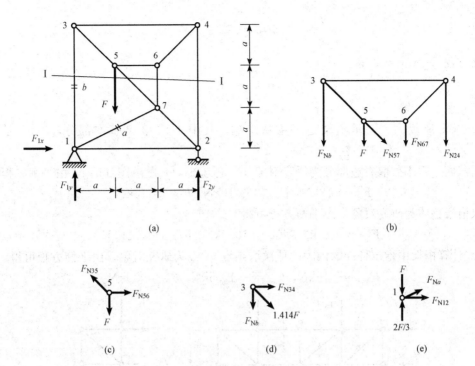

习题 3.6（d）题解图

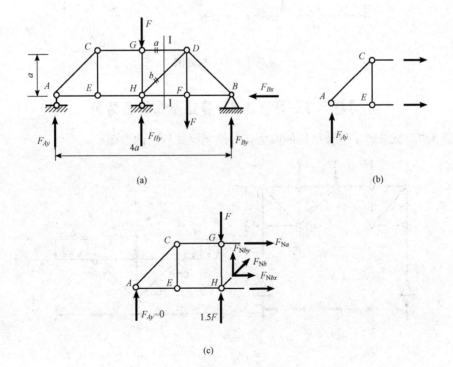

习题 3.6（e）题解图

$$F_{Nb} = -\frac{\sqrt{2}}{2}F$$

由平衡方程 $\sum M_H = 0$ 得

$$F_{Na} = 0$$

（6）题（f）解

1）求支座反力。图示桁架是一主从结构，其中 1-4-5-2 是基本部分，6-3-7 是附属部分。

用截面Ⅰ—Ⅰ截取右边部分为研究对象 [习题 3.6（f）题解图（b）]，由平衡方程可得

$$F_{3y} = 12\text{kN}, \quad F_{N56} = -16\text{kN}, \quad F_{N27} = 16\text{kN}$$

取桁架整体为研究对象，由平衡方程可得

$$F_{1x} = -16\text{kN}, \quad F_{1y} = 10.5\text{kN}, \quad F_{2y} = 10.5\text{kN}$$

2）计算桁架中指定杆件的内力。依次取结点 5、2 为研究对象，由平衡方程可得

$$F_{Na} = -16\text{kN}, \quad F_{Nb} = -17.5\text{kN}, \quad F_{Nc} = 30\text{kN}$$

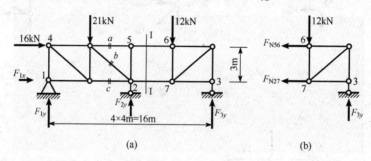

习题 3.6（f）题解图

习题 3.7～习题 3.8　静定平面组合结构

习题 3.7 试求图示组合结构的内力，并绘制梁式杆的内力图。

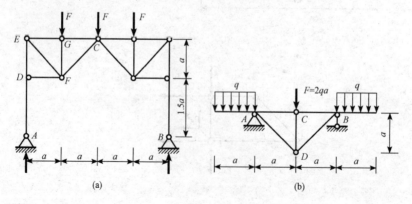

习题 3.7 图

解 （1）题（a）解

该结构及荷载都是对称的，故其反力与内力也应对称，只须计算 *AC* 部分即可。在 *AC*

部分中，ADE 为梁式杆，其余各杆均为链杆。

1）求支座反力。取整体为研究对象［习题 3.7（a）题解图（a）］，由平衡方程可得

$$F_{Ay} = F_{By} = 1.5F, \quad F_{Ax} = F_{Bx}$$

用截面 I-I 截取左边部分为研究对象［习题 3.7（a）题解图（b）］，由平衡方程可得

$$F_{Ax} = F_{Bx} = 0.8F$$

2）求链杆的内力。在习题 3.7（a）题解图（b）所示研究对象中，由平衡方程 $\sum Y = 0$、$\sum X = 0$，得

$$F_{NCF} = -0.71F, \quad F_{NGC} = -0.3F$$

依次取结点 G、F 为研究对象［习题 3.7（a）题解图（d，e）］，由平衡方程可得

$$F_{NEG} = -0.3F, \quad F_{NGF} = -F, \quad F_{NEF} = 2.12F, \quad F_{NDF} = -2F$$

各链杆的轴力示于习题 3.7（a）题解图（c）中。

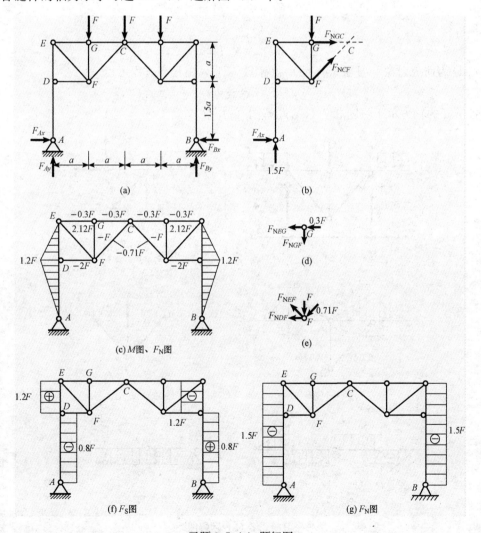

习题 3.7（a）题解图

3）绘梁式杆的弯矩图。梁式杆 ADE 的 D 截面上的弯矩为

$$M_{DA} = M_{DE} = 1.2Fa$$

绘出 ADE 杆的弯矩图如习题 3.7（a）题解图（c）所示。梁式杆的剪力图和轴力图如习题 3.7（a）题解图（f，g）所示。

（2）题（b）解

该结构由于 A 支座水平反力为零，所以结构可看成是对称的，荷载也是对称的，故其反力与内力也应对称，其中水平杆为梁式杆，其余各杆均为链杆。

1）求支座反力。取整体为研究对象［习题 3.7（b）题解图（a）］，由平衡方程可得

$$F_{Ay} = F_{By} = 2qa$$

2）求链杆的内力。取水平杆 AC 为研究对象［习题 3.7（b）题解图（b）］，由平衡方程 $\sum M_C = 0$，得

$$F_{NAD} = 0.71qa$$

由对称可得

$$F_{NDB} = 0.71qa$$

取结点 D 为研究对象［习题 3.7（b）题解图（d）］，由平衡方程可得

$$F_{NCD} = -qa$$

各链杆的轴力示于习题 3.7（b）题解图（c）中。

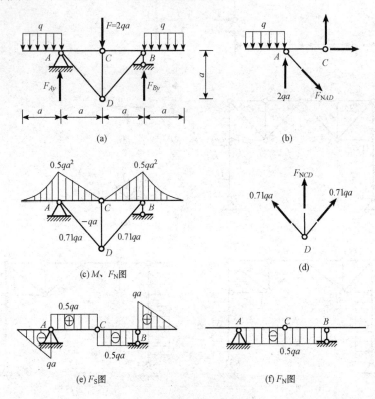

习题 3.7（b）题解图

3）绘梁式杆的弯矩图。梁式杆 AC 的 A 截面上的弯矩为

$$M_A = 0.5qa^2$$

绘出 AC 杆的弯矩图如习题 3.7（b）题解图（c）所示。梁式杆的剪力图和轴力图如习题 3.7（b）题解图（e，f）所示。

习题 3.8 试计算图示组合结构的内力，并绘制梁式杆的内力图。

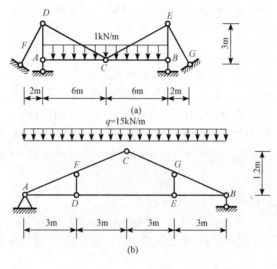

习题 3.8 图

解 （1）题（a）解

1）求支座反力及链杆的内力。该结构及荷载都是对称的，故其反力与内力也应对称，为简化计算，在铰 C 处把结构截为两部分，取左半部分为研究对象［习题 3.8（a）题解图（b）］。因剪力为反对称内力，故知铰 C 处的剪力为零。列出平衡方程

$$\sum M_D = 0, \quad F_{Cx} \times 3\mathrm{m} + 1\mathrm{kN/m} \times 6\mathrm{m} \times 3\mathrm{m} = 0$$

得

$$F_{Cx} = -6\mathrm{kN}$$

$$\sum M_A = 0, \quad F_{NDF} \times AD\sin\alpha - 1\mathrm{kN/m} \times 6\mathrm{m} \times 3\mathrm{m} = 0$$

得

$$F_{NDF} = 10.8\mathrm{kN}$$

$$\sum Y = 0, \quad F_{Ay} - F_{NDF}\cos\alpha - 1\mathrm{kN/m} \times 6\mathrm{m} = 0$$

得

$$F_{Ay} = 15\mathrm{kN}$$

取结点 D 为研究对象［习题 3.8（a）题解图（c）］，列出平衡方程

$$\sum X = 0, \quad F_{NDF}\sin\alpha - F_{NDC}\sin\beta = 0$$

得

$$F_{NDC} = 6.7\mathrm{kN}$$

$$\sum Y = 0, \quad F_{NDA} + F_{NDF}\cos\alpha + F_{NDC}\cos\beta = 0$$

得

$$F_{NDA} = -12.0\text{kN}$$

链杆的轴力示于习题3.8（a）题解图（g）中。

2）求梁式杆的内力。取杆 AC 为研究对象［习题3.8（a）题解图（d）］，各控制截面上的内力计算如下：

$$F_{SAC} = (15 - 12)\text{kN} = 3\text{kN}$$

$$F_{NAC} = 0$$

$$F_{SCA} = -3\text{kN}$$

$$F_{NCA} = 0$$

$$M_{AC} = M_{CA} = 0$$

AC 杆中点的弯矩为 45kN·m(下侧受拉)

由于结构对称，只计算出 AC 部分的内力值，BC 部分的内力值与 AC 部分相同。

绘出结构的内力图分别如习题3.8（a）题解图（e～g）所示。

（2）题（b）解

1）求支座反力。由对称性可得支座反力为

$$F_{Ax} = 0, \quad F_{Ay} = 90\text{kN}, \quad F_{By} = 90\text{kN}$$

2）求链杆的内力。用Ⅰ—Ⅰ截面截取左边部分为研究对象［习题3.8（b）题解图（b）］，由平衡方程 $\sum M_C = 0$，得

$$F_{NDE} = 225\text{kN}$$

再由 $\sum X = 0$，$\sum Y = 0$，得

$$F_{Cx} = -225\text{kN}, \quad F_{Cy} = 0$$

取结点 D 为研究对象［习题3.8（b）题解图（c）］，由平衡方程 $\sum X = 0$、$\sum Y = 0$，得

$$F_{NDF} = 0, \quad F_{NDA} = 225\text{kN}$$

由于结构和荷载均对称，故可得 GE 杆和 BE 杆的内力为

$$F_{NGE} = 0, \quad F_{NBE} = 225\text{kN}$$

各链杆的轴力示于习题3.8（b）题解图（e）中。

3）求梁式杆的内力。取梁式杆 AFC 为研究对象［习题3.8（b）题解图（d）］，各控制截面上的内力计算如下：

$$F_{SAC} = (90\sin\alpha - 225\cos\alpha)\text{kN} = (90 \times 0.98 - 225 \times 0.196)\text{kN} = 44.1\text{kN}$$

$$F_{NAC} = (-90\cos\alpha - 225\sin\alpha)\text{kN} = (-90 \times 0.196 - 225 \times 0.98)\text{kN} = -238.14\text{kN}$$

$$F_{SCA} = (-225\cos\alpha)\text{kN} = (-225 \times 0.196)\text{kN} = -44.1\text{kN}$$

$$F_{NCA} = (-225\sin\alpha)\text{kN} = (-225 \times 0.98)\text{kN} = -202.86\text{kN}$$

$$M_{AF} = M_{FC} = 0$$

$$M_{CF} = M_{CA} = 67.5\text{kN·m}(下侧受拉)$$

由于结构对称，只计算出 AFC 部分的内力值，BGC 部分的内力值与 AFC 部分相同。

绘出结构的内力图分别如习题3.8（b）题解图（f～h）所示。

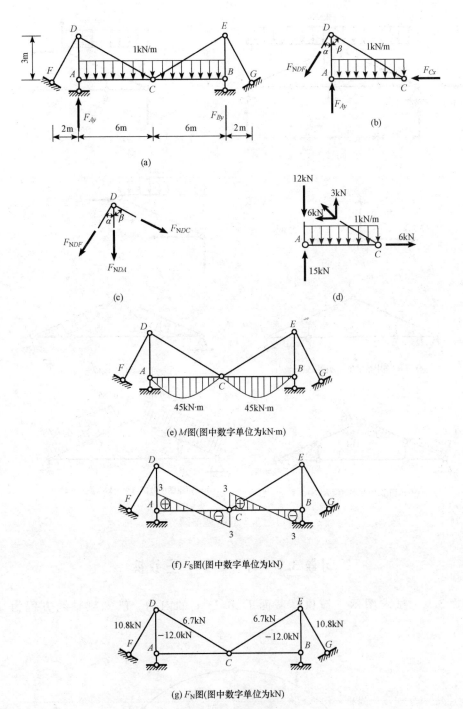

(a)

(b)

(c)

(d)

(e) M图(图中数字单位为kN·m)

(f) F_S图(图中数字单位为kN)

(g) F_N图(图中数字单位为kN)

习题 3.8（a）题解图

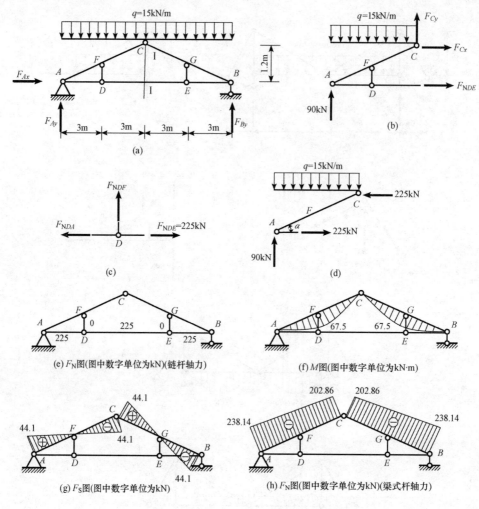

习题 3.8（b）题解图

习题 3.9～习题 3.10　三铰拱

习题 3.9　试求图示三铰拱横截面 D 和 E 上的内力。已知拱轴线方程为 $y=\dfrac{4f}{l^2}x(l-x)$。

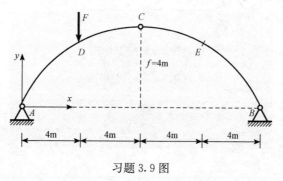

习题 3.9 图

解 1）求支座反力。三铰拱的相应简支梁如习题 3.9 题解图（b）所示，其支座反力为

$$F_{Ax}^0 = 0, \ F_{Ay}^0 = \frac{3F}{4}, \ F_{By}^0 = \frac{F}{4}$$

相应简支梁横截面 C 处的弯矩为

$$M_C^0 = F_{By}^0 \times 8 = \frac{F}{4} \times 8 = 2F$$

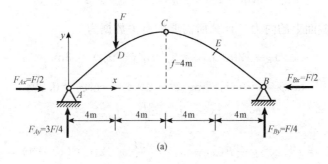

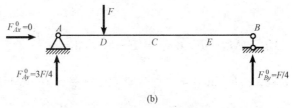

习题 3.9 题解图

则三铰拱的支座反力［习题 3.9 题解图（a）］为

$$F_{Ay} = F_{Ay}^0 = \frac{3F}{4}, \ F_{By} = F_{By}^0 = \frac{F}{4}$$

$$F_x = F_{Ax} = F_{Bx} = \frac{M_C^0}{f} = \frac{2F}{4} = \frac{F}{2}$$

2）计算 D 横截面上的内力。计算所需要的有关数据为

$$x_D = 4\text{m}, \ y_D = \frac{4f}{l^2} x_D (l - x_D) = 3\text{m}$$

$$\tan\varphi_D = 0.5, \ \sin\varphi_D = 0.447, \ \cos\varphi_D = 0.894$$

$$F_{SDA}^0 = F_{Ay}^0 = \frac{3F}{4}$$

$$F_{SDC}^0 = F_{Ay}^0 - F = \frac{3F}{4} - F = -\frac{F}{4}$$

$$M_D^0 = F_{By}^0 \times 12 = \frac{F}{4} \times 12 = 3F$$

由三铰拱的内力计算公式，可得 D 左侧横截面上的轴力、剪力分别为

$$F_{SDA} = F_{SDA}^0 \cos\varphi_D - F_x \sin\varphi_D = \frac{3F}{4} \times 0.894 - \frac{F}{2} \times 0.447 = 0.447F$$

$$F_{NDA} = F_{SDA}^0 \sin\varphi_D + F_x \cos\varphi_D = \frac{3F}{4} \times 0.447 + \frac{F}{2} \times 0.894 = 0.782F$$

D右侧横截面上的轴力、剪力分别为

$$F_{SDC} = F_{SDC}^0 \cos\varphi_D - F_x \sin\varphi_D = -\frac{F}{4} \times 0.894 - \frac{F}{2} \times 0.447 = -0.447F$$

$$F_{NDC} = F_{SDC}^0 \sin\varphi_D + F_x \cos\varphi_D = -\frac{F}{4} \times 0.447 + \frac{F}{2} \times 0.894 = 0.335F$$

D横截面上的弯矩为

$$M_D = M_D^0 - F_x \times y_D = 3F - \frac{F}{2} \times 3 = 1.5F$$

3）计算E横截面上的内力。计算所需要的有关数据为

$$x_E = 12m, \quad y_E = \frac{4f}{l^2} x_D(l - x_D) = 3m$$

$$\tan\varphi_E = -0.5, \quad \sin\varphi_E = -0.447, \quad \cos\varphi_E = 0.894$$

$$F_{SE}^0 = F_{Ay}^0 - F = \frac{3F}{4} - F = -\frac{F}{4}$$

$$M_E^0 = F_{Ay}^0 \times x_E - F(x_E - a_1) = \frac{3F}{4} \times 12 - F(12 - 4) = F$$

E横截面上的内力为

$$M_E = M_E^0 - F_x \times y_E = F - \frac{F}{2} \times 3 = -\frac{F}{2}$$

$$F_{SE} = F_{SE}^0 \cos\varphi_E - F_x \sin\varphi_E = -\frac{F}{4} \times 0.894 - \frac{F}{2} \times (-0.447) = 0$$

$$F_{NE} = F_{SE}^0 \sin\varphi_D + F_x \cos\varphi_D = -\frac{F}{4} \times (-0.447) + \frac{F}{2} \times 0.894 = 0.559F$$

习题 3.10 试求图示圆弧三铰拱横截面K上的内力。

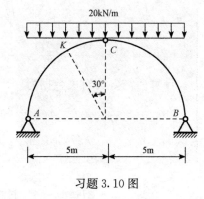

习题 3.10 图

解 1）求支座反力。三铰拱的相应简支梁如习题 3.10 题解图（b）所示，其支座反力为

$$F_{Ax}^0 = 0, \ F_{Ay}^0 = 100kN, \ F_{By}^0 = 100kN$$

相应简支梁横截面C处的弯矩为

$$M_C^0 = 250kN \cdot m$$

则三铰拱的支座反力［习题 3.10 题解图（a）］为

$$F_{Ay} = F_{Ay}^0 = 100\text{kN}, \; F_{By} = F_{By}^0 = 100\text{kN}$$

$$F_x = F_{Ax} = F_{Bx} = \frac{M_C^0}{f} = 50\text{kN}$$

2）计算 K 横截面上的内力。计算所需要的有关数据为

$$x_K = 5\text{m} - (5\text{m}) \times \sin30° = 2.5\text{m}, \; y_K = (5\text{m}) \times \cos30° = 4.33\text{m}$$

$$\sin\varphi_K = \sin30° = 0.5, \; \cos\varphi_K = \cos30° = 0.866$$

$$F_{SK}^0 = F_{Ay}^0 - F_1 = 100\text{kN} - 20\text{kN/m} \times 2.5\text{m} = 50\text{kN}$$

$$M_K^0 = F_{Ay}^0 \times x_K - F_1(x_K - a_1) = 100\text{kN} \times 2.5\text{m} - \frac{1}{2} \times 20\text{kN/m} \times (2.5\text{m})^2$$

$$= 187.5\text{kN} \cdot \text{m}$$

K 横截面的内力为

$$M_K = M_K^0 - F_x \times y_K = 187.5\text{kN} \cdot \text{m} - 50\text{kN} \times 4.33\text{m} = -29\text{kN} \cdot \text{m}$$

$$F_{SK} = F_{SK}^0 \cos\varphi_K - F_x \sin\varphi_K = 50\text{kN} \times 0.866 - 50\text{kN} \times 0.5 = 18.3\text{kN}$$

$$F_{NK} = F_{SK}^0 \sin\varphi_K + F_x \cos\varphi_K = 50\text{kN} \times 0.5 + 50\text{kN} \times 0.866 = 68.3\text{kN}$$

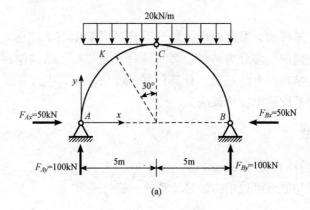

(a)

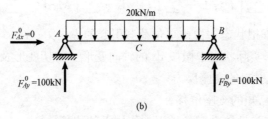

(b)

习题 3.10 题解图

第四章　静定结构的位移

内容总结

1. 概述

结构在荷载、支座移动、温度变化及制造误差等因素作用下都会发生变形，因而在结构各点引起位移。结构的位移分为两种，即线位移和角位移。结构位移的计算是验算结构的刚度及计算超静定结构内力的基础。计算位移的方法较多，但计算杆系结构位移的基本方法是以虚功原理为基础的单位荷载法。

2. 位移计算公式

（1）结构位移计算的一般公式

根据变形体的虚功原理可得结构位移计算的一般公式为

$$\Delta_K = \sum \int_l \overline{F}_N \varepsilon \, ds + \sum \int_l \overline{F}_S \gamma \, ds + \sum \int_l \overline{M} \kappa \, ds - \sum \overline{R} c$$

式中：$\overline{F}_N$、$\overline{F}_S$、$\overline{M}$——虚拟状态中由虚单位荷载引起的虚内力；

　　　　εds、γds、κds——实际状态中微段 ds 的轴向变形、剪切变形及弯曲变形；

　　　　$\overline{R}$——虚单位荷载引起的支座反力；

　　　　c——实际状态中已知的支座位移。

上式可用于弹性、非弹性体系在各种因素作用下的位移计算。

（2）静定结构在荷载作用下的位移计算公式

结构在荷载作用下位移计算的公式为

$$\Delta_K = \sum \int_l \frac{\overline{F}_N F_N}{EA} ds + \sum \int_l \kappa \frac{\overline{F}_S F_S}{GA} ds + \sum \int_l \frac{\overline{M} M}{EI} ds$$

对于不同类型的结构，上式可简化为

1）梁、刚架和拱。

$$\Delta_K = \sum \int_l \frac{\overline{M} M}{EI} ds$$

2）桁架。

$$\Delta_K = \sum \frac{\overline{F}_N F_N l}{EA}$$

3）组合结构。

$$\Delta_K = \sum \int_l \frac{\overline{M}M}{EI} ds + \sum \frac{\overline{F}_N F_N l}{EA}$$

式中：$\overline{F}_N$、$\overline{F}_S$、$\overline{M}$——虚拟状态中由虚单位荷载引起的虚内力；

　　　F_N、F_S、M——原结构由实际荷载引起的内力；

　　　EA、EI——杆件的拉压、弯曲刚度。

（3）静定结构由于支座移动引起的位移计算公式

$$\Delta_K = -\sum \overline{R}c$$

式中：$\overline{R}$——虚拟状态中的支座反力；

　　　c——实际状态中的支座位移；

　　　$\overline{R}c$——虚拟状态中的支座反力在实际状态中的支座位移上所作虚功。其正负号规定
　　　　　为：当虚拟状态中的支座反力与实际支座位移的方向一致时取正号，相反时
　　　　　取负号。

（4）静定结构由于温度改变引起的位移计算公式

$$\Delta_K = \sum (\pm)\alpha_l t_0 A_{\overline{N}} + \sum (\pm)\alpha_l \frac{\Delta t}{h} A_{\overline{M}}$$

式中：l——杆长；

　　　$A_{\overline{N}}$——$\overline{F}_N$ 图的面积；

　　　$A_{\overline{M}}$——$\overline{M}$ 图的面积。

上式中的正负号可按如下的方法确定：比较虚拟状态的变形与实际状态由于温度改变
引起的变形，若二者的变形方向相同，则取正号；反之取负号。式中的 t_0 和 Δt 均取绝对值
进行计算。

3. 单位荷载法

1）在所求位移的方向施加一个虚单位荷载来计算结构位移的方法称为单位荷载法。

2）用单位荷载法计算静定结构在荷载作用下位移的步骤。

① 虚拟力状态。在所求位移的方向施加一个与所求位移相对应的虚单位荷载。虚拟力的
方向可任意假设，若计算结果为正，则实际位移与虚拟力方向相同。反之与虚拟力方向相反。

② 分别求出在虚拟力状态和实际位移状态中结构的内力。

③ 应用公式计算位移。

4. 图乘法

1）对于由等截面直杆段所构成的梁和刚架，在计算位移时均可应用图乘法。图乘公
式为

$$\Delta_K = \sum \frac{1}{EI} A y_C$$

2）用图乘法计算梁和刚架在荷载作用下位移的步骤。

① 虚拟力状态。在所求位移的方向施加一个与所求位移相对应的虚单位荷载。虚拟力的方向可任意假设，若计算结果为正，则实际位移与虚拟力方向相同。反之与虚拟力方向相反。

② 绘出在虚拟力状态和实际位移状态中梁和刚架的弯矩图。

③ 应用公式计算位移。

3）用图乘法计算梁和刚架在荷载作用下位移的注意点。

① 在图乘前要先对图形进行分段处理，保证 M 图和 $\overline{M}$ 图中至少有一个是直线图形。

② 面积 A 与竖标 y_c 分别取自两个弯矩图，y_c 必须从直线图形上取得。若 M 图和 $\overline{M}$ 图均为直线图形，也可用 $\overline{M}$ 图的面积乘其形心所对应的 M 图的竖标来计算。

③ 乘积 Ay_c 的正负号规定为：当面积 A 与竖标 y_c 在杆的同侧时，乘积 Ay_c 取正号；当 A 与 y_c 在杆的异侧时，Ay_c 取负号。

5. 互等定理

（1）功的互等定理

功的互等定理表述为：第一状态的外力在第二状态的相应位移上所作的虚功总和，等于第二状态的外力在第一状态的相应位移上所作的虚功总和，即

$$\sum F_1 \Delta_{12} = \sum F_2 \Delta_{21}$$

（2）位移互等定理

位移互等定理可表述为：在第一状态中由第一个单位力引起的第二个单位力作用点沿第二个单位力方向的位移，等于第二状态中由第二个单位力引起的第一个单位力作用点沿第一个单位力方向的位移，即

$$\delta_{12} = \delta_{21}$$

（3）反力互等定理

反力互等定理可表述为：对超静定结构，在第一状态中由支座 1 的单位位移引起的支座 2 处的反力，等于第二状态中由支座 2 的单位位移引起的支座 1 处的反力，即

$$r_{12} = r_{21}$$

典型例题

例 4.1 图 4.1（a）所示刚架的弯曲刚度 EI 为常数，试求 D、E 两截面沿其连线方向的相对线位移 Δ_{DE}。

分析 对于梁和刚架在荷载作用下的位移计算，只要符合图乘条件，通常都采用图乘法进行计算。当求两点的相对线位移时，需在两点连线方向施加一对单位力。

解 1）绘出 M 图如图 4.1（b）所示。

2）在 D、E 两截面沿其连线方向虚加一对单位力，绘出 $\overline{M}$ 图如图 4.1（c）所示。

3）由图乘法计算 Δ_{DE} 为

$$\Delta_{DE} = -\frac{1}{EI} \times \frac{2}{3} \times 40 \times 2 \times \frac{3}{8} \times \sqrt{2} = -\frac{28.28}{EI}(\nearrow)$$

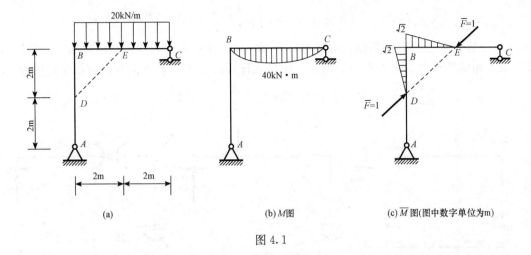

(a)　　　　　　　(b)M图　　　　(c)$\overline{M}$图(图中数字单位为m)

图 4.1

例 4.2 图 4.2（a）所示桁架各杆的拉压刚度 EA 为常数，试求 CE 杆的转角 φ_{CE}。

分析 在求杆件转角时，虚拟状态是在杆件两端加一对集中力形成一单位力偶。

解 1）计算荷载作用下各杆内力 F_N，如图 4.2（b）所示。

2）在 C、D 两点垂直 CE 杆虚加一对集中力形成一单位力偶，并计算 $\overline{F}_N$ 如图 4.2（c）所示。

3）由公式计算 CE 杆转角为

$$\varphi_{CE} = \sum \frac{\overline{F}_N F_{NF} l}{EA} = \frac{1}{EA}\left[\frac{\sqrt{2}}{4} \times \sqrt{2}F \times 2\sqrt{2} + \left(-\frac{1}{4}\right) \times (-F) \times 4\right] = \frac{2.414F}{EA}\ (\curvearrowright)$$

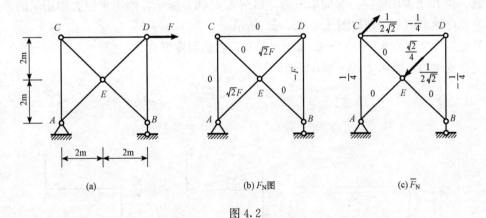

(a)　　　　　　　(b)F_N图　　　　　　(c)$\overline{F}_N$

图 4.2

例 4.3 图 4.3（a）所示刚架的固定端 A 顺时针转动了 0.01rad，支座 B 下沉了 0.02m，试求 D 截面的竖向位移 Δ_{DV} 及铰 C 左、右两侧截面的相对转角 $\Delta\varphi_C$。

分析 此为支座移动引起的刚架位移，计算时利用支座移动时的计算公式。在计算支座反力时，应从 CDB 部分开始计算。

解 1）计算 D 截面的竖向位移 Δ_{DV}。在 D 截面虚加一竖向单位力，求得相应约束力如图 4.3（b）所示。由公式计算 D 截面的竖向位移为

65

$$\Delta_{DV} = -\sum \bar{R}c = -\left[\left(-\frac{1}{2} \times 0.02\text{m}\right) + \left(-\frac{3}{2} \times 0.01\right)\right] = 0.025\text{m}(\downarrow)$$

2）计算铰 C 左、右两侧截面的相对转角 $\Delta\varphi_C$。在铰 C 左、右两侧截面虚加一对单位力偶，求得相应约束力如图 4.3（c）所示。由公式计算铰 C 左、右两侧截面的相对转角为

$$\Delta\varphi_C = -\sum \bar{R}c = -\left[\left(-\frac{1}{6} \times 0.02\text{m}\right) + \left(\frac{3}{2} \times 0.01\right)\right] = -0.012\text{rad}(\;)$$

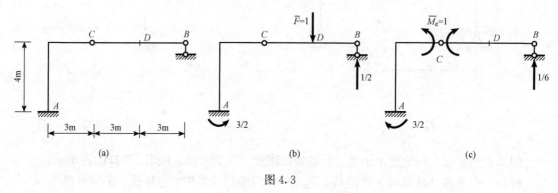

图 4.3

例 4.4 图 4.4（a）所示刚架在施工时温度为 $20℃$，试求冬季当外侧温度为 $-10℃$，内侧温度为 $0℃$ 时 B 点的竖向位移 Δ_{BV}。已知 $l = 4\text{m}$，$\alpha_l = 1 \times 10^{-5} 1/℃$，各杆均为矩形截面，截面高度 $h = 400\text{mm}$。

分析 题目给定的温度值是实际温度，不是温度变化值，求解时需先计算出内外侧各杆温度变化值，再利用位移计算公式求解。

解 在 B 点虚加竖向一竖向单位力，如图 4.4（b）所示，绘出单位力作用下的单位弯矩图及单位轴力图，分别如图 4.4（b，c）所示。

外侧温度变化 $t_1 = -10℃ - 20℃ = -30℃$，内侧温度变化 $t_2 = 0℃ - 20℃ = -20℃$，内外侧温度变化值见图 4.4（a）所示。则

$$t_0 = \frac{t_1 + t_2}{2} = \frac{-30℃ - 20℃}{2} = -25℃$$

$$\Delta t = -20℃ - (-30℃) = 10℃$$

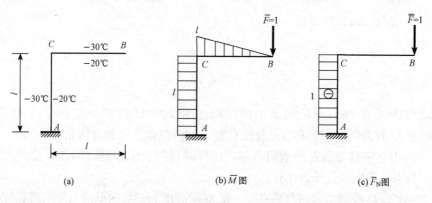

(a)　　　　　　(b) $\bar{M}$ 图　　　　　　(c) $\bar{F}_N$ 图

图 4.4

由位移计算公式得

$$\Delta_{BV} = \alpha_l \times 25^{\circ}\mathrm{C} \times (1 \times l) - \alpha_l \times \frac{10^{\circ}\mathrm{C}}{h} \times \left(\frac{1}{2} \times l \times l + l \times l \right)$$

$$= 25\alpha_l l - \frac{15\alpha_l l^2}{h} = 25 \times 1 \times 10^{-5} 1/^{\circ}\mathrm{C} \times 4000\mathrm{mm} - \frac{15 \times 1 \times 10^{-5} 1/^{\circ}\mathrm{C} \times (4000\mathrm{mm})^2}{400\mathrm{mm}}$$

$$= -5.0\mathrm{mm}(\uparrow)$$

思考题解答

思考题 4.1 什么是虚位移？实位移和虚位移有何区别？

解 若位移不是由做功的力 F 引起的，而是由其他因素引起的为约束所容许的微小位移，对力 F 而言，该位移是虚位移。若位移是由做功的力 F 引起的，对力 F 而言，该位移是实位移。

实位移和虚位移的区别在于：①引起位移的原因不同。②实位移是唯一确定的，它可能是微小值，也可能有有限值；虚位移不一定是一个，可能有若干个，并且是微小位移。

思考题 4.2 什么是虚功？实功和虚功有何区别？

解 力 F 在虚位移上所做的功称为虚功。力在实位移上所做的功称为实功。

实功和虚功的区别在于：实功中位移是由做功的力引起的，做功的力和相应的位移是彼此相关的；虚功中的位移不是由做功的力引起，而是由其他原因引起的，做功的力和相应的位移是彼此独立无关的两个因素。

思考题 4.3 简述虚功原理的两种应用及其计算步骤。

解 1）虚拟位移状态，求未知力。此时位移状态是虚拟的，力状态是实际给定的，在虚拟位移状态和给定的实际力状态之间应用虚功原理，这种形式的虚功原理又称为虚位移原理。计算步骤为：第一步虚设位移状态，第二步利用公式计算未知力。

2）虚拟力状态，求未知位移。此时力状态是虚拟的，位移状态是实际给定的，在虚拟力状态和给定的实际位移状态之间应用虚功原理，这种形式的虚功原理又称为虚力原理。计算步骤为：第一步虚设力状态，第二步利用公式计算未知位移。

思考题 4.4 用单位荷载法计算结构位移时虚单位荷载如何设置？

解 用单位荷载法计算结构位移时，要求所设虚单位荷载必须与所求的位移相对应，具体说明如下：

1）若欲求的位移是结构上某一点沿某一方向的线位移，则虚单位荷载应该是作用于该点沿该方向的单位集中力。

2）若欲求的位移是结构上某两点沿指定方向的相对线位移，则虚单位荷载应该是作用于该两点沿指定方向的一对反向共线的单位集中力。

3）若欲求的位移是结构上某一截面的角位移，则虚单位荷载应该是作用于此截面上的单位集中力偶。

4）若欲求的位移是结构上某两个截面的相对角位移，则虚单位荷载应该是作用于这两个截面上的一对反向单位集中力偶。

5）若欲求的位移是结构（如桁架）中某一杆件的角位移，则应在该杆件的两端沿垂直于杆件方向施加一个由一对大小相等、方向相反的集中力所构成的虚单位力偶，每一集中力的大小等于杆件长度的倒数。

总之，虚拟的单位荷载必须是与所求广义位移相应的广义虚单位荷载。

思考题 4.5 应用虚功原理计算位移有什么优越性？

解 由于在虚功原理中有两种彼此独立的状态即力状态和位移状态，因此在应用虚功原理时，可根据不同的需要，假设任意一个为虚拟状态，求解另一个为实际状态。

思考题 4.6 用式（14.6）计算梁和刚架的位移，需先写出 M 和 $\overline{M}$ 的表达式。在同一区段写这两个弯矩表达式时，可否将坐标原点取在不同的位置？为什么？

解 不可以。因为积分区间不同无法积分。

思考题 4.7 图乘法的适用条件是什么？求变截面梁和拱的位移时是否可用图乘法？

解 图乘法的适用条件是：① 杆件为等截面直杆，且弯曲刚度 EI 为常数；② 在 M 和 $\overline{M}$ 两个弯矩图中至少有一个是直线图形。

由上可知，求变截面梁和拱的位移时不能用图乘法。

思考题 4.8 图乘法计算公式中，乘积 Ay_c 的正负号是如何规定的？

解 乘积 Ay_c 的正负号规定为：当面积 A 与竖标 y_c 在杆的同侧时，乘积 Ay_c 取正号；当 A 与 y_c 在杆的异侧时，Ay_c 取负号。

思考题 4.9 下列图乘计算是否正确？试说明理由。设梁的弯曲刚度 EI 为常数。

(a) $\Delta_{BV} = \dfrac{1}{EI} \times \dfrac{1}{3} \times ql^2 \times l \times \dfrac{3}{4}l$

(b) $\Delta_{CV} = \dfrac{1}{EI}\left[\dfrac{ql^2}{8} \times \dfrac{l}{2} \times \dfrac{l}{4} + \dfrac{1}{3} \times \left(\dfrac{ql^2}{2} - \dfrac{ql^2}{8} \right) \times \dfrac{l}{2} \times \dfrac{3l}{8} \right]$

解 （a）不正确，因为 M 图不是标准抛物线，不能直接用一个标准抛物线面积公式进行计算。

（b）不正确，因为 M 图中虚线以上面积不是标准抛物线，不能直接用一个标准抛物线面积公式进行计算。

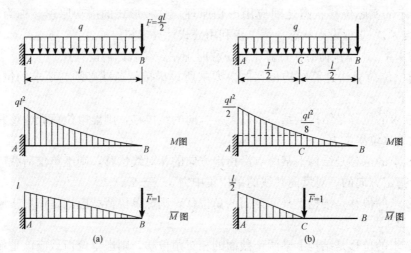

思考题 4.9 图

思考题 4.10 由支座移动引起的位移计算公式中，乘积 $\bar{R}c$ 的正负号是如何规定的？

解 乘积 $\bar{R}c$ 的正负号规定为：当虚拟状态的支座反力与实际支座位移的方向一致时取正号，相反时取负号。

思考题 4.11 由温度改变引起的位移计算公式中，正负号是如何规定的？

解 正负号可按如下的方法确定：比较虚拟状态的变形与实际状态由于温度改变引起的变形，若二者的变形方向相同，则取正号；反之取负号。公式中的 t_0 和 Δt 均取绝对值进行计算。

思考题 4.12 图示两个相同的悬臂梁，受不同的单位荷载作用，梁的弯曲刚度 EI 为常数。试求图（a）中点 2 的竖向位移和图（b）中截面 1 的角位移，计算结果说明了什么？

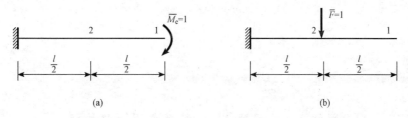

（a）   （b）

思考题 4.12 图

解 1）求图（a）中点 2 的竖向位移。在 2 点虚加一竖向单位力，绘出两种状态中的弯矩图，分别如思考题 4.12 题解图（a，b）所示，图乘可得

$$\Delta_{2V} = \frac{1}{EI} \times \frac{1}{2} \times \frac{l}{2} \times \frac{l}{2} \times 1 = \frac{l^2}{8EI}$$

2）求图（b）中截面 1 的角位移。在 1 点虚加一单位力偶，绘出两种状态中的弯矩图，分别如思考题 4.12 题解图（a，b）所示，图乘可得

$$\varphi_1 = \frac{1}{EI} \times \frac{1}{2} \times \frac{l}{2} \times \frac{l}{2} \times 1 = \frac{l^2}{8EI}$$

两种情况计算结果相同，说明位移互等定理中，线位移与角位移也存在互等。

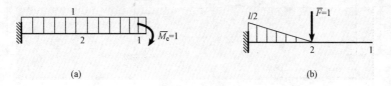

（a）   （b）

思考题 4.12 题解图

思考题 4.13 反力互等定理是否可用于静定结构？若使用了会得出什么结果？

解 反力互等定理不用于静定结构，因为静定结构由于支座移动不产生支座反力。若使用反力互等定理，则结果是零等于零。

思考题 4.14 试利用功的互等定理证明图（a）所示支座转动状态在点 2 处产生的竖向位移 δ_{21}，等于图（b）所示状态在点 1 处产生的反力矩 r_{12}，但符号相反。上述关系称为**位移反力互等定理**。

解 由图（a，b）所示状态可得

$$W_e^{12} = 0, \quad W_e^{21} = r_{12} \times 1 + 1 \times \delta_{21}$$

由功的互等定理，得

$$r_{12} \times 1 + 1 \times \delta_{21} = 0$$

故有

$$\delta_{21} = -r_{12}$$

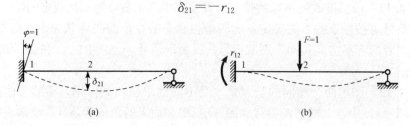

思考题 4.14 图

习题解答

习题 4.1～习题 4.4　荷载作用下的位移

习题 4.1　试用单位荷载法求图示结构的指定位移。设各杆的弯曲刚度 EI 为常数。

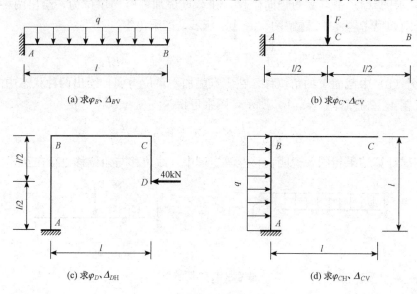

习题 4.1 图

解　(1) 题 (a) 解

1) 求 φ_B。虚设力状态如习题 4.1 (a) 题解图 (b) 所示。两种状态中的内力分别为

$$\overline{M} = 1, \quad M = -\frac{qx^2}{2}$$

代入位移计算公式，得 B 截面的转角 φ_B 为

$$\varphi_B = \sum \int_l \frac{\overline{M}M}{EI}\mathrm{d}x = \frac{1}{EI}\int_0^l (-1) \times \left(-\frac{qx^2}{2}\right)\mathrm{d}x = \frac{ql^3}{6EI}(\curvearrowright)$$

2）求 Δ_{BV}。虚设力状态如习题 4.1（a）题解图（c）所示。两种状态中的内力分别为

$$\overline{M} = -x, \quad M = -\frac{qx^2}{2}$$

代入位移计算公式，得 B 点的竖向位移 Δ_{BV} 为

$$\Delta_{BV} = \sum \int_l \frac{\overline{M}M}{EI}\mathrm{d}x = \frac{1}{EI}\int_0^l (-x) \times \left(-\frac{qx^2}{2}\right)\mathrm{d}x = \frac{ql^4}{8EI}(\downarrow)$$

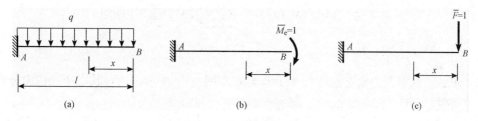

习题 4.1（a）题解图

（2）题（b）解

1）求 φ_C。虚设力状态如习题 4.1（b）题解图（b）所示。由于 BC 段的内力为零，故将坐标原点选在 C 点，并设 x 轴向左为正，则两种状态中的内力分别为

$$\overline{M} = -1, \quad M = -Fx$$

代入位移计算公式，得 C 截面的转角 φ_C 为

$$\varphi_C = \sum \int_l \frac{\overline{M}M}{EI}\mathrm{d}x = \frac{1}{EI}\int_0^{\frac{l}{2}} (-1) \times (-Fx)\mathrm{d}x = \frac{Fl^2}{8EI}(\circlearrowright)$$

2）求 Δ_{CV}。虚设力状态如习题 4.1（b）题解图（c）所示。由于 BC 段的内力为零，故将坐标原点选在 C 点，并设 x 轴向左为正，则两种状态中的内力分别为

$$\overline{M} = -x, \quad M = -Fx$$

代入位移计算公式，得 C 点的竖向位移 Δ_{CV} 为

$$\Delta_{CV} = \sum \int_l \frac{\overline{M}M}{EI}\mathrm{d}x = \frac{1}{EI}\int_0^{\frac{l}{2}} (-x) \times (-Fx)\mathrm{d}x = \frac{Fl^3}{24EI}(\downarrow)$$

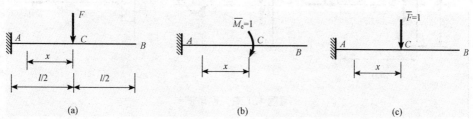

习题 4.1（b）题解图

（3）题（c）解

1）求 φ_D。虚设力状态如习题 4.1（c）题解图（b）所示。两种状态中的内力分别为

竖柱 CD：　　　　　　　$\overline{M} = -1, \quad M = -40x$

横梁 BC：　　　　　　　$\overline{M} = -1, \quad M = -20l$

竖柱 BE：　　　　　　　$\overline{M} = -1, \quad M = -40x$

竖柱 AE：$\overline{M}=-1$，$M=40x$

代入位移计算公式，得 D 截面的转角 φ_D 为

$$\varphi_D = \sum \int_l \frac{\overline{M}M}{EI}dx$$

$$= \frac{1}{EI}\int_0^{\frac{l}{2}}(-1)\times(-40x)dx + \frac{1}{EI}\int_0^l(-1)\times(-20l)dx$$

$$+ \frac{1}{EI}\int_0^{\frac{l}{2}}(-1)\times(-40x)dx + \frac{1}{EI}\int_0^{\frac{l}{2}}(-1)\times(40x)dx$$

$$= \frac{25l^2}{EI}(\circlearrowright)$$

2）求 Δ_{DH}。虚设力状态如习题 4.1（c）题解图（c）所示。两种状态中的内力分别为

竖柱 CD：$\overline{M}=-x$，$M=-40x$

横梁 BC：$\overline{M}=-\dfrac{l}{2}$，$M=-20l$

竖柱 BE：$\overline{M}=-x$，$M=-40x$

竖柱 AE：$\overline{M}=x$，$M=40x$

代入位移计算公式，得 D 点的水平位移 Δ_{DH} 为

$$\Delta_{DH} = \sum \int_l \frac{\overline{M}M}{EI}dx$$

$$= \frac{1}{EI}\int_0^{\frac{l}{2}}(-x)\times(-40x)dx + \frac{1}{EI}\int_0^l\left(-\frac{l}{2}\right)\times(-20l)dx$$

$$+ \frac{1}{EI}\int_0^{\frac{l}{2}}(-x)\times(-40x)dx + \frac{1}{EI}\int_0^{\frac{l}{2}}(x)\times(40x)dx$$

$$= \frac{15l^3}{EI}(\leftarrow)$$

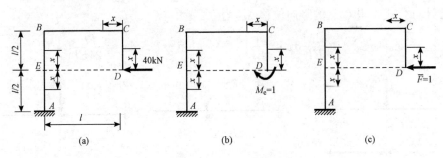

习题 4.1（c）题解图

（4）题（d）解

1）求 Δ_{CH}。虚设力状态如习题 4.1（d）题解图（b）所示。两种状态中的内力分别为

横梁 BC：$\overline{M}=0$，$M=0$

竖柱 AB：$\overline{M}=-x$，$M=-\dfrac{qx^2}{2}$

代入位移计算公式，得 C 点水平位移 Δ_{CH} 为

$$\Delta_{CH} = \sum \int_l \frac{\overline{M}M}{EI}dx = 0 + \frac{1}{EI}\int_0^l (-x) \times \left(-\frac{qx^2}{2}\right)dx = \frac{ql^4}{8EI}(\rightarrow)$$

2）求 Δ_{CV}。虚设力状态如习题 4.1（d）题解图（c）所示。两种状态中的内力分别为

横梁 BC：$\qquad\qquad \overline{M} = -x,\ M = 0$

竖柱 AB：$\qquad\qquad \overline{M} = -l,\ M = -\dfrac{qx^2}{2}$

代入位移计算公式，得 C 点的竖向位移 Δ_{CV} 为

$$\Delta_{CV} = \sum \int_l \frac{\overline{M}M}{EI}dx = 0 + \frac{1}{EI}\int_0^l (-l) \times \left(-\frac{qx^2}{2}\right)dx = \frac{ql^4}{6EI}(\downarrow)$$

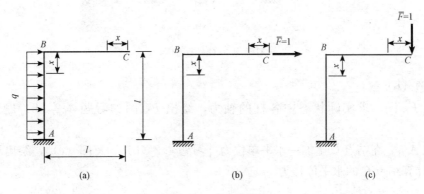

习题 4.1（d）题解图

习题 4.2 试用单位荷载法求图示桁架中结点 C 的指定位移。设各杆的拉压刚度 EA 均相同。

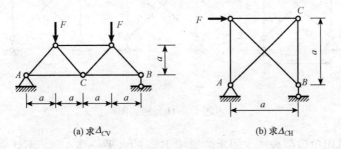

(a) 求 Δ_{CV} (b) 求 Δ_{CH}

习题 4.2 图

解 （1）题（a）解

1）绘 F_N 图。求实际状态中各杆的轴力，绘出 F_N 图如习题 4.2（a）题解图（b）所示。

2）求 Δ_{CV}。在结点 C 虚加一竖向单位力［习题 4.2（a）题解图（c）］，绘出 $\overline{F}_N$ 图。由位移公式计算结点 C 的竖向位移为

$$\Delta_{CV} = \sum \frac{F_N \overline{F}_N}{EA}l = \frac{1}{EA}\left(F \times 1 \times 2a + \sqrt{2}F \times \frac{\sqrt{2}}{2} \times \sqrt{2}a \times 2 + F \times \frac{1}{2} \times 2a \times 2\right)$$

$$= \frac{6.828Fa}{EA}(\downarrow)$$

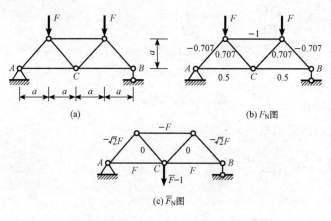

习题 4.2 (a) 题解图

（2）题（b）解

1）绘 F_N 图。求实际状态中各杆的轴力，绘出 F_N 图如习题 4.2（b）题解图（b）所示。

2）求 Δ_{CH}。在结点 C 虚加一水平单位力 [习题 4.2（b）题解图（c）]，绘出 $\overline{F}_N$ 图。由位移公式计算结点 C 的水平位移为

$$\Delta_{CH} = \sum \frac{F_N \overline{F}_N}{EA} l = \frac{1}{EA}(\sqrt{2}F \times \sqrt{2} \times \sqrt{2}a + F \times 1 \times a) = \frac{3.828Fa}{EA}(\rightarrow)$$

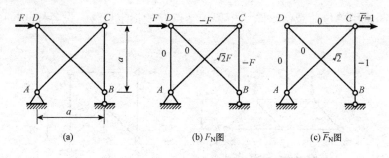

习题 4.2 (b) 题解图

习题 4.3 试用单位荷载法求图示曲梁中 B 点的水平位移 Δ_{BH}。不计曲率的影响，弯曲刚度 EI 为常数。

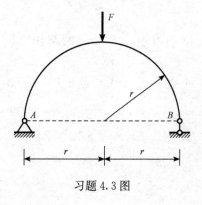

习题 4.3 图

解 在实际位移状态中，与 AB 成 φ 角的横截面上弯矩为

$$M = \frac{F}{2}(r - r\cos\varphi)$$

虚设力状态如习题 4.3 题解图（b）所示，与 AB 成 φ 角的横截面上弯矩为

$$\overline{M} = 1 \times r \times \sin\varphi = r\sin\varphi$$

代入位移计算公式，利用对称性，得 B 点的为水平位移为

$$\Delta_{BH} = \sum\int_l \frac{\overline{M}M}{EI}\mathrm{d}s = \frac{2F}{2EI}\int_0^{\frac{\pi}{2}}(r^2\sin\varphi - r^2\sin\varphi\cdot\cos\varphi)r\cdot\mathrm{d}\varphi$$

$$= \frac{Fr^3}{EI}\left(\int_0^{\frac{\pi}{2}}\sin\varphi\cdot\mathrm{d}\varphi - \int_0^{\frac{\pi}{2}}\sin\varphi\cdot\cos\varphi\cdot\mathrm{d}\varphi\right) = \frac{Fr^3}{EI}\left(1 - \frac{1}{2}\right) = \frac{Fr^3}{2EI}(\rightarrow)$$

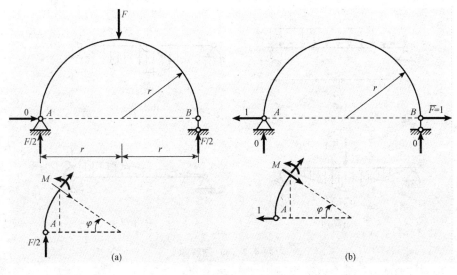

习题 4.3 题解图

习题 4.4　试用图乘法求图示梁的指定位移。设各杆的弯曲刚度 EI 为常数。

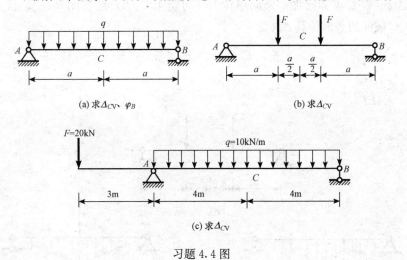

习题 4.4 图

解　(1) 题（a）解

1) 绘 M 图。绘出 M 图如习题 4.4（a）题解图中图（b）所示。

2) 求 Δ_{CV}。在 C 截面虚加一竖向单位力［习题 4.4（a）题解图（c）］，绘出 $\overline{M}_1$ 图。由图乘法计算 C 截面的竖向位移 Δ_{CV} 为

$$\Delta_{CV} = \sum\frac{Ay_C}{EI} = \frac{1}{EI}\times\left(\frac{2}{3}\times\frac{qa^2}{2}\times a\times\frac{5}{8}\times\frac{a}{2}\right)\times 2 = \frac{5qa^4}{24EI}(\downarrow)$$

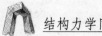

3）求 φ_B。在 B 截面虚加一单位力偶［习题 4.4（a）题解图（d）］，绘出 $\overline{M}_2$ 图。由图乘法计算 B 截面的转角 φ_B 为

$$\varphi_B = \sum \frac{Ay_C}{EI} = \frac{1}{EI} \times \left(-\frac{2}{3} \times \frac{qa^2}{2} \times 2a \times \frac{1}{2} \right) = -\frac{qa^3}{3EI}(\curvearrowright)$$

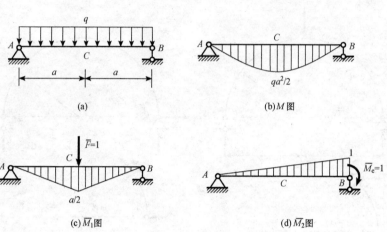

习题 4.4（a）题解图

（2）题（b）解

1）绘 M 图。绘出 M 图如习题 4.4（b）题解图（b）所示。

2）求 Δ_{CV}。在 C 截面虚加一竖向单位力［习题 4.4（b）题解图（c）］，绘出 $\overline{M}$ 图。由图乘法计算 C 截面的竖向位移 Δ_{CV} 为

$$\Delta_{CV} = \sum \frac{Ay_C}{EI} = \frac{2}{EI} \times \left[\frac{1}{2} \times Fa \times a \times \frac{2}{3} \times \frac{a}{2} + \left(\frac{a}{2} + \frac{3}{4}a \right) \times \frac{1}{2} \times \frac{a}{2} \times Fa \right]$$
$$= \frac{23Fa^3}{24EI}(\downarrow)$$

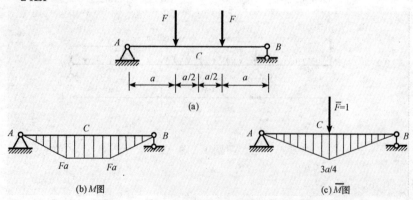

习题 4.4（b）题解图

（3）题（c）解

1）绘 M 图。绘出 M 图如习题 4.4（c）题解图（b）所示。

2）求 Δ_{CV}。在 C 截面虚加一竖向单位力［习题 4.4（b）题解图（c）］，绘出 $\overline{M}$ 图。由

图乘法计算 C 截面的竖向位移 Δ_{CV} 为

$$\Delta_{CV} = \sum \frac{Ay_C}{EI} = \frac{1}{EI} \times \left(-\frac{1}{2} \times 2 \times 8 \times \frac{1}{2} \times 60 + \frac{2}{3} \times 80 \times 4 \times \frac{5}{8} \times 2 \times 2 \right)$$

$$= \frac{293.3}{EI}(\downarrow)$$

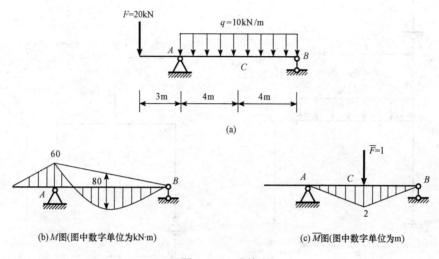

习题 4.4 （c）题解图

习题 4.5 刚架的位移

习题 4.5 试用图乘法求图示刚架的指定位移。设各杆的弯曲刚度 EI 为常数。

解 （1）题（a）解

1）绘 M 图。绘出 M 图如习题 4.5（a）题解图（b）所示。

2）求 Δ_{BV}。在 B 截面虚加一竖向单位力 [习题 4.5（a）题解图（c）]，绘出 $\overline{M}_1$ 图。由图乘法计算 B 截面的竖向位移为

$$\Delta_{BV} = \sum \frac{Ay_C}{EI} = \frac{1}{EI} \times \left(\frac{l}{2} \times Fl \times \frac{2l}{3} + 2Fl^2 \times l \right) = \frac{7Fl^3}{3EI}(\downarrow)$$

3）求 φ_B。在 B 截面虚加一单位力偶 [习题 4.5（a）题解图（d）]，绘出 $\overline{M}_2$ 图。由图乘法计算 B 截面的角位移为

$$\varphi_B = \sum \frac{Ay_C}{EI} = \frac{1}{EI} \times \left(\frac{Fl^2}{2} \times 1 + 2Fl^2 \times 1 \right) = \frac{5Fl^2}{2EI}(\curvearrowright)$$

（2）题（b）解

1）绘 M 图。绘出 M 图如习题 4.5（b）题解图（b）所示。

2）求 Δ_{BH}。在 B 截面虚加一水平单位力 [习题 4.5（b）题解图（c）]，绘出 $\overline{M}_1$ 图。由图乘法计算 B 截面的水平位移为

$$\Delta_{BH} = \sum \frac{Ay_C}{EI} = \frac{1}{EI} \times \left(\frac{l}{2} \times ql^2 \times \frac{2l}{3} + \frac{l}{2} \times ql^2 \times l + \frac{2l}{3} \times \frac{ql^2}{8} \times l \right) = \frac{11ql^4}{12EI}(\rightarrow)$$

3）求 φ_{CD}。在 C、D 两截面虚加一对单位力偶 [习题 4.5（b）题解图（d）]，绘出 $\overline{M}_2$ 图。由图乘法计算 C、D 两截面的相对角位移为

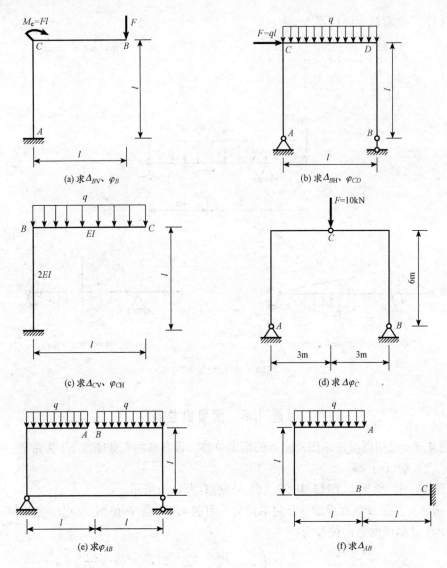

习题 4.5 图

$$\varphi_{CD} = \sum \frac{Ay_C}{EI} = \frac{1}{EI} \times \left(\frac{l}{2} \times ql^2 \times 1 + \frac{2l}{3} \times \frac{ql^2}{8} \times 1 \right) = \frac{7ql^3}{12EI} (\curvearrowright)$$

（3）题（c）解

1）绘 M 图。绘出 M 图如习题 4.5（c）题解图（b）所示。

2）求 Δ_{CV}。在 C 截面虚加一竖向单位力 [习题 4.5（c）题解图（c）]，绘出 $\overline{M}_1$ 图。由图乘法计算 C 截面的竖向位移为

$$\Delta_{CV} = \sum \frac{Ay_C}{EI} = \frac{1}{EI} \times \frac{1}{3} \times l \times \frac{ql^2}{2} \times \frac{3}{4} \times l + \frac{1}{2EI} \times l \times l \times \frac{ql^2}{2} = \frac{3ql^4}{8EI} (\downarrow)$$

3）求 Δ_{CH}。在 C 截面虚加一水平单位力 [习题 4.5（c）题解图（d）]，绘出 $\overline{M}_2$ 图。由图乘法计算 C 截面的水平位移为

$$\Delta_{CH} = \sum \frac{Ay_C}{EI} = 0 + \frac{1}{2EI} \times \frac{1}{2} \times l \times l \times \frac{ql^2}{2} = \frac{ql^4}{8EI} (\rightarrow)$$

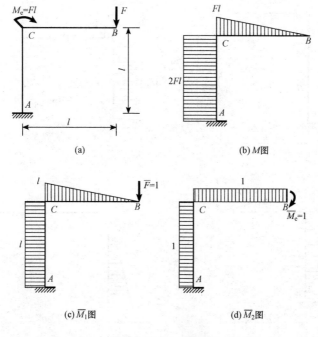

(a)

(b) M图

(c) $\overline{M}_1$图

(d) $\overline{M}_2$图

习题 4.5（a）题解图

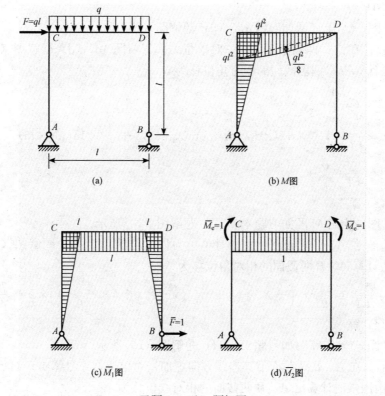

(a)

(b) M图

(c) $\overline{M}_1$图

(d) $\overline{M}_2$图

习题 4.5（b）题解图

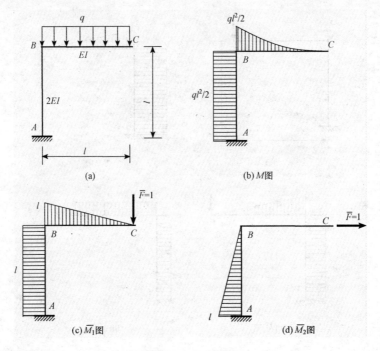

习题 4.5 (c) 题解图

(4) 题 (d) 解

1) 绘 M 图。绘出 M 图如习题 4.5 (d) 题解图 (b) 所示。

2) 求 $\Delta\varphi_C$。在铰 C 两侧截面虚加一对单位力偶 [习题 4.5 (d) 题解图 (c)]，绘出 $\overline{M}$ 图。由图乘法计算铰 C 两侧截面的相对角位移为

$$\Delta\varphi_C = \sum \frac{Ay_C}{EI}$$

$$= \frac{2}{EI} \times \left[\frac{1}{2} \times 15(\text{kN} \cdot \text{m}) \times 6\text{m} \times \frac{2}{3} \times 1 + \frac{1}{2} \times 15(\text{kN} \cdot \text{m}) \times 3\text{m} \times 1 \right]$$

$$= \frac{105}{EI} (\curvearrowright)$$

(5) 题 (e) 解

1) 绘 M 图。绘出 M 图如习题 4.5 (e) 题解图 (b) 所示。

2) 求 φ_{AB}。在 A、B 两截面虚加一对单位力偶 [习题 4.5 (e) 题解图 (c)]，绘出 $\overline{M}$ 图。由图乘法计算 A、B 两截面的相对角位移为

$$\varphi_{AB} = \sum \frac{Ay_C}{EI} = \frac{1}{EI} \times \left(\frac{l}{3} \times \frac{ql^2}{2} \times 1 + l \times \frac{ql^2}{2} \times 1 + l \times \frac{ql^2}{2} \times 1 \right) \times 2 = \frac{7ql^3}{3EI} (\curvearrowright)$$

(6) 题 (f) 解

1) 绘 M 图。绘出 M 图如习题 4.5 (f) 题解图 (b) 所示。

2) 求 Δ_{AB}。在 A、B 两截面沿其连线方向虚加一对单位力 [习题 4.5 (f) 题解图 (c)] 绘出 $\overline{M}$ 图。由图乘法计算出 A、B 两截面的相对线位移为

$$\Delta_{AB} = \sum \frac{Ay_C}{EI}$$

$$= \frac{1}{EI} \times \left(\frac{l}{3} \times \frac{ql^2}{2} \times \frac{3l}{4} + \frac{ql^2}{2} \times l \times l + \frac{l}{2} \times \frac{ql^2}{2} \times \frac{2l}{3} - \frac{l}{2} \times \frac{ql^2}{2} \times \frac{l}{3} \right)$$

$$= \frac{17ql^4}{24EI} (\ \updownarrow\ )$$

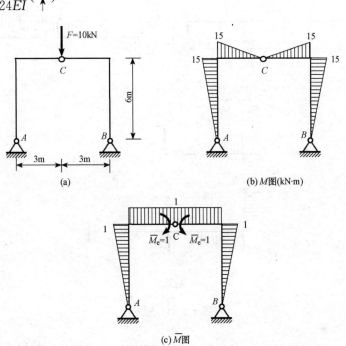

习题 4.5（d）题解图

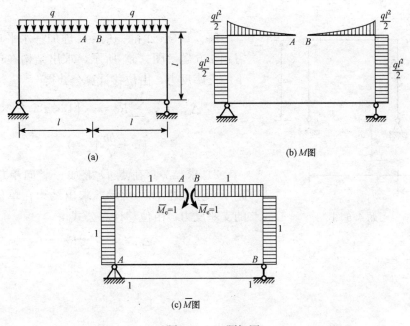

习题 4.5（e）题解图

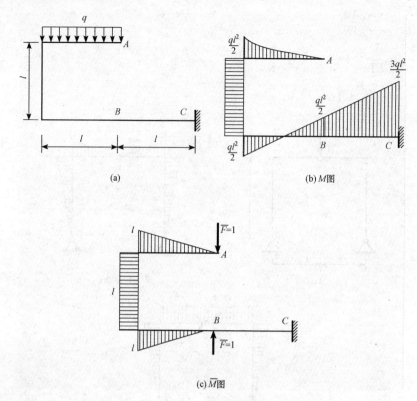

(a)　　　　　　　　　　　　(b) M图

(c) $\overline{M}$图

习题 4.5（f）题解图

习题 4.6～习题 4.7　支座移动引起的位移

习题 4.6　图示刚架支座 A 发生了图中所示位移，试求点 B 的水平位移 Δ_{BH} 和竖向位移 Δ_{BV}。

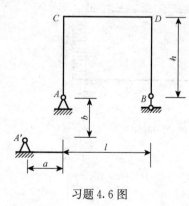

习题 4.6 图

解　1）求 Δ_{CH}。在点 C 虚加一水平单位力，如习题 4.6 题解图（a）所示，求出结构在单位力作用下的支座反力，由位移计算公式得

$$\Delta_{CH} = -\sum \overline{R}c = -\left(1 \times a + \frac{h}{l} \times b\right)$$

$$= -\left(a + \frac{hb}{l}\right)(\leftarrow)$$

2）求 Δ_{DV}。在点 D 虚加一竖向单位力，如习题 4.6题解图（b）所示，求出结构在单位力作用下的支座反力，由位移计算公式得

$$\Delta_{DV} = -\sum \overline{R}c = 0$$

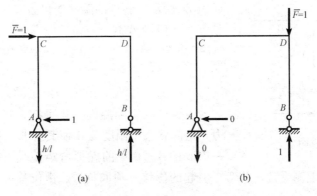

习题 4.6 题解图

习题 4.7　图示刚架支座 A 发生了图中所示位移，试求点 B 的水平位移 Δ_{BH} 和竖向位移 Δ_{BV}。

解　1）求 Δ_{BH}。在点 B 虚加一水平单位力，如习题 4.7 题解图（a）所示，求出结构在单位力作用下的支座反力。由位移计算公式得

$$\Delta_{BH} = -(1 \times a + 0 \times b - h \times \varphi) = -a + h\varphi$$

当 $a < h\varphi$ 时，所得结果为正，点 B 的水平位移向右；否则向左。

2）求点 B 的竖向位移 Δ_{BV}。在点 B 虚加一竖向单位力，如习题 4.7 题解图（b）所示，求出结构在单位力作用下的支座反力。由位移计算公式得

$$\Delta_{BV} = -(0 \times a - 1 \times b - l \times \varphi) = b + l\varphi \ (\downarrow)$$

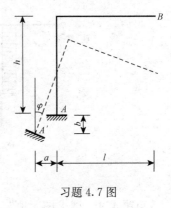

习题 4.7 图

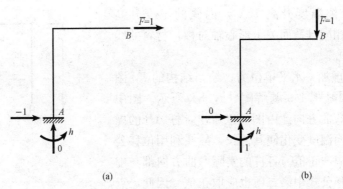

习题 4.7 题解图

习题 4.8～习题 4.9　温度变化引起的位移

习题 4.8　刚架中各杆的温度变化如图所示，试求点 C 的竖向位移 Δ_{CV}。设各杆均为矩形截面，截面高度为 h，$h/l = 1/10$，材料的线膨胀系数为 α_l。

解　在点 C 虚加一竖向单位力，绘出结构的 $\overline{F}_N$ 图和 $\overline{M}$ 图，分别如习题 4.8 题解图

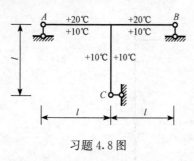

习题 4.8 图

（a，b）所示。各杆的温度变化为

横梁 AB：

$$t_0 = (20℃ + 10℃)/2 = 15℃, \quad \Delta t = 10℃ - 20℃ = -10℃$$

竖柱：

$$t_0 = (10℃ + 10℃)/2 = 10℃, \quad \Delta t = 0℃$$

由各杆的实际温度变化可知，竖柱的虚拟轴力是拉力，实际状态中温度变化使其伸长，故轴力引起的位移一项取正号；横梁的虚拟弯矩使其下侧受拉，而实际状态中温度变化使其上侧受拉，故弯矩引起的位移一项取负号。由位移公式计算 C 截面的竖向位移为

$$\Delta_{CV} = 10℃ \times \alpha_l \times 1 \times l - \alpha_l \times \frac{10℃}{h} \times \left(\frac{1}{2} \times \frac{l}{2} \times l \times 2 \right) = -40\alpha_l (\uparrow)$$

计算结果为负，表示 Δ_{CV} 的方向与所设单位力的方向相反，即 Δ_{CV} 向上。

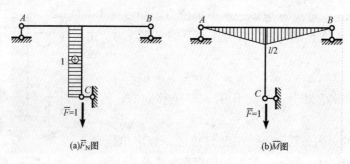

(a)$\overline{F}_N$图   (b)$\overline{M}$图

习题 4.8 题解图

习题 4.9 试求图示刚架上点 C 的水平位移 Δ_{CH}。已知刚架各杆外侧温度升高 $10℃$，内侧的温度升高 $20℃$，各杆截面相同且截面关于形心轴对称，材料的线膨胀系数为 α_l。

解 在点 C 虚加一水平单位力，绘出结构的 $\overline{F}_N$ 图和 $\overline{M}$ 图，分别如习题 4.9 题解图（a，b）所示。图中虚线表示杆件的弯曲方向。由图可以看出，杆 AB 的虚拟轴力是拉力，而温度变化使其伸长，故在利用位移公式计算时第一项应取正值。各杆的实际弯曲方向都与虚拟的相同，故位移公式中第二项也应取正值。因此，点 C 的水平位移为

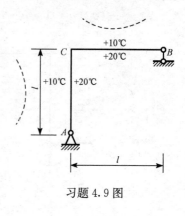

习题 4.9 图

$$\Delta_{CH} = 1 \times l \times \alpha_l \times \frac{10℃ + 20℃}{2} + \alpha_l \times \frac{20℃ - 10℃}{h} \times \left(\frac{1}{2} \times l \times l + \frac{1}{2} \times l \times l \right)$$

$$= 15\alpha_l l + 10\alpha_l \frac{l^2}{h} (\rightarrow)$$

计算结果为正，表示 Δ_{CH} 的方向与所设单位力的方向相同，即 Δ_{CH} 向右。

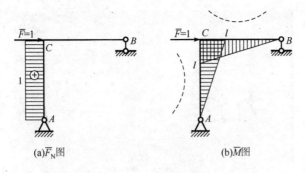

(a)$\overline{F}_N$图　　　　(b)$\overline{M}$图

习题 4.9 题解图

习题 4.10　制造误差引起的位移

习题 4.10　图示桁架中，杆件 AB 由于制造误差比原设计长度短了 40mm，试求由此所引起的点 C 的竖向位移 Δ_{CV}。

解　在 C 点虚加一竖向单位力，计算出 AB 杆的轴力，如习题 4.10 题解图所示。由虚功方程，可求得 C 点的竖向位移为

$$\Delta_{CV} = -5/8 \times 40\text{mm} = -25\text{mm}（\uparrow）$$

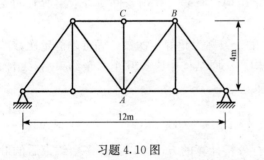

习题 4.10 图　　　　　　习题 4.10 题解图

第五章　力法

内容总结

1. 超静定的概念

1）超静定结构。从几何组成方面来说，超静定结构是有多余约束的几何不变体系，而静定结构则是无多余约束的几何不变体；从静力特征方面来说，超静定结构仅有静力平衡条件不能求出所有的支座反力和内力，而静定结构仅有静力平衡条件即可求出所有的支座反力和内力。

2）超静定次数。超静定结构中多余约束的个数称为超静定次数。确定超静定次数的方法是把多余约束去掉，使原结构变为静定结构。从原结构中去掉几个多余约束后，结构就成为静定的，则原结构的超静定次数就是几次。

2. 力法的基本原理

力法是以多余未知力作为基本未知量进行分析计算的方法。以去掉多余约束后的静定结构作为基本结构，按照基本结构在多余未知力方向上的位移与原结构一致的原则，建立一组力法方程，解出多余未知力，从而把超静定结构的计算转化为静定结构的计算。

3. 力法的典型方程

对于 n 次超静定结构，按照基本结构在 n 个多余未知力方向上的位移与原结构一致的原则，可建立 n 个力法方程，称为典型方程。当原结构在去掉多余约束处的已知位移为零时，有

$$\left.\begin{array}{l} \delta_{11}X_1+\delta_{12}X_2+\cdots+\delta_{1i}X_i+\cdots+\delta_{1n}X_n+\Delta_{1F}=0 \\ \delta_{21}X_1+\delta_{22}X_2+\cdots+\delta_{2i}X_i+\cdots+\delta_{2n}X_n+\Delta_{2F}=0 \\ \cdots\cdots\cdots\cdots\cdots\cdots\cdots\cdots\cdots\cdots\cdots \\ \delta_{i1}X_1+\delta_{i2}X_2+\cdots+\delta_{ii}X_i+\cdots+\delta_{in}X_n+\Delta_{iF}=0 \\ \cdots\cdots\cdots\cdots\cdots\cdots\cdots\cdots\cdots\cdots\cdots \\ \delta_{n1}X_1+\delta_{n2}X_2+\cdots+\delta_{ni}X_i+\cdots+\delta_{nn}X_n+\Delta_{nF}=0 \end{array}\right\}$$

式中：δ_{ii}——主系数，表示基本结构上多余未知力 $X_i=1$ 引起的沿 X_i 方向的位移，其值恒

为正；

δ_{ij}——副系数，表示基本结构上多余未知力 $X_j=1$ 引起的沿 X_i 方向的位移，其值可为正、为负或为零；

Δ_{iF}——自由项，表示基本结构上外因引起的沿 X_i 方向的位移，其值可为正、为负或为零。

副系数有互等关系，即

$$\delta_{ij} = \delta_{ji}$$

由于各系数和自由项都是静定结构的位移，因而可按第四章的方法求得。

4. 支座移动、温度改变时超静定结构的计算

在超静定结构中，只要有使结构产生变形的因素，如支座移动、温度改变、材料收缩、制造误差等，都会使超静定结构产生内力。其计算方法和荷载作用时类似，要注意原结构在多余未知力方向的位移是否为零。自由项按下式进行计算：

$$\Delta_{ic} = - \sum \overline{R}_i c$$

$$\Delta_{it} = \sum (\pm) \alpha_l t_0 A_{\mathrm{N}i} + \sum (\pm) \alpha_l \frac{\Delta t}{h} A_{\overline{\mathrm{M}}i}$$

5. 力法的计算步骤

1）选取基本结构。去掉原结构中的多余约束，以代之相应的多余未知力的静定结构作为基本结构。

2）建立力法方程。根据基本结构在去掉多余约束处的位移与原结构相应位置的位移相同的条件，建立力法典型方程。

3）计算力法方程中各系数与自由项。分别绘出基本结构在单位多余未知力 $X_i=1$ 和荷载作用下的弯矩图，或写出内力表达式，然后按求静定结构位移的方法计算各系数和自由项。

4）解力法方程求多余未知力。将所得各系数和自由项代入力法方程，求出多余未知力。

5）绘制原结构的内力图。按静定结构的分析方法求其余反力和内力，从而绘出原结构的内力图。也可由叠加原理按下式

$$M = \overline{M}_1 X_1 + \overline{M}_2 X_2 + \cdots + \overline{M}_n X_n + M_{\mathrm{F}}$$

绘制原结构的内力图。

6. 对称性的利用

用力法计算超静定结构要建立和解算力法方程，当结构的超静定次数增加时，计算力法方程中的系数和自由项的工作量将迅速增加。利用结构的对称性，恰当选取基本结构，可以使力法方程中尽可能多的副系数等于零，从而使计算大为简化。常用的简化方法有：

1）采用对称的基本结构，使多余未知力具有对称性。

2）荷载分组。对称结构受一般荷载作用时可将其分解为对称荷载一组与反对称荷载一

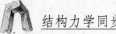

组的叠加。在对称荷载作用下只有对称的多余未知力，在反对称荷载作用下只有反对称的多余未知力。故可分别计算再叠加。

3）半刚架法。根据对称结构在对称荷载作用下内力对称、变形对称，对称结构在反对称荷载作用下内力反对称、变形反对称的特点，可取出半个刚架进行计算。

7. 超静定结构的位移计算

由力法计算可知，当多余未知力解出后，超静定结构的内力、变形与静定的基本结构在多余未知力和荷载共同作用下的内力、变形是一致的。因此，超静定结构的位移计算就转化为静定的基本结构的位移计算，可采用单位荷载法。虚拟单位力可以施加在任何一种形式的基本结构上。为使计算简便，可选取单位内力图较简单的基本结构来施加虚拟单位力。

典型例题

例 5.1　试用力法计算图 5.1（a）所示结构，并绘制弯矩图。

分析　此结构为一次超静定，去掉任一竖向支座链杆即可形成基本结构，但 A 结点的水平支座链杆为必要约束，不能去掉，否则形成瞬变体系。

解　1）选取基本结构。选取图 5.1（b）所示基本结构。

2）建立力法方程。力法方程为

$$\delta_{11}X_1 + \Delta_{1F} = 0$$

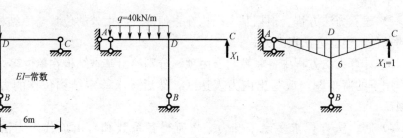

(a) 原结构　　　　　　　(b) 基本结构　　　　　(c) $\overline{M}_1$图(图中数字单位为m)

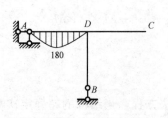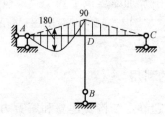

(d) M_F图(图中数字单位为kN·m)　　　　(e) M图(图中数字单位为kN·m)

图 5.1

3）计算系数、自由项。分别绘出 $X_1 = 1$ 及荷载作用于基本结构的弯矩图 $\overline{M}_1$、M_F [图 5.1（c，d）]，由图乘法，得

$$\delta_{11} = \frac{1}{EI} \times \frac{1}{2} \times 6 \times 6 \times \frac{2}{3} \times 6 \times 2 = \frac{144}{EI}$$

$$\Delta_{1F} = \frac{1}{EI} \times \frac{2}{3} \times 180 \times 6 \times \frac{1}{2} \times 6 = \frac{2160}{EI}$$

4）解方程求多余未知力。将系数、自由项代入力法方程，有

$$\frac{144}{EI} X_1 + \frac{2160}{EI} = 0$$

解得

$$X_1 = -15 \text{kN}$$

5）绘弯矩图。由 $M = \overline{M}_1 X_1 + M_F$ 绘出弯矩图如图 5.1（e）所示。

例 5.2 试用力法计算图 5.2（a）所示超静定桁架，已知各杆的拉压刚度 EA 为常数。

分析 此桁架为一次超静定结构，切断任一根杆件即为静定结构，根据切口处两侧截面的相对位移等于零的条件建立力法方程，计算系数和自由项时按桁架的位移计算公式即可。

解 1）选取基本结构。选取图 5.2（b）所示基本结构。

2）建立力法方程。力法方程为

$$\delta_{11} X_1 + \Delta_{1F} = 0$$

3）计算系数、自由项。分别计算出 $X_1 = 1$ 及荷载作用于基本结构的轴力 [图 5.2（c，d）]，系数和自由项计算如下：

$$\delta_{11} = \sum \frac{\overline{F}_{N1}^2 l}{EA}$$

$$= \frac{1}{EA}[(0.707)^2 \times 2 \times 3 + (-0.707)^2 \times 2 \times 3 + 1^2 \times 2\sqrt{2} \times 2 + (-1)^2 \times 2\sqrt{2} \times 2]$$

$$= \frac{17.31}{EA}$$

$$\Delta_{1F} = \sum \frac{\overline{F}_{N1} F_{NF} l}{EA}$$

$$= \frac{1}{EA}[10 \times 0.707 \times 2 \times 2 + (-10) \times (-0.707) \times 2 \times 2 + 20 \times 0.707 \times 2$$

$$+ (-14.14) \times (-1) \times 2\sqrt{2} + (-28.28) \times (-1) \times 2\sqrt{2} + 14.14 \times 1 \times 2\sqrt{2}]$$

$$= \frac{244.84}{EA}$$

4）解方程求多余未知力。将系数、自由项代入力法方程，有

$$\frac{17.31}{EA} X_1 + \frac{244.84}{EA} = 0$$

解得

$$X_1 = -14.14 \text{kN}$$

5）求各杆轴力。由 $F_N = \overline{F}_{N1} X_1 + F_{NF}$ 求出各杆轴力如图 5.2（e）所示。

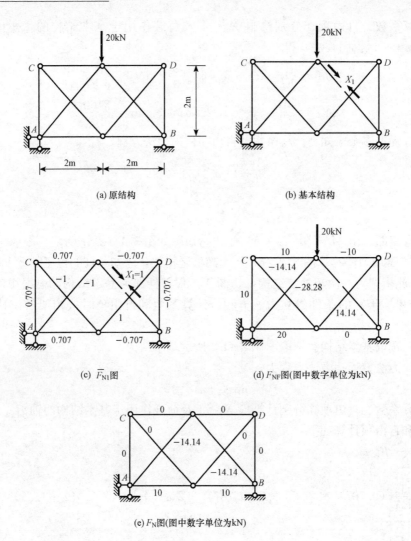

(a) 原结构

(b) 基本结构

(c) $\overline{F}_{N1}$图

(d) F_{NF}图(图中数字单位为kN)

(e) F_N图(图中数字单位为kN)

图 5.2

例 5.3 试用力法计算图 5.3（a）所示结构，并绘制弯矩图。

分析 此结构为一次超静定结构，DE 杆为链杆，其余为梁式杆，切断链杆即可形成基本结构。由于链杆的刚度无穷大，故计算系数、自由项时不考虑链杆的影响。

解 1）选取基本结构。选取图 5.3（b）所示基本结构。

2）建立力法方程。力法方程为

$$\delta_{11}X_1 + \Delta_{1F} = 0$$

3）计算系数、自由项。分别绘出 $X_1 = 1$ 及荷载作用于基本结构的弯矩图 $\overline{M}_1$，M_F [图 5.3（c，d）]，由图乘法，得

$$\delta_{11} = \frac{1}{EI} \times \frac{1}{2} \times l \times l \times \frac{2}{3} \times l + \frac{1}{2EI} \times \frac{1}{2} \times l \times l \times \frac{2}{3} \times l = \frac{l^3}{2EI}$$

$$\Delta_{1F} = \frac{1}{EI} \times \frac{1}{2} \times l \times l \times \frac{5}{3} Fl = \frac{5Fl^3}{6EI}$$

4）解方程求多余未知力。将系数、自由项代入力法方程，有

$$\frac{l^3}{2EI}X_1 + \frac{5Fl^3}{6EI} = 0$$

解得

$$X_1 = -\frac{5}{3}F$$

5）绘弯矩图。由 $M = \overline{M}_1 X_1 + M_F$ 绘出弯矩图如图 5.3（e）所示。

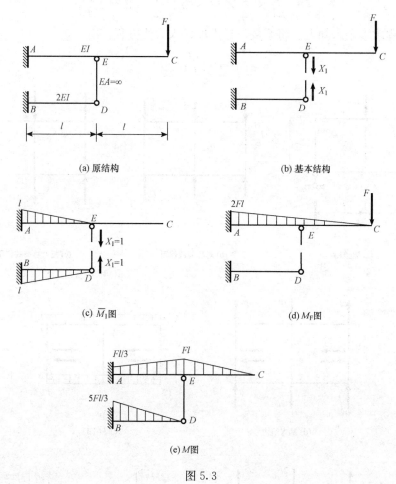

(a) 原结构

(b) 基本结构

(c) $\overline{M}_1$图

(d) M_F图

(e) M图

图 5.3

例 5.4　利用对称性，用力法计算图 5.4（a）所示刚架，绘出弯矩图。已知各杆的弯曲刚度 EI 为常数。

分析　此结构为对称的超静定结构，利用荷载分组将荷载分成对称和反对称两组，对称荷载作用时弯矩为零，只计算反对称荷载作用即可。同时结构沿竖向左右对称，故左右两杆的受力相同。

解　计算刚架的支座反力如图 5.4（a）所示。将荷载分成对称和反对称两组，分别如图 5.4（b，c）所示，对称荷载作用时弯矩为零，所以只计算反对称荷载的作用。

1）选取基本结构。选取图 5.4（d）所示基本结构。

2）建立力法方程。力法方程为

$$\delta_{11}X_1 + \Delta_{1F} = 0$$

3）计算系数、自由项。分别绘出 $X_1 = 1$ 及荷载作用于基本结构的弯矩图 $\overline{M}_1$、M_F [图 5.4（e，f）]，由图乘法，得

$$\delta_{11} = \frac{1}{EI} \times \frac{1}{2} \times \frac{l}{2} \times \frac{l}{2} \times \frac{2}{3} \times \frac{l}{2} \times 4 + \frac{1}{EI} \times \frac{l}{2} \times 2l \times \frac{l}{2} \times 2 = \frac{7l^3}{6EI}$$

$$\Delta_{1F} = -\frac{1}{EI} \times \frac{1}{2} \times Fl \times 2l \times \frac{l}{2} \times 2 = -\frac{Fl^3}{EI}$$

4）解方程求多余未知力。将系数、自由项代入力法方程，有

$$\frac{7l^3}{6EI}X_1 - \frac{Fl^3}{EI} = 0$$

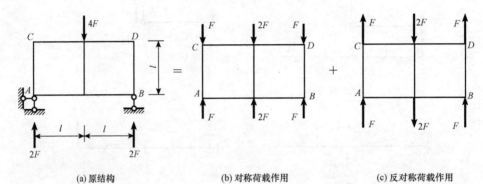

(a) 原结构　　　　　　　　(b) 对称荷载作用　　　　　　　　(c) 反对称荷载作用

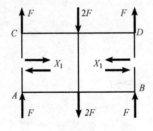

(d) 基本结构

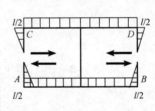

(e) $\overline{M}_1$ 图

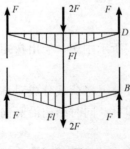

(f) M_F 图

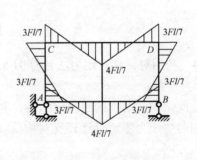

(g) M 图

图 5.4

解得

$$X_1 = \frac{6F}{7}$$

5）绘弯矩图。由 $M = \overline{M}_1 X_1 + M_F$ 绘出弯矩图如图 5.4（g）所示。

例 5.5　图 5.5（a）所示刚架各杆外侧温度 $t_1 = -30℃$，内侧温度 $t_2 = 18℃$，试绘制其弯矩图。设各杆的弯曲刚度 EI 为常数，截面对称于形心轴，截面高度 $h = \frac{l}{10}$，线膨胀系数为 α_l。

分析　此题为温度改变时的超静定对称结构计算。利用对称性用力法计算时，反对称的未知力为零，只有对称的未知力，故选取对称的基本结构时只有两个未知力。计算自由项时按温度改变时的位移计算公式。

解　1）选取基本结构。选取图 5.5（b）所示基本结构。

2）建立力法方程。力法方程为

$$\delta_{11} X_1 + \delta_{12} X_2 + \Delta_{1t} = 0$$
$$\delta_{21} X_1 + \delta_{22} X_2 + \Delta_{2t} = 0$$

3）计算系数、自由项。分别绘出 $X_1 = 1$、$X_2 = 1$ 作用于基本结构的弯矩图 $\overline{M}_1$、$\overline{M}_2$ [图 5.5（c，d）]，轴力图 $\overline{F}_{N1}$ 如图 5.5（e）所示，$\overline{F}_{N2}$ 图为零。轴线温度 $t_0 = \frac{18℃ + (-30℃)}{2} = -6℃$，温差 $\Delta t = 18℃ - (-30℃) = 48℃$。系数、自由项计算如下：

$$\delta_{11} = \frac{1}{EI} \times \frac{1}{2} \times l \times l \times \frac{2}{3} \times l \times 2 = \frac{2l^3}{3EI}$$

$$\delta_{22} = \frac{1}{EI} \times (1 \times l \times 1 \times 2 + 1 \times 2l \times 1) = \frac{4l}{EI}$$

$$\delta_{12} = \delta_{21} = -\frac{1}{EI} \times \frac{1}{2} \times l \times l \times 1 \times 2 = -\frac{l^2}{EI}$$

$$\Delta_{1t} = \alpha_l \times 6 \times 1 \times 2l + \alpha_l \times \frac{48}{h} \times \left(\frac{1}{2} \times l \times l \times 2 \right) = 492\alpha_l l$$

$$\Delta_{2t} = 0 - \alpha_l \times \frac{48}{h} \times (1 \times l \times 2 + 1 \times 2l) = -1920\alpha_l$$

4）解方程求多余未知力。将系数、自由项代入力法方程，有

$$\frac{2l^3}{3EI} X_1 - \frac{l^2}{EI} X_2 + 492\alpha_l l = 0$$

$$-\frac{l^2}{EI} X_1 + \frac{4l}{EI} X_2 - 1920\alpha_l = 0$$

解得

$$X_1 = -\frac{28.8EI\alpha_l}{l^2}, \ X_2 = \frac{472.8EI\alpha_l}{l}$$

5）绘弯矩图。由 $M = \overline{M}_1 X_1 + \overline{M}_2 X_2$ 绘出弯矩图如图 5.5（f）所示。

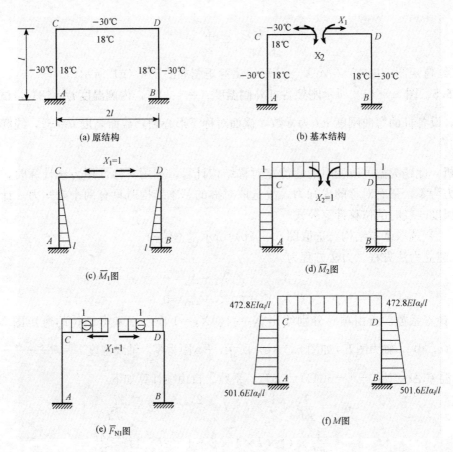

图 5.5

思考题解答

思考题 5.1 说明静定结构与超静定结构的区别。

解 静定结构是无多余约束的几何不变体系，而超静定结构是有多余约束的几何不变体系。

思考题 5.2 如何确定超静定次数？

解 确定超静定次数的方法，就是把原结构中的多余约束去掉，使之变成静定结构，去掉了几个多余约束即为几次超静定结构。

对于一个超静定结构，去掉多余约束的方式有很多种，但必须注意去掉的约束必须是多余约束。即去掉多余约束后，体系必须是无多余约束的几何不变体系，原结构中维持平衡的必要约束是绝对不能去掉的。

思考题 5.3 为什么只有平衡条件无法全部确定超静定结构的反力和内力？

解 因为超静定结构有多余约束，而每一个多余约束都对应着一个多余未知力。由于有多余未知力，这就使未知力的个数多于独立的静力平衡方程数，所以单靠静力平衡条件无法确定其全部反力和内力。

思考题 5.4 力法解超静定结构的思路是什么？什么是力法的基本结构和基本未知量？力法基本结构与原结构有何异同？

解 力法求解超静定结构的思路是以多余未知力作为基本未知量，以去掉多余约束后的静定结构作为基本结构，根据基本结构在多余约束处与原结构完全相同的位移条件建立力法方程，求解多余未知力，从而把超静定结构的计算问题转化为静定结构的计算问题。

力法的基本结构是去掉了多余约束而代之以相应的多余未知力的静定结构。力法的基本未知量是多余未知力。

力法的基本结构是静定结构，而原结构是超静定结构。力法基本结构的受力和变形与原结构是完全相同的。

思考题 5.5 力法典型方程的物理意义是什么？各系数和自由项的物理意义是什么？

解 力法典型方程的物理意义：力法典型方程表示的是基本结构沿多余未知力方向的位移和原结构相同。

力法典型方程中的系数和自由项表示的均是位移，其中主系数 δ_{ii} 表示基本结构上多余未知力 $X_i=1$ 引起的沿 X_i 方向的位移，其值恒为正；副系数 δ_{ij} 表示基本结构上多余未知力 $X_j=1$ 引起的沿 X_i 方向的位移，其值可为正、为负或为零；自由项 Δ_{iF} 表示基本结构上外因引起的沿 X_i 方向的位移，其值可为正、为负或为零。

思考题 5.6 试从物理意义上说明，为什么主系数必为大于零的正值，副系数有何特性？

解 力法方程中的主系数 δ_{ii} 是力 $X_i=1$ 引起的基本结构上沿力 X_i 自身方向的位移，故必和 X_i 方向一致，为正值；而副系数 δ_{ij} 表示基本结构上多余未知力 $X_j=1$ 引起的沿 X_i 方向的位移，故其值可正、可负、可为零，且由位移互等定理可知 $\delta_{ij}=\delta_{ji}$。

思考题 5.7 为什么在荷载作用下超静定结构的内力状态只与各杆刚度 $EI(EA)$ 的相对值有关，而与其绝对值无关？为什么静定结构的内力状态与 $EI(EA)$ 无关？

解 在力法方程中系数和自由项都有 $\dfrac{1}{EI}$ 的因子，解方程时可消去，故内力只与各杆刚度 $EI(EA)$ 的相对值有关，而与其绝对值无关。

静定结构的内力状态只用静力平衡方程就可确定，所以与 $EI(EA)$ 无关。

思考题 5.8 用力法计算超静定桁架和组合结构时，力法方程中的系数和自由项的计算主要考虑哪些变形因素？

解 由于在桁架各杆中只有轴力，故用力法计算超静定桁架时，力法方程中的系数和自由项的计算只考虑轴向变形即可。

组合结构是由梁式杆和链杆共同组成的结构。由于梁式杆主要承受弯矩，而链杆只承受轴力，所以用力法计算超静定组合结构时，在计算力法方程中的系数和自由项时，对梁式杆一般可只考虑弯矩的影响，对于链杆只考虑轴力的影响。

思考题 5.9 什么是对称结构？

解 满足以下两个条件的结构称为对称结构：①结构的几何形状和支座关于某一轴线对称；②杆件截面和材料性质也关于此轴对称。

思考题 5.10 为什么用力法计算任何对称结构时，只要所取的基本结构是对称的，而基本未知量是对称力或反对称力，则力法方程自然地分成两组？

解 因为对称未知力的弯矩图是对称的，而反对称未知力的弯矩图是反对称的，所以对称未知力和反对称未知力的相关系数为零，力法方程就自然地分成两组。

思考题 5.11 为什么对称结构在对称荷载作用下，反对称的未知力等于零？反之，在反对称荷载作用下对称的未知力等于零？

解 因为对称结构在对称荷载作用下，反对称的未知力方程组为零解。而对称结构在反对称荷载作用下，对称的未知力方程组为零解。

思考题 5.12 计算超静定结构的位移与计算静定结构的位移，两者有何异同？

解 相同点：都是利用单位荷载法计算。

不同点：计算静定结构的位移时，单位力加在原结构上；计算超静定结构的位移时，单位力加在基本结构上。

思考题 5.13 为什么计算超静定结构的位移时，可以将所虚设的单位力施加于任一基本结构作为虚拟状态？

解 因为超静定结构的内力不随计算的基本结构不同而异，最后的内力图可以认为是由与原结构对应的任意基本结构求得的，所以在计算超静定结构的位移时，虚拟单位力可以施加在其中任何一种形式的基本结构上。这样，在计算超静定结构的位移时，可选取单位内力图较简单的基本结构来施加虚拟单位力，以使计算简便。

思考题 5.14 为什么校核超静定结构的内力图时，除校核平衡条件外，还要校核位移条件？

解 因为在用力法计算时，多余未知力是由位移条件求得的，多余未知力的计算是否有误，由平衡条件是反映不出来的，必须由位移条件的校核来判定。

思考题 5.15 没有荷载就没有内力，这个结论在什么情况下适用？在什么情况下不适用？

解 对于静定结构适用，对于超静定结构不适用。

思考题 5.16 计算超静定结构时，在什么情况下只需给出刚度 EI 的相对值？在什么情况下需给出 EI 的绝对值？

解 在荷载作用下超静定结构的内力状态只与各杆刚度 $EI(EA)$ 的相对值有关，而与其绝对值无关。在非荷载因素影响下超静定结构的计算需给出 EI 的绝对值。

思考题 5.17 用力法计算超静定结构时，考虑支座移动、温度改变等因素的影响与考虑荷载作用的影响相比，所建立的力法方程有何异同？

解 计算原理相同，都是利用基本结构代替原结构求解。不同点有：

1）自由项的意义不同。荷载作用下自由项指的是由于荷载引起的基本结构沿多余未知力方向的位移；支座移动、温度改变时的自由项指的是由于支座移动、温度改变引起的基本结构沿多余力方向的位移。

2）力法典型方程中等号右边项可能不同。荷载作用下力法典型方程中等号右边项为零；而支座移动时力法典型方程中等号右边项不一定为零。

3）最后内力的计算不同。荷载作用下的最后内力由多余未知力和荷载共同产生，叠加而成；而支座移动、温度改变时的内力仅有多余未知力产生。

思考题 5.18 比较超静定结构与静定结构的不同特性。

解 相对于静定结构，超静定结构有如下特性：

1）在静定结构中，除荷载以外，其他任何因素都不会引起内力；在超静定结构中，只要存在变形因素（如荷载作用、支座移动、温度变化、制造误差等），通常都会使其产生内力。

2）静定结构的内力仅用静力平衡条件即可确定，其值与结构的杆件性质和截面尺寸无关；而超静定结构的内力仅用静力平衡条件无法全部确定，还需考虑位移条件，所以其内力与结构的材料性质及杆件的截面尺寸有关，并且内力分布随杆件之间相对刚度的变化而不同，刚度较大的杆件，其承担的内力较大。

3）静定结构的任一约束遭到破坏后，立即变成几何可变体系，完全丧失承载能力；超静定结构由于具有多余约束，在多余约束被破坏时，结构仍为几何不变体系，因而还具有一定的承载能力。

4）超静定结构由于存在多余约束，有多余约束力的影响，在局部荷载作用下，内力分布范围大，峰值小，且变形小，刚度大。

习题解答

习题 5.1　超静定次数

习题 5.1　试确定图示结构的超静定次数。

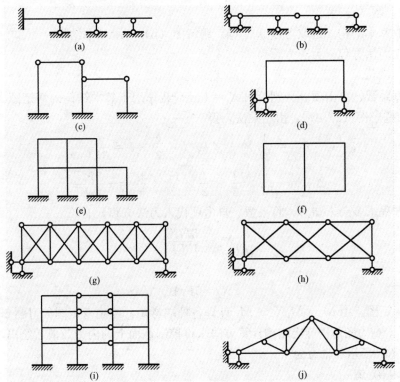

习题 5.1 图

解 图（a）3次，图（b）1次，图（c）2次，图（d）3次，图（e）15次，图（f）6次，图（g）5次，图（h）1次，图（i）28次，图（j）4次。

习题 5.2～习题 5.4 荷载作用下的超静定结构

习题 5.2 试用力法计算图示超静定梁，并绘制内力图。

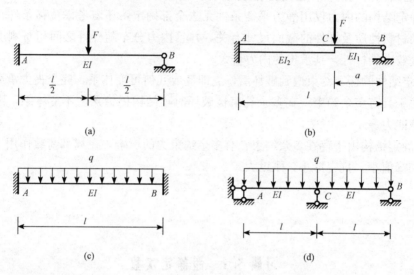

习题 5.2 图

解 （1）题（a）解

1）选取基本结构。选取习题 5.2（a）题解图（b）所示基本结构。

2）建立力法方程。力法方程为

$$\delta_{11}X_1 + \Delta_{1F} = 0$$

3）计算系数、自由项。分别绘出 $X_1=1$ 及荷载作用于基本结构的弯矩图 $\overline{M}_1$、M_F〔习题 5.2（a）题解图（c，d）〕，由图乘法，得

$$\delta_{11} = \frac{1}{EI} \times \frac{1}{2} \times l \times l \times \frac{2}{3} \times l = \frac{l^3}{3EI}$$

$$\Delta_{1F} = -\frac{1}{EI} \times \frac{1}{2} \times \frac{l}{2} \times \frac{Fl}{2} \times \frac{5l}{6} = -\frac{5Fl^3}{48EI}$$

4）解方程求多余未知力。将系数、自由项代入力法方程，有

$$\frac{l^3}{3EI}X_1 - \frac{5Fl^3}{48EI} = 0$$

解得

$$X_1 = 5F/16$$

5）绘弯矩图。由 $M = \overline{M}_1 X_1 + M_F$ 计算各杆端弯矩，绘出弯矩图如习题 5.2（a）题解图（e）所示。剪力图可由静定结构计算方法求得控制截面上的内力数值后绘出，如习题 5.2（a）题解图（f）所示。轴力为零。

（2）题（b）解

1）选取基本结构。选取习题 5.2（b）题解图（b）所示基本结构。

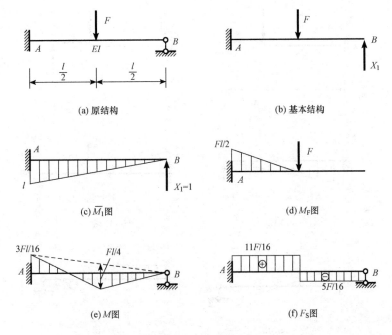

(a) 原结构　　　　　　　　　　　(b) 基本结构

(c) $\overline{M}_1$图　　　　　　　　　　　(d) M_F图

(e) M图　　　　　　　　　　　(f) F_S图

习题 5.2（a）题解图

2）建立力法方程。力法方程为

$$\delta_{11}X_1 + \Delta_{1F} = 0$$

3）计算系数、自由项。分别绘出 $X_1 = 1$ 及荷载作用于基本结构的弯矩图 $\overline{M}_1$、M_F［习题 5.2（b）题解图（c，d）］，由图乘法，得

$$\delta_{11} = \frac{1}{EI_1} \times \frac{a^2}{2} \times \frac{2a}{3} + \frac{1}{EI_2}\left[\frac{l}{2}(l-a)\left(\frac{2l}{3} + \frac{a}{3}\right) + \frac{a}{2}(l-a)\left(\frac{l}{3} + \frac{2a}{3}\right)\right]$$

$$= \frac{a^3}{3EI_1} + \frac{l^3 - a^3}{3EI_2}$$

$$\Delta_{1F} = -\frac{1}{EI_2} \times \frac{F}{2} \times (l-a)^2\left(\frac{2l}{3} + \frac{a}{3}\right) = -\frac{F}{6EI_2}(l-a)^2(2l+a)$$

4）解方程求多余未知力。将系数、自由项代入力法方程，有

$$\left(\frac{a^3}{3EI_1} + \frac{l^3 - a^3}{3EI_2}\right)X_1 - \frac{F}{6EI_2}(l-a)^2(2l+a) = 0$$

解得

$$X_1 = \frac{F}{2} \times \frac{2l^3 - 3l^2a + a^3}{l^3 - \left(1 - \dfrac{I_2}{I_1}\right)a^3}$$

5）绘弯矩图。由 $M = \overline{M}_1 X_1 + M_F$ 计算各杆端弯矩，绘出弯矩图如习题 5.2（b）题解图（e）所示。剪力图可由静定结构计算方法求得控制截面上的内力数值后绘出，如习题 5.2（b）题解图（f）所示。轴力为零。

（3）题（c）解

1）选取基本结构。选取习题 5.2（c）题解图（b）所示基本结构。

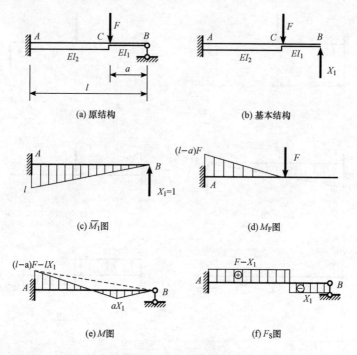

(a) 原结构　　　　　(b) 基本结构

(c) $\overline{M}_1$图　　　　　(d) M_F图

(e) M图　　　　　(f) F_S图

习题 5.2 （b） 题解图

2）建立力法方程。力法方程为

$$\delta_{11}X_1 + \delta_{12}X_2 + \Delta_{1F} = 0$$
$$\delta_{21}X_1 + \delta_{22}X_2 + \Delta_{2F} = 0$$

3）计算系数、自由项。分别绘出 $X_1=1$ 及荷载作用于基本结构的弯矩图 $\overline{M}_1$、$\overline{M}_2$、M_F ［习题 5.2 （c） 题解图（c～e)]，由图乘法，得

$$\delta_{11} = \frac{1}{EI} \times \left(\frac{l^2}{2} \times \frac{2l}{3} \right) = \frac{l^3}{3EI}$$

$$\delta_{12} = \delta_{21} = -\frac{1}{EI} \times \frac{1}{2} \times l^2 \times 1 = -\frac{l^2}{2EI}$$

$$\delta_{22} = \frac{1}{EI} \times l \times 1 \times 1 - \frac{l}{EI}$$

$$\Delta_{1F} = -\frac{1}{EI} \times \left(\frac{l}{3} \times \frac{ql^2}{2} \times \frac{3l}{4} \right) = -\frac{ql^4}{8EI}$$

$$\Delta_{2F} = \frac{1}{EI} \times \frac{l}{3} \times \frac{ql^2}{2} \times 1 = \frac{ql^3}{6EI}$$

4）解方程求多余未知力。将系数、自由项代入力法方程，有

$$\frac{l^3}{3EI}X_1 - \frac{l^2}{2EI}X_2 - \frac{ql^4}{8EI} = 0$$

$$-\frac{l^2}{2EI}X_1 + \frac{l}{EI}X_2 + \frac{ql^3}{6EI} = 0$$

解得

$$X_1 = \frac{ql}{2}, \ X_2 = \frac{ql^2}{12}$$

5）绘弯矩图。由 $M = \overline{M}_1 X_1 + \overline{M}_2 + M_F$ 计算各杆端弯矩，绘出弯矩图如习题5.2（c）题解图（f）所示。剪力图可由静定结构计算方法求得控制截面上的内力数值后绘出，如习题5.2（c）题解图（g）所示。轴力为零。

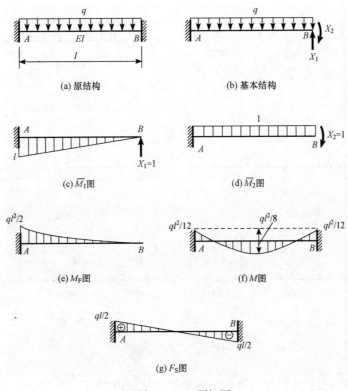

习题 5.2（c）题解图

（4）题（d）解

1）选取基本结构。选取习题5.2（d）题解图（b）所示基本结构。

2）建立力法方程。力法方程为

$$\delta_{11} X_1 + \Delta_{1F} = 0$$

3）计算系数、自由项。分别绘出 $X_1 = 1$ 及荷载作用于基本结构的弯矩图 $\overline{M}_1$、M_F［习题5.2（d）题解图（c，d）］，由图乘法，得

$$\delta_{11} = \frac{1}{EI} \times \left(\frac{1}{2} \times l \times \frac{l}{2} \times \frac{2}{3} \times \frac{l}{2} \times 2 \right) = \frac{l^3}{6EI}$$

$$\Delta_{1F} = -\frac{1}{EI} \times \left(\frac{2l}{3} \times \frac{ql^2}{2} \times \frac{5}{8} \times \frac{l}{2} \times 2 \right) = -\frac{5ql^4}{24EI}$$

4）解方程求多余未知力。将系数、自由项代入力法方程，有

$$\frac{l^3}{6EI} X_1 - \frac{5ql^4}{24EI} = 0$$

解得

$$X_1 = \frac{5ql}{4}$$

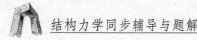
5）绘弯矩图。由 $M = \overline{M}_1 X_1 + M_F$ 计算各杆端弯矩，绘出弯矩图如习题 5.2（d）题解图（e）所示。剪力图可由静定结构计算方法求得控制截面上的内力数值后绘出，如习题 5.2（d）题解图（f）所示。轴力为零。

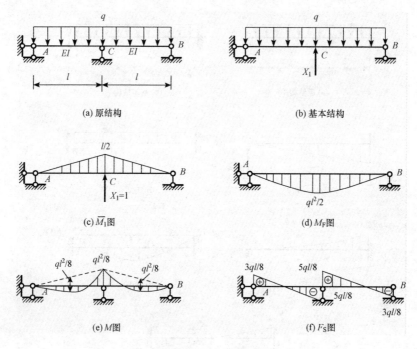

习题 5.2（d）题解图

习题 5.3　试用力法分析与计算图示刚架，并绘制内力图。

解　（1）题（a）解

1）选取基本结构。选取习题 5.3（a）题解图（b）所示基本结构。

2）建立力法方程。力法方程为

$$\delta_{11} X_1 + \Delta_{1F} = 0$$

3）计算系数、自由项。分别绘出 $X_1 = 1$ 及荷载作用于基本结构的弯矩图 $\overline{M}_1$、M_F「习题 5.3（a）题解图（c，d）」，由图乘法，得

$$\delta_{11} = \frac{1}{2EI} \times \frac{6^2}{2} \times \frac{2}{3} \times 6 + \frac{1}{EI} \times 6^3 = \frac{252}{EI}$$

$$\Delta_{1F} = -\frac{1}{2EI}\left(\frac{6}{2} \times 1170 \times \frac{2}{3} \times 6 + \frac{6}{2} \times 210 \times \frac{6}{3} - \frac{2}{3} \times 6 \times 90 \times \frac{6}{2}\right) - \frac{1}{EI} \times 6 \times 1170 \times 6$$

$$= -\frac{49230}{EI}$$

4）解方程求多余未知力。将系数、自由项代入力法方程，有

$$\frac{252}{EI} X_1 - \frac{49230}{EI} = 0$$

解得

$$X_1 = 195.36 \text{kN}$$

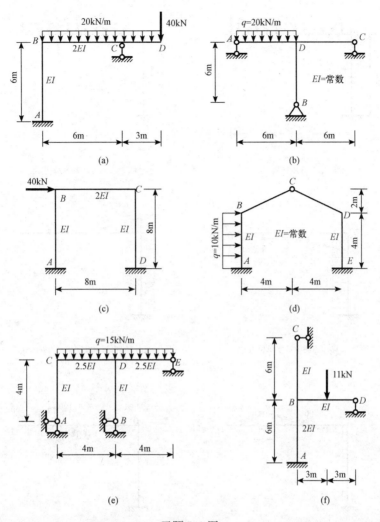

习题5.3图

5）绘弯矩图。由 $M = \overline{M}_1 X_1 + M_F$ 计算各杆端弯矩，绘出弯矩图如习题5.3（a）题解图（e）所示。剪力图和轴力图可由静定结构计算方法求得控制截面上的内力数值后绘出，分别如习题5.3（a）题解图（f，g）所示。

（2）题（b）解

1）选取基本结构。选取习题5.3（b）题解图（b）所示基本结构。

2）建立力法方程。力法方程为

$$\delta_{11} X_1 + \Delta_{1F} = 0$$

3）计算系数、自由项。分别绘出 $X_1 = 1$ 及荷载作用于基本结构的弯矩图 $\overline{M}_1$、M_F〔习题5.3（b）题解图（c，d）〕，由图乘法，得

$$\delta_{11} = \frac{1}{EI} \times \left(\frac{1}{2} \times 3 \times 6 \times \frac{2}{3} \times 3 \right) \times 2 = \frac{36}{EI}$$

$$\Delta_{1F} = \frac{1}{EI} \left(\frac{1}{2} \times 6 \times 180 \times \frac{2}{3} \times 3 \times 2 + \frac{2}{3} \times 6 \times 90 \times \frac{3}{2} \right) = \frac{2700}{EI}$$

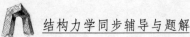

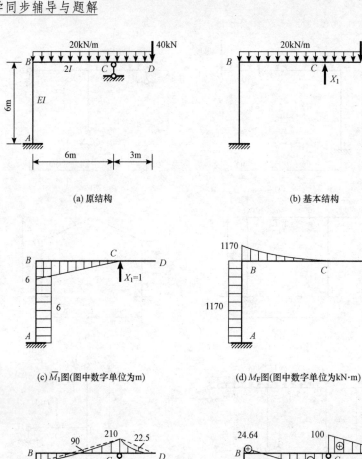

(a) 原结构

(b) 基本结构

(c) $\overline{M}_1$图(图中数字单位为m)

(d) M_F图(图中数字单位为kN·m)

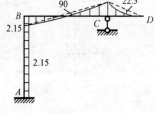

(e) M图(图中数字单位为kN·m)

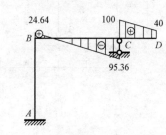

(f) F_S图(图中数字单位为kN)

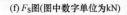

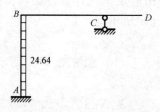

(g) F_N图(图中数字单位为kN)

习题 5.3（a）题解图

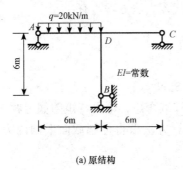

(a) 原结构

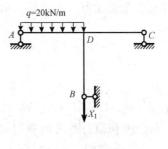

(b) 基本结构

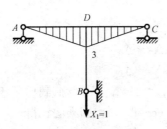

(c) $\overline{M}_1$图(图中数字单位为m)

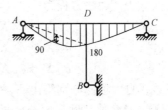

(d) M_F图(图中数字单位为kN·m)

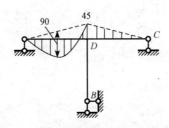

(e) M图(图中数字单位为kN·m)

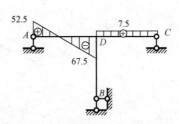

(f) F_S图(图中数字单位为kN)

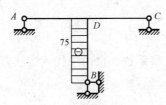

(g) F_N图(图中数字单位为kN)

习题 5.3（b）题解图

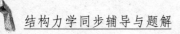

4）解方程求多余未知力。将系数、自由项代入力法方程，有

$$\frac{36}{EI}X_1+\frac{2700}{EI}=0$$

解得

$$X_1=-75\text{kN}$$

5）绘弯矩图。由 $M=\overline{M}_1X_1+M_F$ 计算各杆端弯矩，绘出弯矩图如习题 5.3（b）题解图（e）所示。剪力图和轴力图可由静定结构计算方法求得控制截面上的内力数值后绘出，分别如习题 5.3（b）题解图（f，g）所示。

（3）题（c）解

1）选取基本结构。选取习题 5.3（c）题解图（b）所示基本结构。

2）建立力法方程。力法方程为

$$\delta_{11}X_1+\delta_{12}X_2+\delta_{13}X_3+\Delta_{1F}=0$$
$$\delta_{21}X_1+\delta_{22}X_2+\delta_{23}X_3+\Delta_{2F}=0$$
$$\delta_{31}X_1+\delta_{32}X_2+\delta_{33}X_3+\Delta_{3F}=0$$

3）计算系数、自由项。分别绘出 $X_1=1$、$X_2=1$、$X_3=1$ 及荷载作用于基本结构的弯矩图 $\overline{M}_1$、$\overline{M}_2$、$\overline{M}_3$、M_F ［习题 5.3（c）题解图（c~f）］，由图乘法，得

$$\delta_{11}=\frac{1}{EI}\times\frac{8^2}{2}\times\frac{2}{3}\times8\times2=\frac{1024}{3EI}$$

$$\delta_{22}=\frac{1}{2EI}\times4\times2+\frac{1}{EI}\times8\times2=\frac{20}{EI}$$

$$\delta_{33}=\frac{1}{2EI}\times\frac{4^2}{2}\times\frac{2}{3}\times4\times2+\frac{1}{EI}\times8\times4^2\times2=\frac{832}{3EI}$$

$$\delta_{12}=-\frac{1}{EI}\times\frac{8^2}{2}\times2=-\frac{64}{EI}=\delta_{21}$$

$$\delta_{13}=0=\delta_{31}$$

$$\delta_{23}=0=\delta_{32}$$

$$\Delta_{1F}=\frac{1}{EI}\times\frac{8^2}{2}\times\frac{2}{3}\times320=\frac{20480}{3EI}$$

$$\Delta_{2F}=-\frac{1}{EI}\times\frac{8\times320}{2}=-\frac{1280}{EI}$$

$$\Delta_{3F}=\frac{1}{EI}\times\frac{8\times320\times4}{2}=-\frac{5120}{EI}$$

4）解方程求多余未知力。将系数、自由项代入力法方程，有

$$\frac{1024}{3EI}X_1-\frac{64}{EI}X_2+\frac{20480}{3EI}=0$$

$$-\frac{64}{EI}X_1+\frac{20}{EI}X_2-\frac{1280}{EI}=0$$

$$\frac{832}{3EI}X_3+\frac{5120}{EI}=0$$

解得

$$X_1=-20.03\text{kN}\approx-20\text{kN},\ X_2=-0.09\text{kN}\cdot\text{m}\approx0,\ X_3=-18.46\text{kN}$$

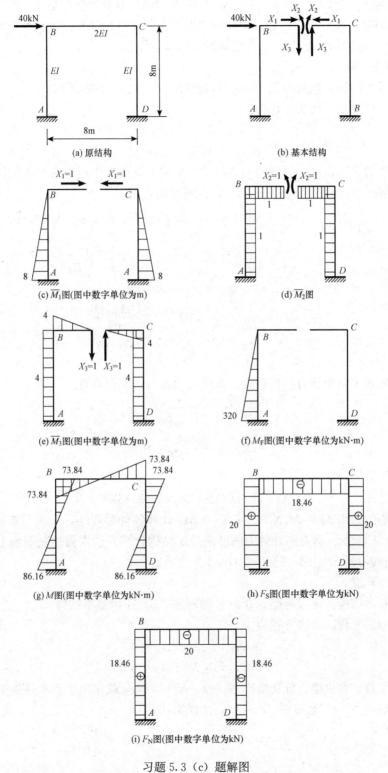

习题 5.3（c）题解图

5）绘弯矩图。由 $M=\overline{M}_1X_1+\overline{M}_2X_2+\overline{M}_3X_3+M_F$ 计算各杆端弯矩，绘出弯矩图如习题 5.3（c）题解图（g）所示。剪力图和轴力图可由静定结构计算方法求得控制截面上的内力数值后绘出，分别如习题 5.3（c）题解图（h，i）所示。

（4）题（d）解

1）选取基本结构。选取习题 5.3（d）题解图（b）所示基本结构。

2）建立力法方程。力法方程为

$$\delta_{11}X_1+\delta_{12}X_2+\Delta_{1F}=0$$
$$\delta_{21}X_1+\delta_{22}X_2+\Delta_{2F}=0$$

3）计算系数、自由项。分别绘出 $X_1=1$、$X_2=1$ 及荷载作用于基本结构的弯矩图 $\overline{M}_1$、$\overline{M}_2$、M_F ［习题 5.3（d）题解图（c～e）］，由图乘法，得

$$\delta_{11}=\frac{2}{EI}\times\left(\frac{2}{2}\times 2\sqrt{5}\times\frac{2}{3}\times 2+\frac{2}{2}\times 4\times\frac{10}{3}+\frac{6}{2}\times 4\times\frac{14}{3}\right)=\frac{150.59}{EI}$$

$$\delta_{22}=\frac{2}{EI}\times\left(\frac{4}{2}\times 2\sqrt{5}\times\frac{2}{3}\times 4+4^3\right)=\frac{175.7}{EI}$$

$$\delta_{12}=\delta_{21}=0$$

$$\Delta_{1F}=\frac{1}{EI}\times\frac{4}{3}\times 80\times 5=\frac{533.33}{EI}$$

$$\Delta_{2F}=\frac{1}{EI}\times\frac{4}{3}\times 80\times 4=\frac{426.67}{EI}$$

4）解方程求多余未知力。将系数、自由项代入力法方程，有

$$\frac{150.59}{EI}X_1+\frac{533.33}{EI}=0,$$

$$\frac{175.7}{EI}X_2+\frac{426.67}{EI}=0$$

解得

$$X_1=-3.54\text{kN},\ X_2=-2.43\text{kN}$$

5）绘弯矩图。由 $M=\overline{M}_1X_1+\overline{M}_2X_2+M_F$ 计算各杆端弯矩，绘出弯矩图如习题 5.3（d）题解图（f）所示。剪力图和轴力图可由静定结构计算方法求得控制截面上的内力数值后绘出，分别如习题 5.3（d）题解图（g，h）所示。

（5）题（e）解

1）选取基本结构。选取习题 5.3（e）题解图（b）所示基本结构。

2）建立力法方程。力法方程为

$$\delta_{11}X_1+\delta_{12}X_2+\Delta_{1F}=0$$
$$\delta_{21}X_1+\delta_{22}X_2+\Delta_{2F}=0$$

3）计算系数、自由项。分别绘出 $X_1=1$、$X_2=1$ 及荷载作用于基本结构的弯矩图 $\overline{M}_1$、$\overline{M}_2$、M_F ［习题 5.3（e）题解图（c～e）］，由图乘法，得

$$\delta_{11}=\frac{2}{2.5EI}\times\frac{1}{2}\times 4\times 4\times\frac{2}{3}\times 4=\frac{17.07}{EI}$$

$$\delta_{22}=\frac{2}{EI}\times\frac{1}{2}\times 4\times 4\times\frac{2}{3}\times 4+\frac{1}{2.5EI}\times 4\times 4\times 4=\frac{68.27}{EI}$$

$$\delta_{12} = \delta_{21} = -\frac{1}{2.5EI} \times \frac{1}{2} \times 4 \times 4 \times 4 = -\frac{12.8}{EI}$$

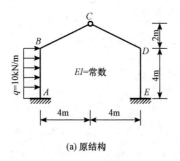

(a) 原结构

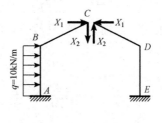

(b) 基本结构

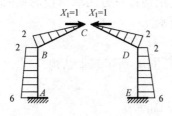

(c) $\overline{M}_1$图(图中数字单位为m)

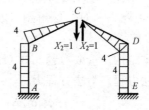

(d) $\overline{M}_2$图(图中数字单位为m)

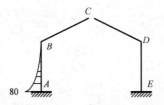

(e) M_F图(图中数字单位为kN·m)

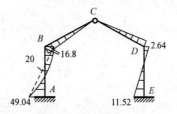

(f) M图(图中数字单位为kN·m)

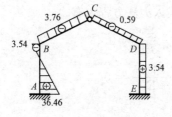

(g) F_S图(图中数字单位为kN)

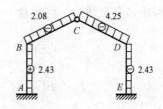

(h) F_N图(图中数字单位为kN)

习题 5.3(d) 题解图

$$\Delta_{1F} = -\frac{1}{2.5EI} \times \frac{1}{3} \times 120 \times 4 \times \frac{3}{4} \times 4 \times 2 = -\frac{384}{EI}$$

$$\Delta_{2F} = \frac{1}{2.5EI} \times \frac{1}{3} \times 120 \times 4 \times 4 = \frac{256}{EI}$$

4）解方程求多余未知力。将系数、自由项代入力法方程，有

$$\frac{17.07}{EI}X_1 - \frac{12.8}{EI}X_2 - \frac{384}{EI} = 0$$

$$-\frac{12.8}{EI}X_1 + \frac{68.27}{EI}X_2 + \frac{256}{EI} = 0$$

解得

$$X_1 = 23.91\text{kN}, \quad X_2 = 0.545\text{kN}$$

5）绘弯矩图。由 $M = \overline{M}_1 X_1 + \overline{M}_2 X_2 + M_F$ 计算各杆端弯矩，绘出弯矩图如习题 5.3 (e) 题解图（f）所示。剪力图和轴力图可由静定结构计算方法求得控制截面上的内力数值后绘出，分别如习题 5.3 (e) 题解图（g，h）所示。

（6）题（f）解

1）选取基本结构。选取习题 5.3 (f) 题解图（b）所示基本结构。

2）建立力法方程。力法方程为

$$\delta_{11}X_1 + \delta_{12}X_2 + \Delta_{1F} = 0$$

$$\delta_{21}X_1 + \delta_{22}X_2 + \Delta_{2F} = 0$$

3）计算系数、自由项。分别绘出 $X_1 = 1$、$X_2 = 1$ 及荷载作用于基本结构的弯矩图 $\overline{M}_1$、$\overline{M}_2$、M_F [习题 5.3 (f) 题解图（c~e）]，由图乘法，得

$$\delta_{11} = \frac{1}{EI} \times \frac{6^2}{2} \times \frac{2}{3} \times 6 + \frac{1}{2EI} \times \left(\frac{6^2}{2} \times 8 + \frac{6 \times 12}{2} \times 10\right) = \frac{324}{EI}$$

$$\delta_{22} = \frac{1}{EI} \times \frac{6^2}{2} \times \frac{2}{3} \times 6 + \frac{1}{2EI} \times 6^3 = \frac{180}{EI}$$

$$\delta_{12} = \delta_{21} = \frac{1}{2EI} \times \frac{6 \times 18}{2} \times 6 = \frac{162}{EI}$$

$$\Delta_{1F} = -\frac{1}{2EI} \times \frac{6 \times 18}{2} \times 33 = -\frac{891}{EI}$$

$$\Delta_{2F} = -\frac{1}{EI} \times \frac{3 \times 33}{2} \times 5 - \frac{1}{2EI} \times 6 \times 33 \times 6 = -\frac{841.5}{EI}$$

4）解方程求多余未知力。将系数、自由项代入力法方程，有

$$\frac{324}{EI}X_1 + \frac{162}{EI}X_2 - \frac{891}{EI} = 0$$

$$\frac{162}{EI}X_1 + \frac{180}{EI}X_2 - \frac{841.5}{EI} = 0$$

解得

$$X_1 = 0.75\text{kN}, \quad X_2 = 4\text{kN}$$

5）绘弯矩图。由 $M = \overline{M}_1 X_1 + \overline{M}_2 X_2 + M_F$ 计算各杆端弯矩，绘出弯矩图如习题 5.3 (f) 题解图（f）所示。剪力图和轴力图可由静定结构计算方法求得控制截面上的内力数值后绘出，分别如习题 5.3 (f) 题解图（g，h）所示。

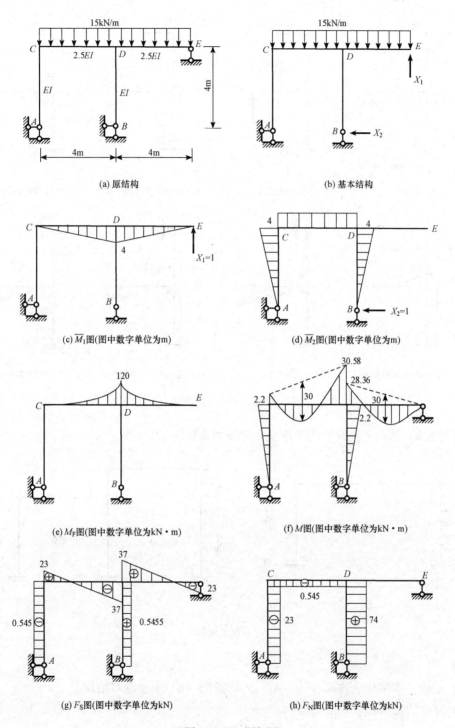

(a) 原结构

(b) 基本结构

(c) $\overline{M}_1$图(图中数字单位为m)

(d) $\overline{M}_2$图(图中数字单位为m)

(e) M_F图(图中数字单位为kN·m)

(f) M图(图中数字单位为kN·m)

(g) F_S图(图中数字单位为kN)

(h) F_N图(图中数字单位为kN)

习题 5.3（e）题解图

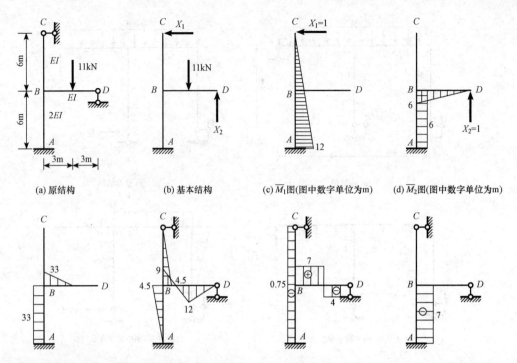

(a) 原结构   (b) 基本结构   (c) $\overline{M}_1$图(图中数字单位为m)   (d) $\overline{M}_2$图(图中数字单位为m)

(e) M_F图(图中数字单位为kN·m)   (f) M图(图中数字单位为kN·m)   (g) F_S图(图中数字单位为kN)   (h) F_N图(图中数字单位为kN)

习题 5.3（f）题解图

习题 5.4 试用力法计算图示排架，并绘制弯矩图。

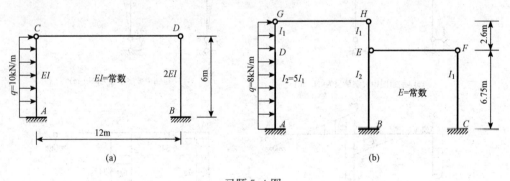

习题 5.4 图

解 （1）题（a）解

1）选取基本结构。选取习题 5.4（a）题解图（b）所示基本结构。

2）建立力法方程。力法方程为

$$\delta_{11}X_1 + \Delta_{1F} = 0$$

3）计算系数、自由项。分别绘出 $X_1 = 1$ 及荷载作用于基本结构的弯矩图 $\overline{M}_1$、M_F［习题 5.4（a）题解图（c，d）］，由图乘法，得

$$\delta_{11} = \frac{1}{EI} \times \frac{6^2}{2} \times \frac{2}{3} \times 6 + \frac{1}{2EI} \times \frac{6^2}{2} \times \frac{2}{3} \times 6 = \frac{108}{EI}$$

$$\Delta_{1F} = \frac{1}{EI} \times \frac{1}{3} \times 6 \times 180 \times \frac{3}{4} \times 6 = \frac{1620}{EI}$$

4）解方程求多余未知力。将系数、自由项代入力法方程，有

$$\frac{108}{EI}X_1 + \frac{1620}{EI} = 0$$

解得

$$X_1 = -15\text{kN}$$

5）绘弯矩图。由 $M = \overline{M}_1 X_1 + M_F$ 计算各杆端弯矩，绘出弯矩图如习题 5.4（a）题解图（e）所示。

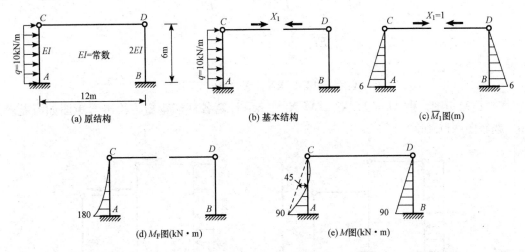

习题 5.4（a）题解图

（2）题（b）解

1）选取基本结构。选取习题 5.4（b）题解图（b）所示基本结构。

2）建立力法方程。力法方程为

$$\delta_{11}X_1 + \delta_{12}X_2 + \Delta_{1F} = 0$$
$$\delta_{21}X_1 + \delta_{22}X_2 + \Delta_{2F} = 0$$

3）计算系数、自由项。分别绘出 $X_1 = 1$、$X_2 = 1$ 及荷载作用于基本结构的弯矩图 $\overline{M}_1$、$\overline{M}_2$、M_F [习题 5.4（b）题解图（c～e）]，由图乘法，得

$$\delta_{11} = \frac{1}{EI_1} \times \frac{1}{2} \times 2.6 \times 2.6 \times \frac{2}{3} \times 2.6 \times 2$$

$$+ \frac{2}{5EI_1}\Big[2.6 \times 6.75 \times \frac{2.6 + 9.35}{2} + \frac{1}{2} \times 6.75 \times 6.75 \times \Big(2.6 + \frac{2}{3} \times 6.75\Big)\Big]$$

$$= \frac{118.36}{EI_1}$$

$$\delta_{22} = \frac{1}{EI_1} \times \frac{1}{2} \times 6.75 \times 6.75 \times \frac{2}{3} \times 6.75 + \frac{1}{5EI_1} \times \frac{1}{2} \times 6.75 \times 6.75 \times \frac{2}{3} \times 6.75 = \frac{123.02}{EI_1}$$

$$\delta_{12} = \delta_{21} = -\frac{1}{5EI_1} \times \frac{1}{2} \times 6.75 \times 6.75 \times \Big(2.6 + \frac{2}{3} \times 6.75\Big) = -\frac{32.35}{EI_1}$$

113

$$\Delta_{1F} = \frac{1}{EI_1} \times \frac{1}{3} \times 27.04 \times 2.6 \times \frac{3}{4} \times 2.6$$

$$+ \frac{1}{5EI_1} \left[\frac{27.04 \times 6.75}{2} \times 4.85 + \frac{349.69 \times 6.75}{2} \times 7.1 - \frac{2}{3} \times 45.56 \times 6.75 \times 5.98 \right]$$

$$= \frac{1564.91}{EI_1}$$

$$\Delta_{2F} = 0$$

4) 解方程求多余未知力。将系数、自由项代入力法方程，有

$$\frac{118.36}{EI_1}X_1 - \frac{32.35}{EI_1}X_2 + \frac{1564.91}{EI_1} = 0$$

$$-\frac{32.35}{EI_1}X_1 + \frac{123.02}{EI_1}X_2 = 0$$

解得

$$X_1 = -14.25 \text{kN}, \quad X_2 = -3.75 \text{kN}$$

5) 绘弯矩图。由 $M = \overline{M}_1 X_1 + \overline{M}_2 X_2 + M_F$ 计算各杆端弯矩，绘出弯矩图如习题 5.4（b）题解图（f）所示。

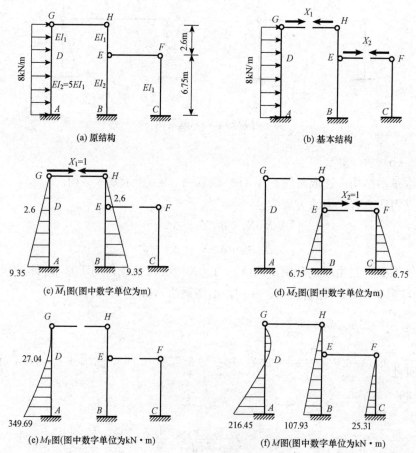

(a) 原结构

(b) 基本结构

(c) $\overline{M}_1$图(图中数字单位为m)

(d) $\overline{M}_2$图(图中数字单位为m)

(e) M_F图(图中数字单位为kN·m)

(f) M图(图中数字单位为kN·m)

习题 5.4（b）题解图

习题 5.5 超静定桁架

习题 5.5 试求图示桁架中各杆的轴力，已知各杆的拉压刚度 EA 为常数。

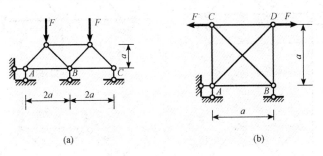

(a)   (b)

习题 5.5 图

解 （1）题（a）解

1）选取基本结构。选取习题 5.5（a）题解图（b）所示基本结构。

2）建立力法方程。力法方程为

$$\delta_{11}X_1 + \Delta_{1F} = 0$$

3）计算系数、自由项。分别计算出 $X_1 = 1$ 及荷载作用于基本结构的轴力，如习题 5.5（a）题解图（c，d）所示，其系数和自由项计算如下：

$$\delta_{11} = \sum \frac{\overline{F}_{N1}^2 l}{EA}$$

$$= \frac{1}{EA}\left[(0.707)^2 \times \sqrt{2}a \times 2 + (0.707)^2 \times \sqrt{2}a \times 2 + (-0.5)^2 \times 2a \times 2 + 1^2 \times 2a\right]$$

$$= \frac{5.828a}{EA}$$

$$\Delta_{1F} = \sum \frac{\overline{F}_{N1}F_F l}{EA}$$

$$= \frac{1}{EA}\left[(-F) \times 1 \times a + (-1.414F) \times 0.707 \times \sqrt{2}a \times 2 + F \times (-0.5) \times 2a \times 2\right]$$

$$= \frac{6.828Fa}{EA}$$

4）解方程求多余未知力。将系数、自由项代入力法方程，有

$$\frac{5.828a}{EA}X_1 + \frac{6.828Fa}{EA} = 0$$

解得

$$X_1 = -0.707F$$

5）求各杆轴力。由 $F_N = \overline{F}_{N1}X_1 + F_{NF}$ 可得各杆轴力如习题 5.5（a）题解图（e）所示。

（2）题（b）解

1）选取基本结构。选取习题 5.5（b）题解图（b）所示基本结构。

2）建立力法方程。力法方程为

$$\delta_{11}X_1 + \Delta_{1F} = 0$$

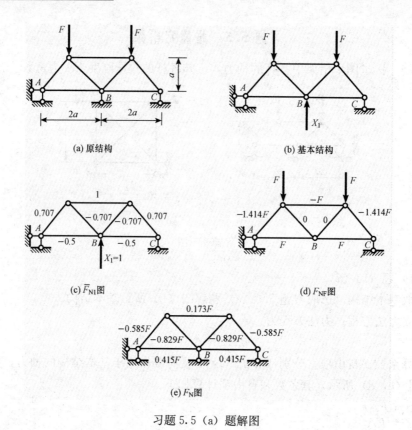

习题 5.5（a）题解图

3）计算系数、自由项。分别计算出 $X_1 = 1$ 及荷载作用于基本结构的轴力，如习题 5.5（b）题解图（c，d）所示，其系数和自由项计算如下：

$$\delta_{11} = \sum \frac{\bar{F}_{N1}^2 l}{EA}$$

$$= \frac{1}{EA} \big[1^2 \times a \times 4 + (-1.414)^2 \times \sqrt{2}a \times 2 \big]$$

$$= \frac{9.656a}{EA}$$

$$\Delta_{1F} = \sum \frac{\bar{F}_{N1} F_F l}{EA}$$

$$= \frac{1}{EA} \big[(-F) \times 1 \times a \times 3 + 1.414F \times (-1.414) \times \sqrt{2}a \times 2 \big]$$

$$= -\frac{8.656Fa}{EA}$$

4）解方程求多余未知力。将系数、自由项代入力法方程，有

$$\frac{9.656a}{EA} X_1 - \frac{8.656Fa}{EA} = 0$$

解得

$$X_1 = 0.896F$$

5）求各杆轴力。由 $F_N = \bar{F}_{N1} X_1 + F_{NF}$ 可得各杆轴力如习题 5.5（b）题解图（e）所示。

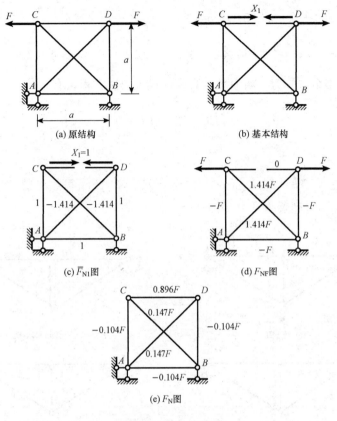

习题 5.5（b）题解图

习题 5.6　加劲梁结构中各链杆的轴力

习题 5.6　试求图示加劲梁结构中各链杆的轴力，并绘制横梁 *AB* 的弯矩图。设杆 *AD*、*CD*、*BD* 的拉压刚度 *EA* 相同，且 $A=I/16$。

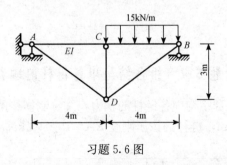

习题 5.6 图

解　1）选取基本结构。选取习题 5.6 题解图（b）所示基本结构。

2）建立力法方程。力法方程为

$$\delta_{11}X_1+\Delta_{1F}=0$$

3）计算系数、自由项。分别绘出 $X_1=1$ 及荷载作用于基本结构的弯矩图 $\overline{M}_1$、M_F，并计算出各链杆的轴力，分别如习题 5.6 题解图（c，d）所示。系数和自由项计算如下：

117

$$\delta_{11} = \frac{1}{EA}[1^2 \times 3 + (-0.833)^2 \times 5 \times 2] + \frac{1}{EI} \times \frac{1}{2} \times 2 \times 4 \times \frac{2}{3} \times 2 \times 2 = \frac{169.69}{EI}$$

$$\Delta_{1F} = \frac{1}{EI} \times \left(\frac{1}{2} \times 60 \times 4 \times \frac{2}{3} \times 2 \times 2 + \frac{2}{3} \times 30 \times 4 \times 1\right) = \frac{400}{EI}$$

4）解方程求多余未知力。将系数、自由项代入力法方程，有

$$\frac{169.69}{EI}X_1 + \frac{400}{EI} = 0$$

解得

$$X_1 = -2.357\text{kN}$$

5）绘弯矩图。由 $M = \overline{M}_1 X_1 + M_F$ 及 $F_N = \overline{F}_{N1} X_1 + F_{NF}$ 可绘出横梁弯矩图和求出各链杆的轴力，如习题5.6题解图（e）所示。

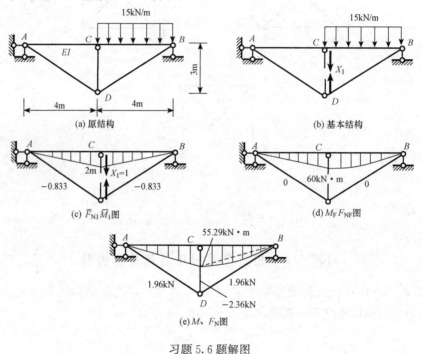

习题5.6题解图

习题5.7　组合结构中各链杆的轴力

习题5.7　试求图示组合结构中各链杆的轴力，并绘制横梁的弯矩图。已知横梁 AB 的弯曲刚度 $EI = 1 \times 10^4 \text{kN} \cdot \text{m}$，链杆的拉压刚度 $EA = 15 \times 10^4 \text{kN}$。

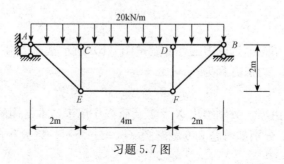

习题5.7图

解 1）选取基本结构。选取习题 5.7 题解图（b）所示基本结构。

2）建立力法方程。力法方程为

$$\delta_{11}X_1 + \Delta_{1F} = 0$$

3）计算系数、自由项。分别绘出 $X_1 = 1$ 及荷载作用于基本结构的弯矩图 $\overline{M}_1$、M_F，并计算出各链杆的轴力，分别如习题 5.7 题解图（c，d）所示。系数和自由项计算如下：

$$\delta_{11} = \frac{1}{15 \times 10^4}\left[(-1)^2 \times 2 \times 2 + 1^2 \times 4 + 1.414^2 \times 2\sqrt{2} \times 2\right]$$

$$+ \frac{1}{1 \times 10^4} \times \left(\frac{1}{2} \times 2 \times 2 \times \frac{2}{3} \times 2 \times 2 + 2 \times 4 \times 2\right) = 22.62 \times 10^{-4}$$

$$\Delta_{1F} = -\frac{1}{1 \times 10^4} \times \left(\frac{1}{2} \times 120 \times 2 \times \frac{2}{3} \times 2 \times 2 + \frac{2}{3} \times 10 \times 2 \times \frac{1}{2} \times 2 \times 2\right)$$

$$- \frac{1}{1 \times 10^4} \times \left(2 \times 4 \times 120 + \frac{2}{3} \times 40 \times 4 \times 2\right) = -1520 \times 10^{-4}$$

4）解方程求多余未知力。将系数、自由项代入力法方程，有

$$22.62 \times 10^{-4} X_1 - 1520 \times 10^{-4} = 0$$

解得

$$X_1 = 67.2\text{kN}$$

5）绘弯矩图。由 $M = \overline{M}_1 X_1 + M_F$ 及 $F_N = \overline{F}_{N1} X_1 + F_{NF}$ 可绘出横梁弯矩图和求出各链杆的轴力，如习题 5.7 题解图（e）所示。

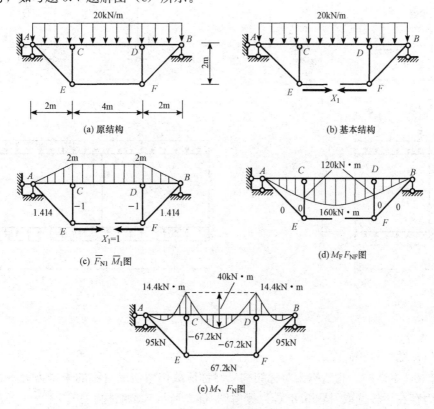

习题 5.7 题解图

习题 5.8　对称性的利用

习题 5.8　试利用对称性计算图示结构，并绘制弯矩图。

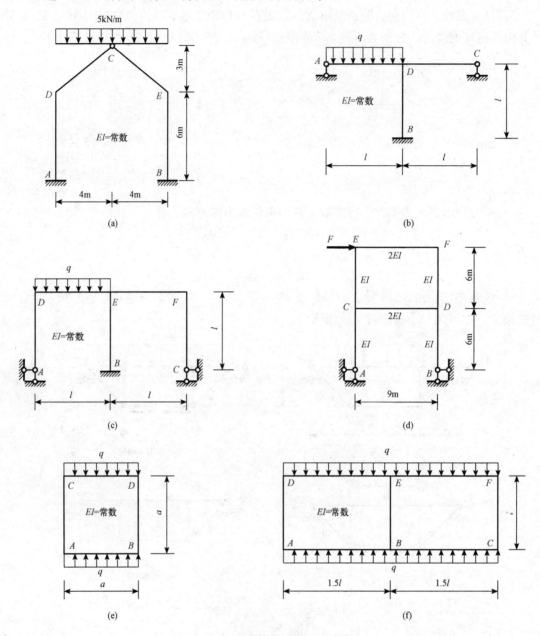

习题 5.8 图

解　（1）题（a）解

1）选取基本结构。此结构为对称结构受对称荷载作用，反对称的未知力为零，只有对称的未知力存在，故选取习题 5.8（a）题解图（b）所示基本结构。

2）建立力法方程。力法方程为

$$\delta_{11}X_1 + \Delta_{1F} = 0$$

3）计算系数、自由项。分别绘出 $X_1 = 1$ 及荷载作用于基本结构的弯矩图 $\overline{M}_1$、M_F [习题 5.8（a）题解图（c，d）]，由图乘法，得

$$\delta_{11} = \frac{2}{EI} \times \left[\frac{1}{2} \times 3 \times 5 \times \frac{2}{3} \times 3 + 3 \times 6 \times 6 + \frac{1}{2} \times 6 \times 6 \times \left(3 + \frac{2}{3} \times 6 \right) \right] = \frac{498}{EI}$$

$$\Delta_{1F} = \frac{1}{EI} \times \left(\frac{1}{3} \times 40 \times 5 \times \frac{3}{4} \times 3 + \frac{3+9}{2} \times 6 \times 40 \right) = \frac{3180}{EI}$$

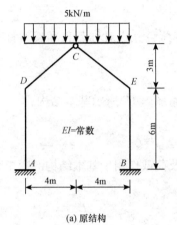

(a) 原结构

(b) 基本结构

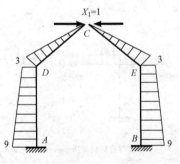

(c) $\overline{M}_1$图(图中数字单位为m)

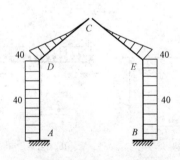

(d) M_F图(图中数字单位为kN·m)

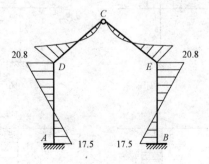

(e) M图(图中数字单位为kN·m)

习题 5.8（a）题解图

结构力学同步辅导与题解

4）解方程求多余未知力。将系数、自由项代入力法方程，有

$$\frac{498}{EI}X_1 + \frac{3180}{EI} = 0$$

解得

$$X_1 = -6.39\text{kN}$$

5）绘弯矩图。由 $M = \overline{M}_1 X_1 + M_F$ 计算各杆端弯矩，绘出弯矩图如习题5.8（a）题解图（e）所示。

（2）题（b）解

此结构为对称结构受一般荷载作用，故将荷载分成对称荷载和反对称荷载两组［习题5.8（b）题解图（b, c）］分别进行计算。

1）对称荷载作用下的计算。

① 选取基本结构。选取习题5.8（b）题解图（d）所示基本结构。

② 建立力法方程。力法方程为

$$\delta_{11} X_1 + \Delta_{1F} = 0$$

③ 计算系数、自由项。分别绘出 $X_1 = 1$ 及荷载作用于基本结构的弯矩图 $\overline{M}_1$、M_{F1}［习题5.8（b）题解图（e, f）］，由图乘法，得

$$\delta_{11} = \frac{2}{EI} \times \frac{1}{2} \times l^2 \times \frac{2}{3} \times l = \frac{2l^3}{3EI}$$

$$\Delta_{1F} = -\frac{1}{EI} \times \frac{l}{3} \times \frac{ql^2}{4} \times \frac{3l}{4} \times 2 = -\frac{ql^4}{8EI}$$

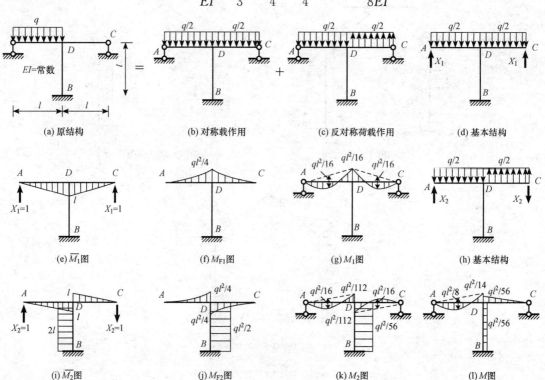

习题5.8（b）题解图

122

④ 解方程求多余未知力。将系数、自由项代入力法方程，有

$$\frac{2l^3}{3EI}X_1 - \frac{ql^4}{8EI} = 0$$

解得

$$X_1 = \frac{3ql}{16}$$

⑤ 绘弯矩图。由 $M_1 = \overline{M}_1 X_1 + M_F$ 计算各杆端弯矩，绘出对称荷载作用下弯矩图 M_1 如习题 5.8（b）题解图（g）所示。

2）反对称荷载作用下的计算。

① 选取基本结构。选取习题 5.8（b）题解图（h）所示基本结构。

② 建立力法方程。力法方程为

$$\delta_{22}X_2 + \Delta_{2F} = 0$$

③ 计算系数、自由项。分别绘出 $X_2 = 1$ 及荷载作用于基本结构的弯矩图 $\overline{M}_2$、M_{F2}［习题 5.8（b）题解图（i，j）］，由图乘法，得

$$\delta_{22} = \frac{1}{EI} \times \left(\frac{2}{2} \times l \times l \times \frac{2}{3} \times l + 2l \times l \times 2l \right) = \frac{14l^3}{3EI}$$

$$\Delta_{2F} = -\frac{1}{EI} \times \left(\frac{l}{3} \times \frac{ql^2}{4} \times \frac{3l}{4} \times 2 + \frac{ql^3}{2} \times 2l \right) = -\frac{9ql^4}{8EI}$$

④ 解方程求多余未知力。将系数、自由项代入力法方程，有

$$\frac{14l^3}{3EI}X_2 - \frac{9ql^4}{8EI} = 0$$

解得

$$X_2 = \frac{27ql}{112}$$

⑤ 绘弯矩图。由 $M_2 = \overline{M}_2 X_2 + M_F$ 计算各杆端弯矩，绘出反对称荷载作用下弯矩图 M_2 图如习题 5.8（b）题解图（k）所示。

3）绘原结构的弯矩图。将对称荷载作用和反对称荷载作用求得的结果叠加即可绘出原结构的弯矩图，如习题 5.8（b）题解图（l）所示。

（3）题（c）解

此刚架为对称结构受一般荷载作用，故将荷载分成对称荷载和反对称荷载两组［习题 5.8（c）题解图（b，c）］，分别进行计算再叠加。

1）对称荷载作用下的计算。

① 选取基本结构。选取习题 5.8（c）题解图（d）所示基本结构。

② 建立力法方程。力法方程为

$$\delta_{11}X_1 + \delta_{12}X_2 + \Delta_{1F} = 0$$
$$\delta_{21}X_1 + \delta_{22}X_2 + \Delta_{2F} = 0$$

③ 计算系数、自由项。分别绘出 $X_1 = 1$、$X_2 = 1$ 及荷载作用于基本结构的弯矩图 $\overline{M}_1$、$\overline{M}_2$、M_{F1}［习题 5.8（c）题解图（i~k）］，由图乘法，得

$$\delta_{11} = \frac{1}{EI} \times \frac{1}{2} \times l \times l \times \frac{2}{3} \times l \times 2 = \frac{2l^3}{3EI}$$

$$\delta_{22} = \frac{1}{EI} \times \left(\frac{1}{2} \times l \times l \times \frac{2}{3} \times l \times 2 + l \times l \times 2l \right) = \frac{8l^3}{3EI}$$

$$\delta_{12} = \delta_{21} = -\frac{1}{EI} \times \frac{1}{2} \times l \times 2l \times l = -\frac{l^3}{EI}$$

$$\Delta_{1F} = -\frac{1}{EI} \times \frac{1}{3} \times \frac{ql^2}{4} \times l \times \frac{3}{4} \times l \times 2 = -\frac{ql^4}{8EI}$$

$$\Delta_{2F} = \frac{1}{EI} \times \frac{1}{3} \times \frac{ql^2}{4} \times l \times l \times 2 = \frac{ql^4}{6EI}$$

④ 解方程求多余未知力。将系数、自由项代入力法方程，有

$$\frac{2l^3}{3EI}X_1 - \frac{l^3}{EI}X_2 - \frac{ql^4}{8EI} = 0$$

$$-\frac{l^3}{EI}X_1 + \frac{8l^3}{3EI}X_2 + \frac{ql^4}{6EI} = 0$$

解得

$$X_1 = 0.214ql, \quad X_2 = 0.0179ql$$

2）反对称荷载作用下的计算。

① 选取基本结构。选取习题 5.8（c）题解图（h）所示基本结构。

② 建立力法方程。力法方程为

$$\delta_{33}X_3 + \delta_{34}X_4 + \Delta_{3F} = 0$$

$$\delta_{43}X_3 + \delta_{44}X_{24} + \Delta_{4F} = 0$$

③ 计算系数、自由项。分别绘出 $X_3 = 1$、$X_4 = 1$ 及荷载作用于基本结构的弯矩图 $\overline{M}_3$、$\overline{M}_4$、M_{F2} ［习题 5.8（c）题解图（i～k）］，由图乘法，得

$$\delta_{33} = \frac{1}{EI} \times \left(\frac{1}{2} \times l \times l \times \frac{2}{3} \times l \times 2 + l \times l \times l \times 2 + \frac{1}{2} \times l \times 2l \times \frac{2}{3} \times 2l \right) = \frac{4l^3}{EI}$$

$$\delta_{44} = \frac{1}{EI} \times \left(\frac{1}{2} \times l \times l \times \frac{2}{3} \times l \times 2 + 2l \times l \times 2l \right) = \frac{14l^3}{3EI}$$

$$\delta_{34} = \delta_{43} = -\frac{1}{EI} \times \left(\frac{1}{2} \times l \times l \times l \times 2 + \frac{1}{2} \times l \times 2l \times 2l \right) = -\frac{3l^3}{EI}$$

$$\Delta_{3F} = \frac{1}{EI} \times \left(\frac{1}{3} \times \frac{ql^2}{4} \times l \times l \times 2 + \frac{1}{2} \times l \times 2l \times \frac{ql^2}{2} \right) = \frac{2ql^4}{3EI}$$

$$\Delta_{4F} = -\frac{1}{EI} \times \left(\frac{1}{3} \times \frac{ql^2}{4} \times l \times \frac{3}{4} \times l \times 2 + 2l \times l \times \frac{ql^2}{2} \right) = -\frac{9ql^4}{8EI}$$

④ 解方程求多余未知力。将系数、自由项代入力法方程，有

$$\frac{4l^3}{EI}X_3 - \frac{3l^3}{EI}X_4 + \frac{2ql^4}{3EI} = 0$$

$$-\frac{3l^3}{EI}X_3 + \frac{14l^3}{3EI}X_4 - \frac{9ql^4}{8EI} = 0$$

解得

$$X_3 = 0.0275ql, \quad X_4 = 0.259ql$$

3）绘弯矩图。由对称荷载和反对称荷载作用下的计算结果叠加绘出原结构的弯矩图，如习题 5.8（c）题解图（l）所示。

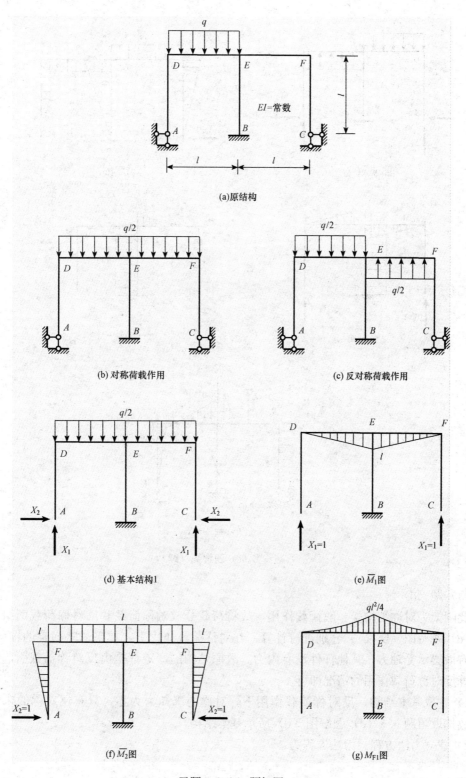

习题 5.8（c）题解图

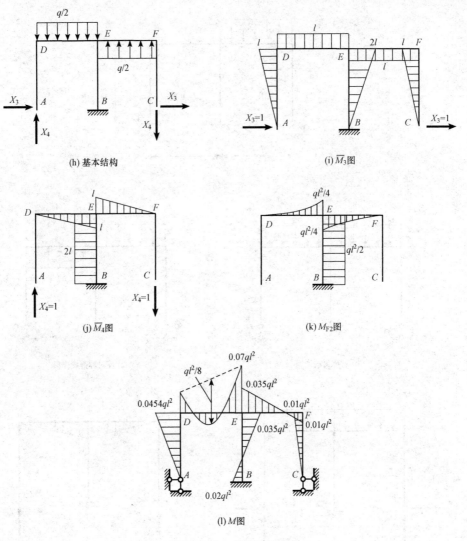

习题 5.8（c）题解图（续）

（4）题（d）解

此刚架为对称结构受一般荷载作用，故将荷载分成对称荷载和反对称荷载两组［习题 5.8（d）题解图（b，c）］分别进行计算。在对称荷载作用下，如果忽略横梁的轴向变形，则只有横梁承受轴力，其他杆件没有内力，故原结构的弯矩都是由反对称荷载引起的，只要计算反对称荷载作用的情况即可。

1）选取基本结构。反对称荷载作用下，对称的未知力为零，只有反对称的未知力存在，故选取习题 5.8（d）题解图（d）所示基本结构。

2）建立力法方程。力法方程为

$$\delta_{11}X_1 + \Delta_{1F} = 0$$

3）计算系数、自由项。分别绘出 $X_1 = 1$ 及荷载作用于基本结构的弯矩图 $\overline{M}_1$、M_F［习题 5.8（d）题解图（e，f）］，由图乘法，得

$$\delta_{11} = \frac{1}{EI} \times 4.5 \times 6 \times 4.5 \times 2 + \frac{1}{2EI} \times \frac{1}{2} \times 4.5 \times 4.5 \times \frac{2}{3} \times 4.5 \times 4) = \frac{303.75}{EI}$$

$$\Delta_{1F} = \frac{1}{EI} \times \frac{6F + 3F}{2} \times 6 \times 4.5 \times 2 + \frac{1}{2EI} \times \frac{1}{2} \times 4.5 \times 4.5 \times \frac{2}{3} \times 6F \times 2 = \frac{283.5}{EI}$$

4) 解方程求多余未知力。将系数、自由项代入力法方程，有

$$\frac{303.75}{EI} X_1 + \frac{283.5}{EI} = 0$$

解得

$$X_1 = -0.93 \text{kN}$$

5) 绘弯矩图。由 $M = \overline{M}_1 X_1 + M_F$ 计算各杆端弯矩，绘出弯矩图如习题 5.8（d）题解图（g）所示。

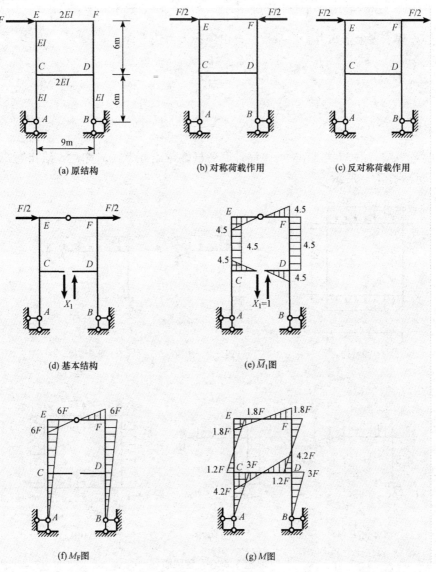

(a) 原结构　　　(b) 对称荷载作用　　　(c) 反对称荷载作用

(d) 基本结构　　　(e) $\overline{M}_1$图

(f) M_F图　　　(g) M图

习题 5.8（d）题解图

结构力学同步辅导与题解

（5）题（e）解

此刚架为对称结构受对称荷载作用，可采用半刚架法计算。由于结构有两个对称轴，故取习题 5.8（e）题解图（b）所示四分之一刚架进行计算。

1）选取基本结构。选取习题 5.8（e）题解图（c）所示基本结构。

2）建立力法方程。力法方程为

$$\delta_{11}X_1 + \Delta_{1F} = 0$$

3）计算系数、自由项。分别绘出 $X_1 = 1$ 及荷载作用于基本结构的弯矩图 $\overline{M}_1$、M_F ［习题 5.8（e）题解图（d，e）］，由图乘法，得

$$\delta_{11} = \frac{1}{EI} \times \frac{a}{2} \times 1 \times 1 \times 2 = \frac{a}{EI}$$

$$\Delta_{1F} = \frac{1}{EI} \times \left(\frac{1}{3} \times \frac{qa^2}{8} \times \frac{a}{2} \times 1 + \frac{qa^2}{8} \times \frac{a}{2} \times 1 \right) = \frac{qa^3}{12EI}$$

4）解方程求多余未知力。将系数、自由项代入力法方程，有

$$\frac{a}{EI}X_1 + \frac{qa^3}{12EI} = 0$$

解得

$$X_1 = -\frac{qa^2}{12}$$

5）绘弯矩图。由 $M = \overline{M}_1 X_1 + M_F$ 计算各杆端弯矩并考虑对称性，绘出弯矩图如习题 5.8（e）题解图（f）所示。

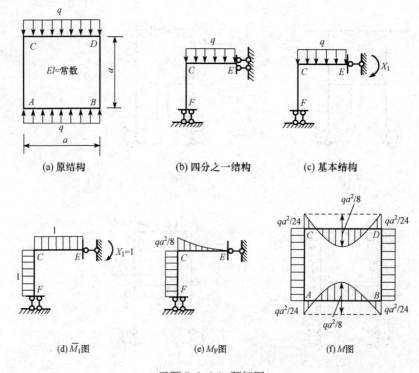

习题 5.8（e）题解图

128

（6）题（f）解

此刚架为对称结构受对称荷载作用，可采用半刚架法计算。由于结构有两个对称轴，故取习题5.8（f）题解图（b）所示四分之一刚架进行计算。

1）选取基本结构。选取习题5.8（f）题解图（c）所示基本结构。

2）建立力法方程。力法方程为

$$\delta_{11} X_1 + \delta_{12} X_2 + \Delta_{1F} = 0$$
$$\delta_{21} X_1 + \delta_{22} X_2 + \Delta_{2F} = 0$$

3）计算系数、自由项。分别绘出 $X_1=1$、$X_2=1$ 及荷载作用于基本结构的弯矩图 $\overline{M}_1$、$\overline{M}_2$、M_F ［习题5.8（f）题解图（d～f）］，由图乘法，得

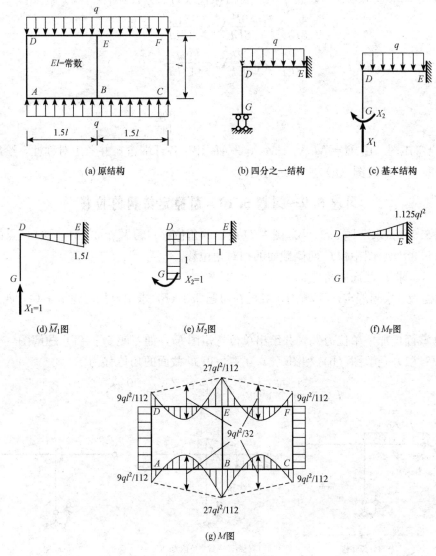

习题5.8（f）题解图

$$\delta_{11} = \frac{1}{EI} \times \frac{1}{2} \times 1.5l \times 1.5l \times \frac{2}{3} \times 1.5l = \frac{9l^3}{8EI}$$

$$\delta_{22} = \frac{1}{EI} \times (1 \times 1.5l \times 1 + 1 \times 0.5l \times 1) = \frac{2l}{EI}$$

$$\delta_{12} = \delta_{21} = \frac{1}{EI} \times \frac{1}{2} \times 1.5l \times 1.5l \times 1 = \frac{9l^2}{8EI}$$

$$\Delta_{1F} = -\frac{1}{EI} \times \frac{1}{3} \times 1.125ql^2 \times 1.5l \times \frac{3}{4} \times 1.5l = -\frac{81ql^4}{128EI}$$

$$\Delta_{2F} = -\frac{1}{EI} \times \frac{1}{3} \times 1.125ql^2 \times 1.5l \times 1 = -\frac{9ql^3}{16EI}$$

4）解方程求多余未知力。将系数、自由项代入力法方程，有

$$\frac{9l^3}{8EI}X_1 + \frac{9l^3}{8EI}X_2 - \frac{81ql^4}{128EI} = 0$$

$$\frac{9l^3}{8EI}X_1 + \frac{2l}{EI}X_2 - \frac{9ql^3}{16EI} = 0$$

解得

$$X_1 = \frac{9ql}{14}, \ X_2 = -\frac{9ql^2}{112}$$

5）绘弯矩图。由 $M = \overline{M}_1 X_1 + \overline{M}_2 X_2 + M_F$ 计算各杆端弯矩并考虑对称性，绘出弯矩图如习题 5.8（f）题解图（g）所示。

习题 5.9～习题 5.10 超静定结构的位移

习题 5.9 试求习题 5.3（b）图中 D 截面的角位移；习题 5.3（c）图中 C 点的水平位移；习题 5.3（d）图中铰 C 两侧截面的相对角位移。

解 （1）求 D 截面的角位移

此结构为一次超静定，其弯矩图 M 已在习题 5.3（b）求出，如习题 5.9（1）题解图（b）所示。

在 D 截面虚加一单位力偶，并绘出单位弯矩图 $\overline{M}$，如习题 5.9（1）题解图（c）所示。将习题 5.9（1）题解图（b）和图（c）互乘，得 D 截面的角位移为

$$\varphi_D = \frac{1}{EI} \times \left(\frac{1}{2} \times 6 \times 45 \times \frac{2}{3} \right) = \frac{90}{EI} \ (\curvearrowright)$$

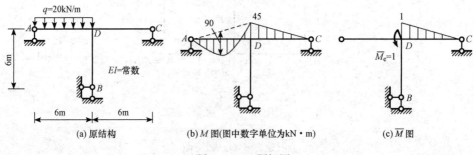

(a) 原结构 (b) M 图（图中数字单位为 kN·m） (c) $\overline{M}$ 图

习题 5.9（1）题解图

（2）求 C 点的水平位移

此结构为三次超静定，其弯矩图 M 已在习题 5.3（c）求出，如习题 5.9（2）题解图（b）所示。

在 C 点虚加一水平单位力，并绘出单位弯矩图 $\overline{M}$，如习题 5.9（2）题解图（c）所示。将习题 5.9（2）题解图（b）和图（c）互乘，得 C 点的水平位移为

$$\Delta_{CH} = \frac{1}{EI} \times \left(\frac{73.84 \times 8}{2} \times \frac{8}{3} - \frac{86.16 \times 8}{2} \times \frac{2 \times 8}{3} \right) = -\frac{1050.45}{EI} (\rightarrow)$$

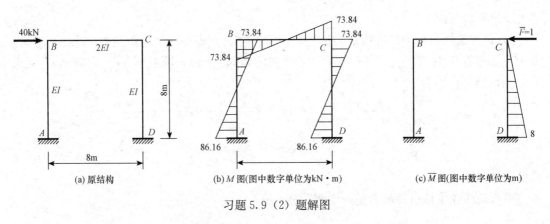

习题 5.9（2）题解图

（3）求铰 C 两侧截面的相对角位移

此结构为两次超静定，其弯矩图 M 已在习题 5.3（d）求出，如习题 5.9（3）题解图（b）所示。

在铰 C 虚加一对单位力偶，并绘出单位弯矩图 $\overline{M}$，如习题 5.9（3）题解图（c）所示。将习题 5.9（3）题解图（b）和图（c）互乘，得铰 C 两侧截面的相对角位移为

$$\Delta\varphi_C = \frac{1}{EI} \times \left(-\frac{16.8 \times 2\sqrt{5}}{2} - \frac{16.8 \times 4}{2} + \frac{49.04 \times 4}{2} - \frac{2 \times 4 \times 20}{3} \right)$$

$$+ \frac{1}{EI} \times \left(\frac{2.64 \times 2\sqrt{5}}{2} + \frac{2.64 \times 4}{2} - \frac{11.52 \times 4}{2} \right)$$

$$= -\frac{38.28}{EI} (\curvearrowright)$$

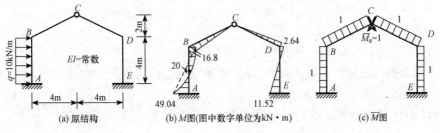

习题 5.9（3）题解图

习题 5.10 试对习题 5.3（a、b）图所示刚架的内力图进行校核。

（1）校核习题 5.3 图（a）刚架的内力图

131

1）平衡条件的校核。习题 5.3 图（a）刚架已求得的内力图分别如习题 5.10（1）题解图（a～c）所示。

取结点 B 为研究对象，受力如习题 5.10（1）题解图（e）所示，则有

$$\sum M_B = 2.15\text{kN} \cdot \text{m} - 2.15\text{kN} \cdot \text{m} = 0$$

$$\sum Y = 24.64\text{kN} - 24.64\text{kN} = 0$$

$$\sum X = 0$$

可见满足平衡条件。

2）位移条件的校核。校核 C 点的竖向位移。在 C 点虚加一竖向单位力，绘出单位弯矩图 $\overline{M}$，如习题 5.10（1）题解图（d）所示。将习题 5.10（1）题解图（d）和图（a）互乘，得 C 点的竖向位移为

$$\Delta_{CV} = \frac{1}{2EI} \times \left(\frac{2.15 \times 6}{2} \times \frac{2}{3} \times 6 + \frac{2 \times 6 \times 90 \times 3}{3} - \frac{210 \times 6}{2} \times \frac{6}{3} \right)$$

$$+ \frac{1}{EI} \times (2.15 \times 6 \times 6) \approx 0$$

可见满足位移条件。

平衡条件和位移条件都满足，说明计算正确。

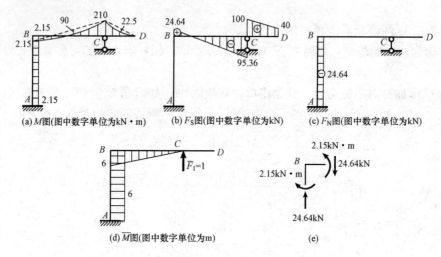

习题 5.10（1）题解图

（2）校核习题 5.3 图（b）刚架的内力图

1）平衡条件的校核。习题 5.3 图（b）刚架已求得的内力图分别如习题 5.10（2）题解图（a～c）所示。

取结点 D 为研究对象，受力如习题 5.10（2）题解图（e）所示，则有

$$\sum M_D = 45\text{kN} \cdot \text{m} - 45\text{kN} \cdot \text{m} = 0$$

$$\sum Y = 75\text{kN} - 67.5\text{kN} - 7.5\text{kN} = 0$$

$$\sum X = 0$$

可见满足平衡条件。

2）位移条件的校核。校核 D 点的竖向位移。在 D 点虚加一竖向单位力，绘出单位弯矩图 $\overline{M}$，如习题 5.10（2）题解图（d）所示。将习题 5.10（2）题解图（d）和图（a）互乘，得 D 点的竖向位移为

$$\Delta_{DV} = \frac{1}{EI} \times \left(-\frac{45 \times 6}{2} \times \frac{2}{3} \times 6 \times 2 + \frac{2 \times 6 \times 90 \times 3}{3} \right) = 0$$

可见满足位移条件。

平衡条件和位移条件都满足，说明计算正确。

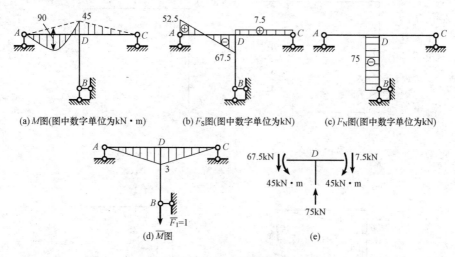

(a) M图(图中数字单位为kN·m)　　(b) F_S图(图中数字单位为kN)　　(c) F_N图(图中数字单位为kN)

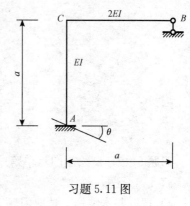

习题 5.10（2）题解图

习题 5.11～习题 5.13　支座移动和温度改变时的超静定结构

习题 5.11　试求图示刚架支座 A 发生角位移 θ 时的弯矩图及 B 端的水平位移。

解　（1）用力法绘制弯矩图

1）选取基本结构。选取习题 5.11 题解图（b）所示基本结构。

2）建立力法方程。力法方程为

$$\delta_{11}X_1 + \Delta_{1c} = 0$$

3）计算系数、自由项。绘出 $X_1 = 1$ 作用于基本结构的弯矩图 $\overline{M}_1$，如习题 5.11 题解图（c）所示。计算系数、自由项如下：

$$\delta_{11} = \frac{1}{EI} \times a \times a \times a + \frac{1}{2EI} \times \frac{1}{2} \times a \times a \times \frac{2}{3} \times a = \frac{7a^3}{6EI}$$

$$\Delta_{1c} = -\sum \overline{R}c = -a\theta$$

习题 5.11 图

4）解方程求多余未知力。将系数、自由项代入力法方程，解得

$$X_1 = \frac{6EI\theta}{7a^2}$$

结构力学同步辅导与题解

5）绘弯矩图。由 $M = \overline{M}_1 X_1$ 绘出弯矩图如习题 5.11 题解图（d）所示。剪力图可由静定结构计算方法求得控制截面上的内力数值后绘出，如习题 5.11 题解图（e）所示。

（2）求 B 点的水平位移

在 B 点虚加一水平单位力（单位力加在基本结构上），绘出单位力作用下的弯矩图 $\overline{M}$ [习题 5.11 题解图（e）]。将习题 5.11 题解图（e）和图（d）互乘，得 B 点的水平位移为

$$\Delta_{BH} = -\frac{1}{EI} \times \frac{1}{2} \times a \times a \times \frac{6EI\theta}{7a} + a\theta = \frac{4a\theta}{7}(\rightarrow)$$

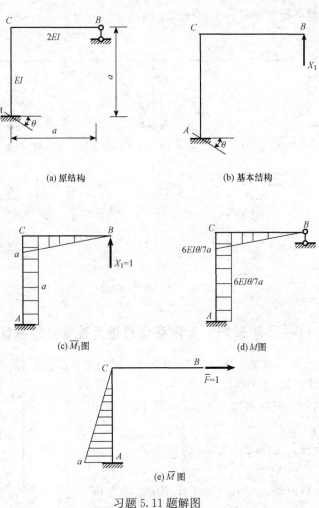

习题 5.11 题解图

习题 5.12 试绘制图示单跨梁因支座移动引起的弯矩图和剪力图。

解 （1）题（a）解

1）选取基本结构。选取习题 5.12（a）题解图（b）所示基本结构。

2）建立力法方程。力法方程为

$$\delta_{11} X_1 + \Delta_{1c} = 0$$

3）计算系数、自由项。绘出 $X_1 = 1$ 作用于基本结构的弯矩图 $\overline{M}_1$，如习题 5.12（a）题解图（c）所示。计算系数、自由项如下：

134

$$\delta_{11} = \frac{1}{EI} \times \frac{1}{2} \times l \times l \times \frac{2}{3} \times l = \frac{l^3}{3EI}$$

$$\Delta_{1c} = -\sum \overline{R}c = -l\varphi$$

4）解方程求多余未知力。将系数、自由项代入力法方程，得

$$X_1 = \frac{3EI\varphi}{l^2}$$

5）绘弯矩图。由 $M = \overline{M}_1 X_1$ 可绘出弯矩图如习题 5.12（a）题解图（d）所示。剪力图可由静定结构计算方法求得控制截面上的内力数值后绘出，如习题 5.12（a）题解图（e）所示。

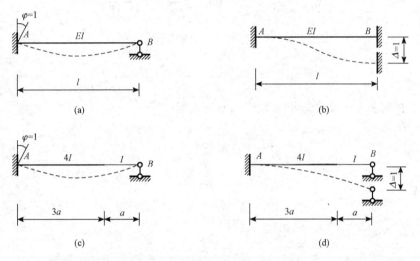

习题 5.12 图

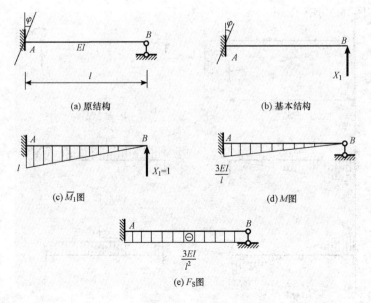

习题 5.12（a）题解图

（2）题（b）解

1）选取基本结构。选取习题 5.12（b）题解图（b）所示基本结构。忽略横梁的轴向变形，则 B 点的水平反力为零。

2）建立力法方程。力法方程为

$$\delta_{11}X_1 + \delta_{12}X_2 = 0$$
$$\delta_{21}X_1 + \delta_{22}X_2 = -1$$

3）计算系数。分别绘出 $X_1=1$、$X_2=1$ 作用于基本结构的弯矩图 $\overline{M}_1$、$\overline{M}_2$，如习题 5.12（b）题解图（c，d）所示。计算系数如下：

$$\delta_{11} = \frac{1}{EI} \times \frac{1}{2} \times l \times l \times \frac{2}{3} \times l = \frac{l^3}{3EI}$$

$$\delta_{22} = \frac{1}{EI} \times 1 \times l \times 1 = \frac{l}{EI}$$

$$\delta_{12} = \delta_{21} = -\frac{1}{EI} \times \frac{1}{2} \times l \times l \times 1 = -\frac{l^2}{2EI}$$

4）解方程求多余未知力。将系数代入力法方程，有

$$\frac{l^3}{3EI}X_1 - \frac{l^2}{2EI}X_2 = 0$$

$$-\frac{l^2}{2EI}X_1 + \frac{l}{EI}X_2 = -1$$

解得

$$X_1 = -\frac{12EI}{l^3}, \ X_2 = -\frac{6EI}{l^2}$$

5）绘弯矩图。由 $M = \overline{M}_1 X_1 + \overline{M}_2 X_2$ 计算各杆端弯矩，绘出弯矩图如习题 5.12（b）题解图（e）所示。剪力图可由静定结构计算方法求得控制截面上的内力数值后绘出，如习题 5.12（b）题解图（f）所示。

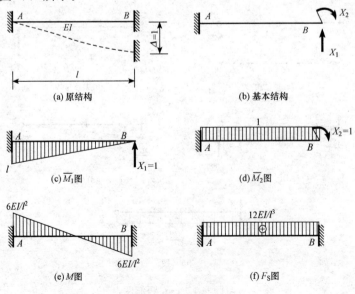

习题 5.12（b）题解图

（3）题（c）解

1）选取基本结构。选取习题 5.12（c）题解图（b）所示基本结构。

2）建立力法方程。力法方程为

$$\delta_{11}X_1 + \Delta_{1c} = 0$$

3）计算系数、自由项。绘出 $X_1 = 1$ 作用于基本结构的弯矩图 $\overline{M}_1$，如习题 5.12（c）题解图（c）所示。计算系数、自由项如下：

$$\delta_{11} = \frac{1}{EI} \times \frac{a^2}{2} \times \frac{2}{3} \times a + \frac{1}{4EI}\left(\frac{3a^2}{2} \times 2a + \frac{3a \times 4a}{2} \times 3a\right) = \frac{67a^3}{12EI}$$

$$\Delta_{1c} = -\sum \overline{R}c = -4a$$

4）解方程求多余未知力。将系数、自由项代入力法方程，得

$$X_1 = \frac{48EI}{67a^2}$$

5）绘弯矩图。由 $M = \overline{M}_1 X_1$ 可绘出弯矩图如习题 5.12（c）题解图（d）所示。剪力图可由静定结构计算方法求得控制截面上的内力数值后绘出，如习题 5.12（c）题解图（e）所示。

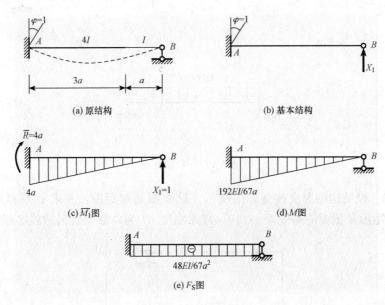

习题 5.12（c）题解图

（4）题（d）解

1）选取基本结构。选取习题 5.12（d）题解图（b）所示基本结构。

2）建立力法方程。力法方程为

$$\delta_{11}X_1 = -1$$

3）计算系数。绘出 $X_1 = 1$ 作用于基本结构的弯矩图 $\overline{M}_1$，如习题 5.12（d）题解图（c）所示。计算系数如下：

$$\delta_{11} = \frac{1}{EI} \times \frac{a^2}{2} \times \frac{2}{3} \times a + \frac{1}{4EI}\left(\frac{3a^2}{2} \times 2a + \frac{3a \times 4a}{2} \times 3a\right) = \frac{67a^3}{12EI}$$

4）解方程求多余未知力。将系数代入力法方程，得

$$X_1 = -\frac{12EI}{67a^3}$$

5）绘弯矩图。由 $M = \overline{M}_1 X_1$ 可绘出弯矩图如习题 5.12（d）题解图（d）所示。剪力图可由静定结构计算方法求得控制截面上的内力数值后绘出，如习题 5.12（d）题解图（e）所示。

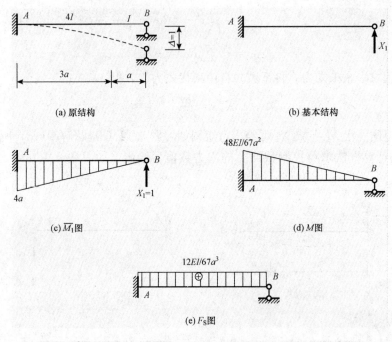

习题 5.12（d）题解图

习题 5.13 设结构的温度改变如图所示，试绘制其弯矩图，并求 B 端截面的角位移。设各杆截面为矩形，截面的高度 $h = l/10$，弯曲刚度 EI 为常数，材料的线膨胀系数为 α_l。

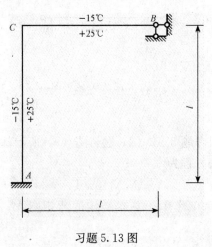

习题 5.13 图

解 （1）用力法绘制弯矩图

1）选取基本结构。选取习题 5.13 题解图（b）所示基本结构。

2）建立力法方程。力法方程为

$$\delta_{11}X_1+\delta_{12}X_2+\Delta_{1t}=0$$
$$\delta_{21}X_1+\delta_{22}X_2+\Delta_{2t}=0$$

3）计算系数、自由项。分别绘出 $X_1=1$、$X_2=1$ 作用于基本结构的弯矩图 $\overline{M}_1$、$\overline{M}_2$ 及轴力图 $\overline{F}_{N1}$、$\overline{F}_{N2}$，如习题 5.13 题解图（c～f）所示。$t_0=(25℃-15℃)/2=5℃$，$\Delta t=25℃-(-15℃)=40℃$。计算系数、自由项如下：

$$\delta_{11}=\frac{1}{EI}\times\left(\frac{1}{2}\times l\times l\times\frac{2}{3}\times l+l\times l\times l\right)=\frac{4l^3}{3EI}$$

$$\delta_{22}=\frac{1}{EI}\times\frac{1}{2}\times l\times l\times\frac{2}{3}\times l=\frac{l^3}{3EI}$$

$$\delta_{12}=\delta_{21}=-\frac{1}{EI}\times\frac{1}{2}\times l\times l\times l=-\frac{l^3}{2EI}$$

$$\Delta_{1t}=\alpha\times5\times l\times1+\alpha\times\frac{40}{h}\left(l\times l+\frac{1}{2}\times l\times l\right)=605\alpha_l l$$

$$\Delta_{2t}=\alpha\times5\times l\times1-\alpha\times\frac{40}{h}\times\frac{1}{2}\times l\times l=-195\alpha_l l$$

4）解方程求多余未知力。将系数、自由项代入力法方程，有

$$\frac{4l^3}{3EI}X_1-\frac{l^3}{2EI}X_2+605\alpha_l l=0$$

$$-\frac{l^2}{2EI}X_1+\frac{l^3}{3EI}X_2-195\alpha_l l=0$$

解得

$$X_1=-\frac{3750\alpha_l EI}{7l^2},\ X_2=-\frac{1530\alpha_l EI}{7l^2}$$

5）绘弯矩图。由 $M=\overline{M}_1X_1+\overline{M}_2X_2$ 计算各杆端弯矩，绘出弯矩图如习题 5.13 题解图（g）所示。

（2）求 B 端截面的角位移

在 B 端截面虚加一单位力偶（单位力偶加在基本结构上），绘出单位力偶作用下的弯矩图 $\overline{M}$［习题 5.13 题解图（h）］。将习题 5.13 题解图（h）和图（g）互乘，得 B 端截面的角位移为

$$\varphi_B=\frac{1}{EI}\times\left[\frac{1}{2}\times l\times\frac{3750\alpha_l EI}{7l}\times1+\left(\frac{3750\alpha_l EI}{7l}+\frac{2220\alpha_l EI}{7l}\right)\times\frac{1}{2}\times l\times1\right]$$

$$-\alpha_l\times\frac{40}{h}\times(l\times1\times2)$$

$$=-\frac{740\alpha_l}{7}(\curvearrowleft)$$

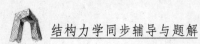

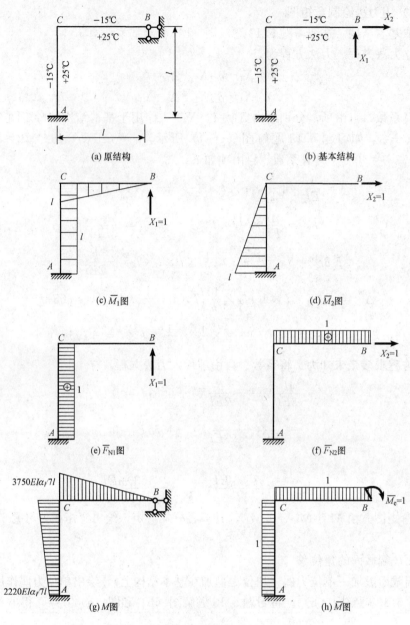

(a) 原结构 (b) 基本结构

(c) $\overline{M}_1$图 (d) $\overline{M}_2$图

(e) $\overline{F}_{N1}$图 (f) $\overline{F}_{N2}$图

(g) M图 (h) $\overline{M}$图

习题 5.13 题解图

第六章　位移法

内容总结

1. 位移法的基本原理

位移法是以结构的独立的结点位移作为基本未知量进行分析的方法。它按照基本结构在结点处的受力和原结构一致的原则，建立位移法方程，解出结点位移进而求得结构内力。

2. 位移法的基本未知量

位移法通常取刚结点的角位移和独立的结点线位移作为基本未知量。

在结构中，一般情况下结点的角位移数目和刚结点的数目相同，但结构独立的结点线位移的数目则需要分析判断后才能确定。对于简单结构的独立结点线位移的数目可直接判断：在忽略轴向变形后，若结点能发生水平或竖向移动，则结构存在线位移，能发生几个独立的移动就存在几个独立的线位移。

当结构结点独立的线位移的数目由直观的方法判断不出时，可用"铰化结点、增加链杆"的方法判断，即先把所有的结点和支座都换成铰结点和铰支座，然后增加最少的链杆使结构变为几何不变体系，所增加链杆的数目，就是结点独立线位移的数目。

3. 位移法的基本结构

对每一个刚结点都附加一个刚臂以限制结点的转角，对每一个独立的线位移附加一个链杆以限制结点的线位移，把原结构转化为一系列相互独立的单跨超静定梁的组合体，即为位移法的基本结构。

4. 位移法的典型方程

对于具有 n 个基本未知量的结构，按照基本结构在附加约束上的受力和原结构一致的平衡条件，可建立 n 个位移法方程，称为典型方程，即

$$r_{11}Z_1+r_{12}Z_2+\cdots+r_{1i}Z_i+\cdots+r_{1n}Z_n+R_{1F}=0$$
$$r_{21}Z_1+r_{22}Z_2+\cdots+r_{2i}Z_i+\cdots+r_{2n}Z_n+R_{2F}=0$$
$$\cdots\cdots\cdots\cdots\cdots\cdots\cdots$$
$$r_{i1}Z_1+r_{i2}Z_2+\cdots+r_{ii}Z_i+\cdots+r_{in}Z_n+R_{iF}=0$$
$$\cdots\cdots\cdots\cdots\cdots\cdots\cdots$$
$$r_{n1}Z_1+r_{n2}Z_2+\cdots+r_{ni}Z_i+\cdots+r_{nn}Z_n+R_{nF}=0$$

式中：r_{ii}——主系数，表示基本结构由于 $Z_i=1$ 引起的附加约束 i 中沿 Z_i 方向的约束力，恒为正值；

r_{ij}——副系数，表示基本结构由于 $Z_j=1$ 引起的附加约束 i 中沿 Z_i 方向的约束力，可为正、为负或为零；

R_{iF}——自由项，表示基本结构由于荷载作用引起的附加约束 i 中沿 Z_i 方向的约束力，可为正、为负或为零。

副系数有互等关系，即

$$r_{ij}=r_{ji}$$

5. 位移法的计算步骤

1）选取基本结构。确定结构的基本未知量，形成基本结构。

2）建立位移法方程。根据基本结构的附加刚臂、附加支座链杆中的约束力矩、约束力为零的条件，建立位移法方程。

3）计算位移法方程各系数和自由项。分别绘出基本结构由单位结点位移所引起的弯矩图和荷载弯矩图，利用平衡条件求位移法方程中各系数和自由项。

4）解位移法方程求各未知量。

5）绘制原结构的内力图。原结构的弯矩图可由叠加原理按下式

$$M=\overline{M}_1Z_1+\overline{M}_2Z_2+\cdots+\overline{M}_nZ_n+M_F$$

绘出。进而绘制剪力图和轴力图。

典型例题

例 6.1 试用位移法计算图 6.1（a）所示结构，并绘制弯矩图。

分析 此结构只有一个基本未知量，即结点 D 的角位移。计算系数、自由项时利用结点 D 的力矩平衡条件即可，而杆件 DE 的 E 端自由，在 $Z_1=1$ 作用时杆件 DE 不产生弯矩。

解 1）选取基本结构。选取图 6.1（b）所示基本结构。

2）建立位移法方程。位移法方程为

$$r_{11}Z_1+R_{1F}=0$$

3）计算系数、自由项。分别绘出 $Z_1=1$ 及荷载作用于基本结构的弯矩图 $\overline{M}_1$，M_F［图 6.1（c，d）］，取结点 D 为研究对象，由力矩平衡条件得

$$r_{11}=11i, \quad R_{1F}=-110\text{kN}\cdot\text{m}$$

4）解方程求未知量。将系数、自由项代入位移法方程，解得

$$Z_1 = \frac{10}{i}$$

5）绘弯矩图。由 $M = \overline{M}_1 Z_1 + M_F$ 绘出弯矩图如图 6.1（e）所示。

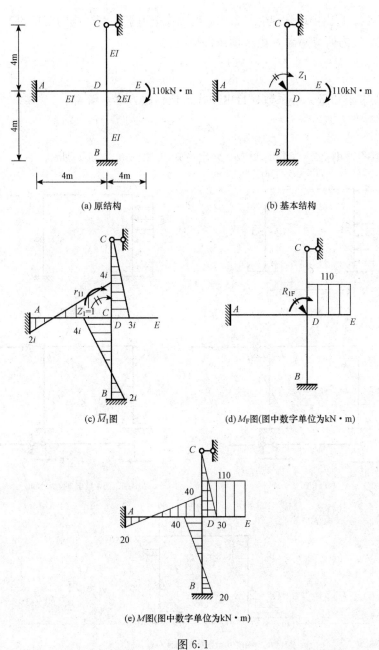

(a) 原结构

(b) 基本结构

(c) $\overline{M}_1$图

(d) M_F图(图中数字单位为kN·m)

(e) M图(图中数字单位为kN·m)

图 6.1

例 6.2　试用位移法计算图 6.2（a）所示结构，并绘制弯矩图。

分析　由于 CD 杆件的刚度为无穷大，则杆件 CD 不能发生任何变形，故 C、D 结点虽然为刚结点，但没有角位移，因此结构只有一个基本未知量，即水平横梁的线位移。计算系数、自由项时利用水平横梁的力的平衡条件即可。

解 1）选取基本结构。选取图 6.2（b）所示基本结构。

2）建立位移法方程。位移法方程为

$$r_{11}Z_1 + R_{1F} = 0$$

3）计算系数、自由项。分别绘出 $Z_1 = 1$ 及荷载作用于基本结构的弯矩图 $\overline{M}_1$，M_F [图 6.2（c，d）]，取 CD 杆为研究对象，由平衡条件得

$$r_{11} = \frac{2i}{3}, \ R_{1F} = -60\text{kN} \cdot \text{m}$$

4）解方程求未知量。将系数、自由项代入位移法方程，解得

$$Z_1 = \frac{90}{i}$$

5）绘弯矩图。由 $M = \overline{M}_1 Z_1 + M_F$ 绘出弯矩图如图 6.2（e）所示。

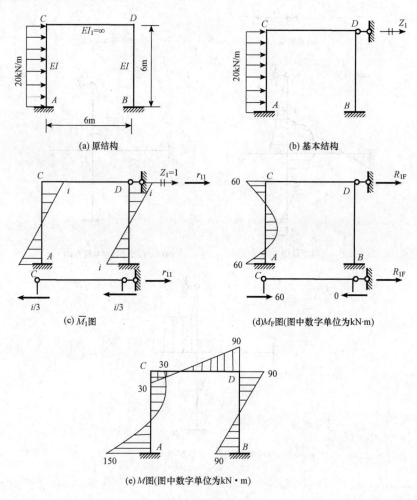

图 6.2

例 6.3 试用位移法计算图 6.3（a）所示结构，并绘制弯矩图。

分析 此题有两个基本未知量，结点 B 处的角位移和杆件 BD 的竖向线位移，求解时注意选取 BD 杆件的力的平衡条件求解系数、自由项。

解 1）选取基本结构。选取图 6.3（b）所示基本结构。

2）建立位移法方程。位移法方程为

$$r_{11}Z_1 + r_{12}Z_2 + R_{1F} = 0$$
$$r_{21}Z_1 + r_{22}Z_2 + R_{2F} = 0$$

3）计算系数、自由项。分别绘出 $Z_1 = 1$、$Z_2 = 1$ 及荷载作用于基本结构的弯矩图 $\overline{M}_1$、$\overline{M}_2$、M_F［图 6.3（c～e）］，分别取结点 B 及 BD 杆件为研究对象，由平衡条件得

$$r_{11} = 11i,\ r_{22} = \frac{2i}{3},\ r_{12} = r_{21} = 0$$

$$R_{1F} = 150\text{kN} \cdot \text{m},\ R_{2F} = -60\text{kN}$$

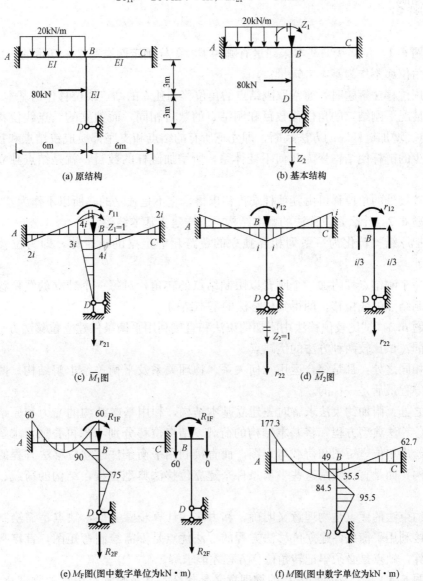

图 6.3

4）解方程求未知量。将系数、自由项代入位移法方程，有

$$11iZ_1 + 150 = 0$$

$$\frac{2i}{3}Z_2 - 60 = 0$$

解得

$$Z_1 = -\frac{13.6}{i}, \quad Z_2 = \frac{90}{i}$$

5）绘弯矩图。由 $M = \overline{M}_1 Z_1 + \overline{M}_2 Z_2 + M_F$ 绘出弯矩图如图 6.3（f）所示。

思考题解答

思考题 6.1 位移法的基本未知量有哪两类？怎样确定两类基本未知量的数目？为什么铰接处的角位移不作为基本未知量？

解 用位移法解题时，通常取刚结点的角位移和独立的结点线位移作为基本未知量。

一般情况下刚结点的角位移数目和刚结点的数目相同，而独立的结点线位移数目可用"铰化结点、增加链杆"的方法判断，即先把所有的结点和支座都换成铰结点和铰支座，然后增加最少的链杆使结构变为几何不变体系，所增加链杆的数目，就是结点独立线位移的数目。

因为铰接处的角位移可由其他杆端位移求得，它不是独立的，所以不作为基本未知量。

思考题 6.2 什么是位移法的基本结构？怎样建立基本结构？

解 把原结构转化为一系列相互独立的单跨超静定梁的组合体，即为位移法的基本结构。

对每一个刚结点都附加一个刚臂以限制结点的转角，对每一个独立的线位移附加一个链杆以限制结点的线位移，即得到位移法的基本结构。

思考题 6.3 试比较位移法中附加约束法和直接利用平衡条件建立位移法方程这两种方法有何异同？试比较两种方法的优缺点。

解 相同之处：都是综合运用几何关系、物理关系及平衡关系求解结构。两种方法建立起来的方程最后是一样的。

不同之处：附加约束法求解时先建立基本结构，利用基本结构的受力和原结构相同的条件建立位移法典型方程，将基本结构的荷载、结点位移分别考虑再叠加，求解系数、自由项时需绘出单位弯矩图和荷载弯矩图。而直接利用平衡条件建立位移法方程的方法不通过基本结构，而是直接利用这些平衡条件来建立位移法典型方程，结构的荷载、结点位移同时考虑。

附加约束法的优点是物理意义明确，和力法的计算步骤类似，缺点是需绘制较多的弯矩图。直接利用平衡条件建立位移法方程的方法优点是不需绘制弯矩图，直接利用转角位移方程计算，缺点是必须牢记转角位移方程才能求解。

思考题 6.4 位移法典型方程的物理意义是什么？其系数和自由项的物理意义是什么？如何计算？

解 位移法典型方程的物理意义是表示基本结构在附加约束处的受力与原结构一致。

方程中各系数和自由项的物理意义：主系数 r_{ii} 表示基本结构由于 $Z_i=1$ 引起的附加约束 i 中沿 Z_i 方向的约束力，它恒为正值；副系数 r_{ij} 表示基本结构由于 $Z_j=1$ 引起的附加约束 i 中沿 Z_i 方向的约束力，它可为正、为负或为零；自由项 R_{iF} 表示基本结构由于荷载作用引起的附加约束 i 中沿 Z_i 方向的约束力，它可为正、为负或为零。

系数和自由项可由结点或杆件的平衡条件求得。

思考题 6.5 比较有结点线位移和无结点线位移两种刚架的求解过程，指出其中哪些相同？哪些不同？

解 相同之处：计算思路和计算步骤相同。

不同之处：无结点线位移的刚架是附加刚臂阻止结点转动，附加约束中的内力为力矩，计算系数和自由项时只需考虑结点的力矩方程；而有结点线位移的刚架是附加支座链杆阻止结点线位移，附加约束中的内力为力，计算系数和自由项时需考虑结点的力矩方程及杆件的力的投影方程。

思考题 6.6 在计算附加约束的约束力时，什么情况下取结点为研究对象，利用力矩平衡条件？什么情况下取包括杆件和结点之结构的一部分为研究对象，利用力的投影平衡条件？

解 计算附加刚臂的约束力矩时，取结点为研究对象，利用力矩平衡条件求得。

计算附加链杆的约束力时，应取包括杆件和结点之结构的一部分为研究对象，利用力的投影平衡条件求得。

思考题 6.7 在位移法和力法中，各以什么方式满足平衡条件和位移条件？

解 在位移法中满足平衡条件的方式是使基本结构中附加约束的约束力为零。

在力法中满足位移条件的方式是使基本结构中多余未知力作用点、沿其作用方向上的位移与原结构的实际位移相同。

思考题 6.8 用位移法能否计算由非荷载因素引起的超静定结构的内力，此时可否采用刚度的相对值？为什么？

解 用位移法能计算由非荷载因素引起的超静定结构的内力。

此时不能采用刚度的相对值，因为在计算结构的内力过程中，杆件的刚度值是消不掉的。

思考题 6.9 为什么对称结构在对称或反对称荷载作用时可取半结构计算？非对称荷载作用时能否取半结构计算？

解 因为对称结构在对称或反对称荷载作用时，其内力和位移也是对称或反对称的，所以可用半结构计算。非对称荷载作用时则不能直接用半结构的方法计算。

思考题 6.10 将力法和位移法比较，二者的基本未知量、基本结构和典型方程有何不同？力法能否用于求解静定结构？位移法能否用于求解静定结构？

解 不同点：①基本未知量不同。力法的基本未知量是多余未知力，位移法的基本未知量是结点位移。②基本结构不同。力法的基本结构是去掉多余约束的静定结构，可选取不同的基本结构进行计算；位移法的基本结构是附加约束后的单跨超静定梁的组合体，只有一种对应的基本结构。③建立典型方程依据的条件不同。力法的条件是基本结构多余未知力的位移和原结构一致；位移法的条件是基本结构结点及杆件的受力和原结构一致。

④典型方程中的系数、自由项的物理意义不同。力法典型方程中的系数、自由项的物理意义是多余约束处的位移；位移法典型方程中的系数、自由项的物理意义是附加约束处的约束力或约束力矩。

力法只能求解超静定结构，不能用于求解静定结构。

位移法可求解静定结构和超静定结构。

习题解答

习题 6.1 位移法的基本结构

习题 6.1 试确定用位移法计算时的基本未知量数目，并形成基本结构。

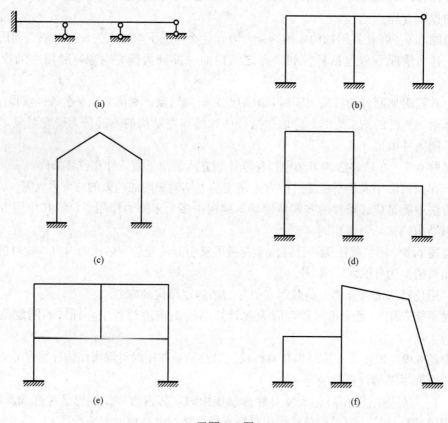

习题 6.1 图

解 （1）题（a）解

图（a）所示结构用位移法计算时的基本未知量数目为 2，即两个角位移。基本结构如习题 6.1（a）题解图（b）所示。

（2）题（b）解

图（b）所示结构用位移法计算时的基本未知量数目为 3，即两个角位移，一个线位移。基本结构如习题 6.1（b）题解图（b）所示。

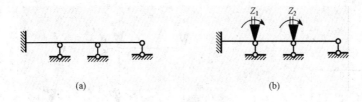

习题 6.1（a）题解图

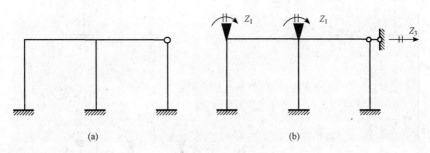

习题 6.1（b）题解图

（3）题（c）解

图（c）所示结构用位移法计算时的基本未知量数目为 5，即三个角位移，两个线位移。基本结构如习题 6.1（c）题解图（b）所示。

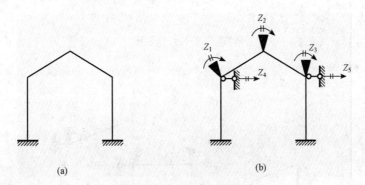

习题 6.1（c）题解图

（4）题（d）解

图（d）所示结构用位移法计算时的基本未知量数目为 7，即五个角位移，两个线位移。基本结构如习题 6.1（d）题解图（b）所示。

（5）题（e）解

图（e）所示结构用位移法计算时的基本未知量数目为 9，即 6 个角位移，3 个线位移。基本结构如习题 6.1（e）题解图（b）所示。

（6）题（f）解

图（f）所示结构用位移法计算时的基本未知量数目为 6，即 4 个角位移，2 个线位移。基本结构如习题 6.1（f）题解图（b）所示。

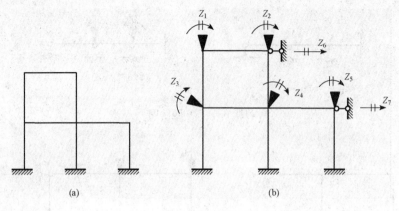

习题 6.1（d）题解图

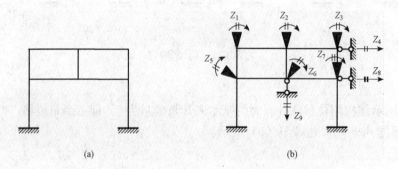

习题 6.1（e）题解图

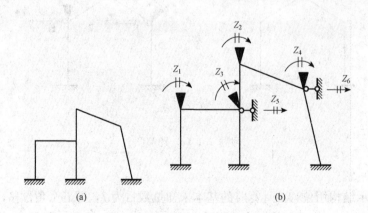

习题 6.1（f）题解图

习题 6.2　无结点线位移的超静定结构

习题 6.2　试用位移法计算图示结构，并绘制弯矩图。已知各杆材料的弹性模量 E 为常数。

解　（1）题（a）解

1）选取基本结构。选取习题 6.2（a）题解图（b）所示基本结构。

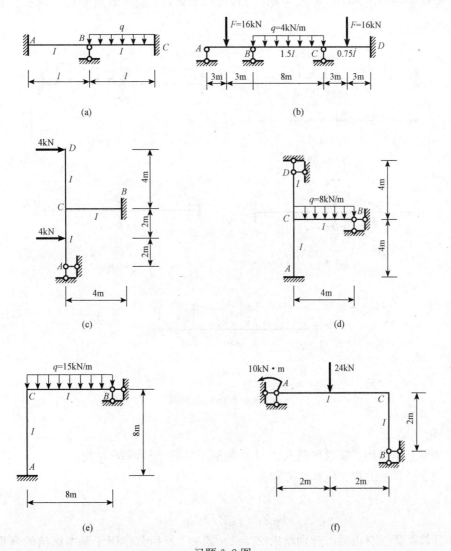

习题 6.2 图

2）建立位移法方程。位移法方程为

$$r_{11}Z_1 + R_{1F} = 0$$

3）计算系数、自由项。分别绘出 $Z_1 = 1$ 及荷载作用于基本结构的弯矩图 $\overline{M}_1$，M_F〔习题 6.2（a）题解图（c，d）〕，取结点 B 为研究对象，由力矩平衡条件得

$$r_{11} = 8i, \quad R_{1F} = -\frac{ql^2}{12}$$

4）解方程求未知量。将系数、自由项代入位移法方程，有

$$8iZ_1 - \frac{ql^2}{12} = 0$$

解得

$$Z_1 = \frac{ql^2}{96i}$$

5) 绘弯矩图。由 $M = \overline{M}_1 Z_1 + M_F$ 计算各杆端弯矩，绘出弯矩图如习题 6.2（a）题解图（e）所示。

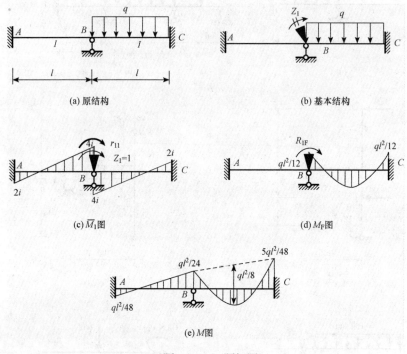

(a) 原结构

(b) 基本结构

(c) $\overline{M}_1$ 图

(d) M_F 图

(e) M 图

习题 6.2（a）题解图

（2）题（b）解

1) 选取基本结构。选取习题 6.2（b）题解图（b）所示基本结构。

2) 建立位移法方程。位移法方程为

$$r_{11} Z_1 + r_{12} Z_2 + R_{1F} = 0$$
$$r_{21} Z_1 + r_{22} Z_2 + R_{2F} = 0$$

3) 计算系数、自由项。分别绘出 $Z_1 = 1$、$Z_2 = 1$ 及荷载作用于基本结构的弯矩图 $\overline{M}_1$，$\overline{M}_2$、M_F [习题 6.2（b）题解图（c～e）]，分别取结点 B、C 为研究对象，由力矩平衡条件得

$$r_{11} = 1.25I,\ r_{22} = 1.25I,\ r_{12} = r_{21} = 0.375I$$
$$R_{1F} = -3.33 \text{kN} \cdot \text{m},\ R_{2F} = 9.33 \text{kN} \cdot \text{m}$$

4) 解方程求未知量。将系数、自由项代入位移法方程，有

$$1.25I Z_1 + 0.375I Z_2 - 3.33 = 0$$
$$0.375I Z_1 + 1.25I Z_2 + 9.33 = 0$$

解得

$$Z_1 = \frac{5.37}{I},\ Z_2 = -\frac{9.06}{I}$$

5) 绘弯矩图。由 $M = \overline{M}_1 Z_1 + \overline{M}_2 Z_2 + M_F$ 计算各杆端弯矩，绘出弯矩图如习题 6.2（b）题解图（f）所示。

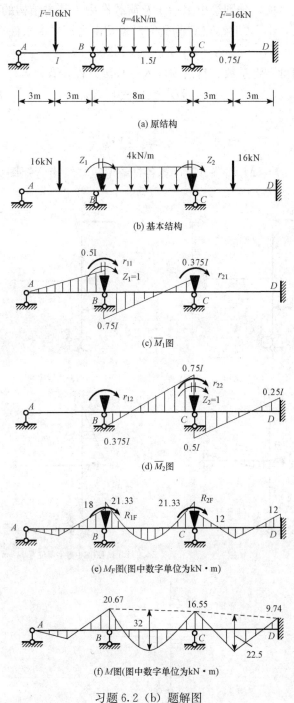

(a) 原结构

(b) 基本结构

(c) $\overline{M}_1$图

(d) $\overline{M}_2$图

(e) M_F图(图中数字单位为kN·m)

(f) M图(图中数字单位为kN·m)

习题 6.2（b）题解图

（3）题（c）解

1）选取基本结构。选取习题 6.2（c）题解图（b）所示基本结构。

2）建立位移法方程。位移法方程为

$$r_{11}Z_1 + R_{1F} = 0$$

3) 计算系数、自由项。分别绘出 $Z_1 = 1$ 及荷载作用于基本结构的弯矩图 $\overline{M}_1$，M_F [习题 6.2（c）题解图（c，d）]，取结点 C 为研究对象，由力矩平衡条件得

$$r_{11} = 7i, \quad R_{1F} = -13 \text{kN} \cdot \text{m}$$

4) 解方程求未知量。将系数、自由项代入位移法方程，有

$$7iZ_1 - 13 = 0$$

解得

$$Z_1 = \frac{13}{7i}$$

5) 绘弯矩图。由 $M = \overline{M}_1 Z_1 + M_F$ 计算各杆端弯矩，绘出弯矩图如习题 6.2（c）题解图（e）所示。

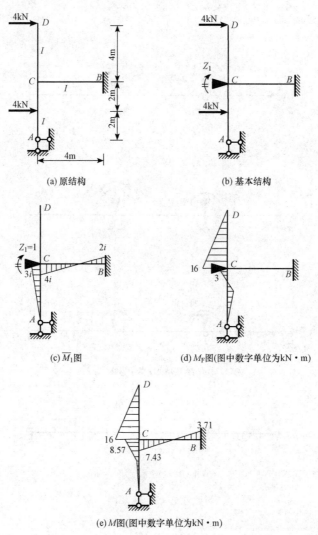

(a) 原结构

(b) 基本结构

(c) $\overline{M}_1$ 图

(d) M_F 图 (图中数字单位为 kN·m)

(e) M 图 (图中数字单位为 kN·m)

习题 6.2（c）题解图

(4) 题（d）解

1) 选取基本结构。选取习题 6.2（d）题解图（b）所示基本结构。

2) 建立位移法方程。位移法方程为

$$r_{11}Z_1 + R_{1F} = 0$$

3) 计算系数、自由项。分别绘出 $Z_1 = 1$ 及荷载作用于基本结构的弯矩图 $\overline{M}_1$，M_F [习题 6.2（d）题解图（c，d）]，取结点 C 为研究对象，由力矩平衡条件得

$$r_{11} = 10i, \quad R_{1F} = -16\text{kN} \cdot \text{m}$$

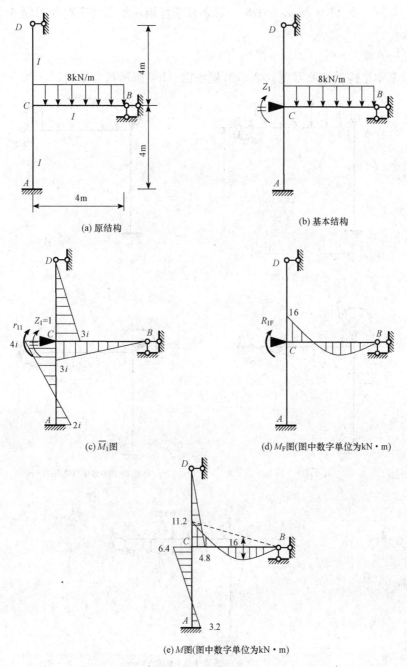

(a) 原结构

(b) 基本结构

(c) $\overline{M}_1$ 图

(d) M_F 图（图中数字单位为 kN·m）

(e) M 图（图中数字单位为 kN·m）

习题 6.2（d）题解图

4）解方程求未知量。将系数、自由项代入位移法方程，有

$$10iZ_1 - 16 = 0$$

解得

$$Z_1 = \frac{1.6}{i}$$

5）绘弯矩图。由 $M = \overline{M}_1 Z_1 + M_F$ 计算各杆端弯矩，绘出弯矩图如习题 6.2（d）题解图（e）所示。

（5）题（e）解

1）选取基本结构。选取习题 6.2（e）题解图（b）所示基本结构。

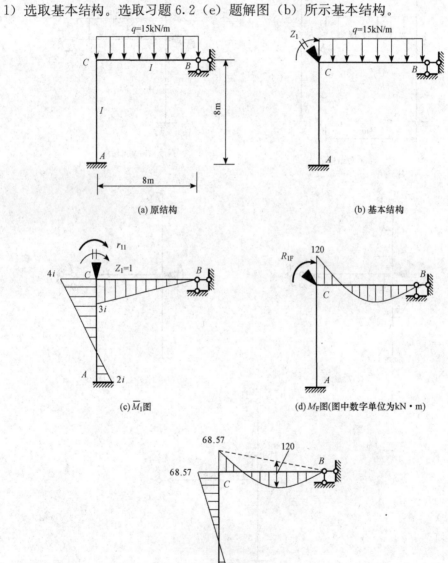

(a) 原结构   (b) 基本结构

(c) $\overline{M}_1$图   (d) M_F图(图中数字单位为 kN·m)

(e) M图(图中数字单位为 kN·m)

习题 6.2（e）题解图

2）建立位移法方程。位移法方程为

$$r_{11}Z_1+R_{1F}=0$$

3）计算系数、自由项。分别绘出 $Z_1=1$ 及荷载作用于基本结构的弯矩图 $\overline{M}_1$，M_F [习题 6.2（e）题解图（c，d）]，取结点 C 为研究对象，由力矩平衡条件得

$$r_{11}=7i, \quad R_{1F}=-120\text{kN}\cdot\text{m}$$

4）解方程求未知量。将系数、自由项代入位移法方程，有

$$7iZ_1-120=0$$

解得

$$Z_1=\frac{120}{7i}$$

5）绘弯矩图。由 $M=\overline{M}_1Z_1+M_F$ 计算各杆端弯矩，绘出弯矩图如习题 6.2（e）题解图（e）所示。

（6）题（f）解

1）选取基本结构。选取习题 6.2（f）题解图（b）所示基本结构。

2）建立位移法方程。位移法方程为

$$r_{11}Z_1+R_{1F}=0$$

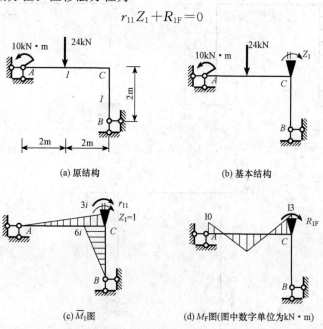

(a) 原结构　　　　　　　　(b) 基本结构

(c) $\overline{M}_1$图　　　　　　(d) M_F图(图中数字单位为kN·m)

(e) M图(图中数字单位为kN·m)

习题 6.2（f）题解图

3）计算系数、自由项。分别绘出 $Z_1=1$ 及荷载作用于基本结构的弯矩图 $\overline{M}_1$，M_{F}［习题 6.2（f）题解图（c，d）］，取结点 C 为研究对象，由力矩平衡条件得

$$r_{11}=9i,\ R_{1\mathrm{F}}=13\mathrm{kN}\cdot\mathrm{m}$$

4）解方程求未知量。将系数、自由项代入位移法方程，有

$$9iZ_1+13=0$$

解得

$$Z_1=-\frac{13}{9i}$$

5）绘弯矩图。由 $M=\overline{M}_1Z_1+M_{\mathrm{F}}$ 计算各杆端弯矩，绘出弯矩图如习题 6.2（f）题解图（e）所示。

习题 6.3 有结点线位移的超静定结构

习题 6.3 试用位移法计算图示结构，并绘制弯矩图。

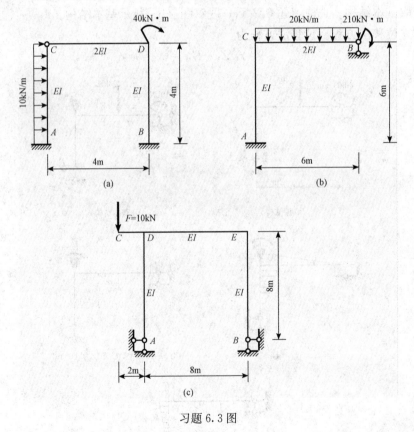

习题 6.3 图

解 （1）题（a）解

1）选取基本结构。选取习题 6.3（a）题解图（b）所示基本结构。

2）建立位移法方程。位移法方程为

$$r_{11}Z_1+r_{12}Z_2+R_{1\mathrm{F}}=0$$
$$r_{21}Z_1+r_{22}Z_2+R_{2\mathrm{F}}=0$$

3）计算系数、自由项。分别绘出 $Z_1=1$、$Z_2=1$ 及荷载作用于基本结构的弯矩图 $\overline{M}_1$、$\overline{M}_2$、M_F［习题 6.3（a）题解图（c～e）］，分别取结点 D 及横梁 CD 为研究对象，由平衡条件得

$$r_{11}=10i, \quad r_{22}=\frac{15i}{l^2}, \quad r_{12}=r_{21}=-\frac{6i}{l}$$

$$R_{1F}=-40\text{kN}\cdot\text{m}, \quad R_{2F}=-15\text{kN}$$

4）解方程求未知量。将系数、自由项代入位移法方程，有

$$10iZ_1-\frac{6i}{l}Z_2-40=0$$

$$-\frac{6i}{l}Z_1+\frac{15i}{l^2}Z_2-15=0$$

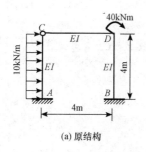

(a) 原结构

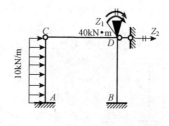

(b) 基本结构

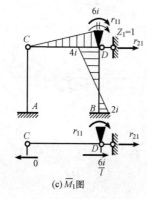

(c) $\overline{M}_1$图

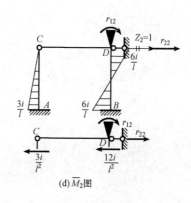

(d) $\overline{M}_2$图

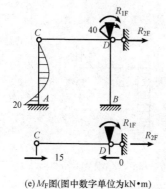

(e) M_F图(图中数字单位为kN•m)

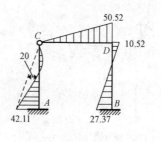

(f) M图(图中数字单位为kN•m)

习题 6.3（a）题解图

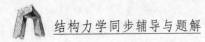

解得

$$Z_1 = \frac{160}{19i}, \quad Z_2 = \frac{560}{19i}$$

5）绘弯矩图。由 $M = \overline{M}_1 Z_1 + \overline{M}_2 Z_2 + M_F$ 绘出弯矩图如习题 6.3（a）题解图（f）所示。

（2）题（b）解

1）选取基本结构。选取习题 6.3（b）题解图（b）所示基本结构。

2）建立位移法方程。位移法方程为

$$r_{11}Z_1 + r_{12}Z_2 + R_{1F} = 0$$
$$r_{21}Z_1 + r_{22}Z_2 + R_{2F} = 0$$

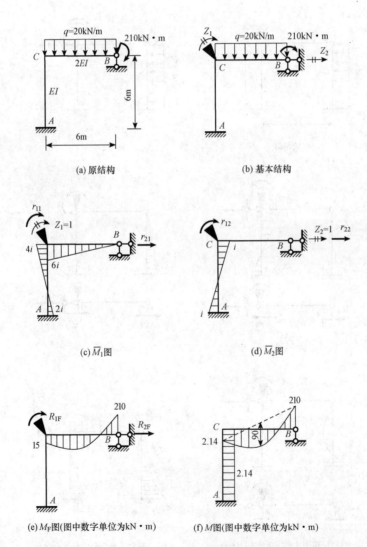

(a) 原结构

(b) 基本结构

(c) $\overline{M}_1$图

(d) $\overline{M}_2$图

(e) M_F图(图中数字单位为kN·m)

(f) M图(图中数字单位为kN·m)

习题 6.3（b）题解图

3）计算系数、自由项。分别绘出 $Z_1 = 1$、$Z_2 = 1$ 及荷载作用于基本结构的弯矩图 $\overline{M}_1$、

$\overline{M}_2$、M_F［习题 6.3（b）题解图（c~e）］，分别取结点 C 及 BC 杆件为研究对象，由平衡条件得

$$r_{11}=10i,\ r_{22}=\frac{i}{3},\ r_{12}=r_{21}=-i$$

$$R_{1F}=15\text{kN}\cdot\text{m},\ R_{2F}=0$$

4）解方程求未知量。将系数、自由项代入位移法方程，有

$$10iZ_1-iZ_2+15=0$$

$$-iZ_1+\frac{i}{3}Z_2=0$$

解得

$$Z_1=-\frac{15}{7i},\ Z_2=-\frac{45}{7i}$$

5）绘弯矩图。由 $M=\overline{M}_1Z_1+\overline{M}_2Z_2+M_F$ 绘出弯矩图如习题 6.3（b）题解图（f）所示。

（3）题（c）解

1）选取基本结构。选取习题 6.3（c）题解图（b）所示基本结构。

2）建立位移法方程。位移法方程为

$$r_{11}Z_1+r_{12}Z_2+r_{13}Z_3+R_{1F}=0$$

$$r_{21}Z_1+r_{22}Z_2+r_{23}Z_3+R_{2F}=0$$

$$r_{31}Z_1+r_{32}Z_2+r_{33}Z_3+R_{3F}=0$$

3）计算系数、自由项。分别绘出 $Z_1=1$、$Z_2=1$、$Z_3=1$ 及荷载作用于基本结构的弯矩图 $\overline{M}_1$、$\overline{M}_2$、$\overline{M}_3$、M_F［习题 6.3（c）题解图（c~f）］，分别取结点 D、E 及 DE 杆件为研究对象，由平衡条件得

$$r_{11}=7i,\ r_{22}=7i,\ r_{12}=r_{21}=2i,\ r_{33}=3i/32,\ r_{13}=r_{31}=-3i/8$$

$$r_{23}=r_{32}=-3i/8,\ R_{1F}=20\text{kN}\cdot\text{m},\ R_{2F}=0,\ R_{3F}=0$$

4）解方程求未知量。将系数、自由项代入位移法方程，有

$$7iZ_1+2iZ_2-\frac{3i}{8}Z_3+20=0$$

$$2iZ_1+7iZ_2-\frac{3i}{8}Z_3=0$$

$$-\frac{3i}{8}Z_1-\frac{3i}{8}Z_2+\frac{3i}{32}Z_3=0$$

解得

$$Z_1=-\frac{11}{3i},\ Z_2=\frac{1}{3i},\ Z_3=-\frac{40}{3i}$$

5）绘弯矩图。由 $M=\overline{M}_1Z_1+\overline{M}_2Z_2+\overline{M}_3Z_3+M_F$ 绘出弯矩图如习题 6.3（c）题解图（g）所示。

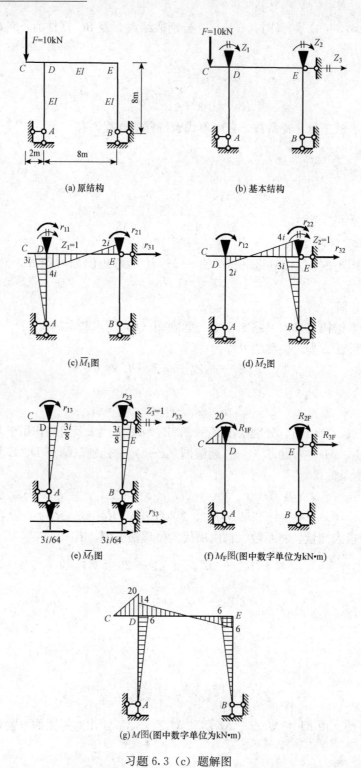

习题 6.3（c）题解图

习题 6.4　对 称 结 构

习题 6.4　试用位移法计算图示对称刚架，并绘制弯矩图。已知各杆的弯曲刚度 EI 为常数。

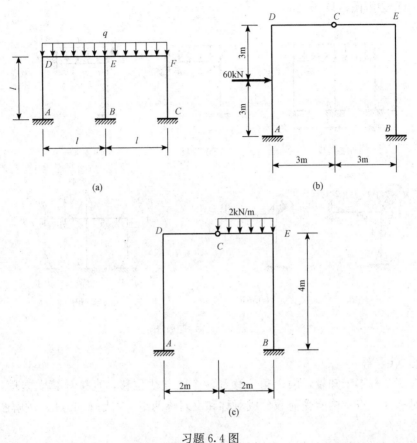

(a)

(b)

(c)

习题 6.4 图

解　(1) 题 (a) 解

本题是对称结构受对称荷载作用，可利用对称性选取习题 6.4（a）题解图（b）所示的半结构进行计算。

1）选取基本结构。选取习题 6.4（a）题解图（c）所示基本结构。

2）建立位移法方程。位移法方程为

$$r_{11}Z_1 + R_{1F} = 0$$

3）计算系数、自由项。分别绘出 $Z_1 = 1$ 及荷载作用于基本结构的弯矩图 $\overline{M}_1$、M_F［习题 6.4（a）题解图（d，e）］，取结点 D 为研究对象，由力矩平衡条件得

$$r_{11} = 8i, \quad R_{1F} = -\frac{ql^2}{12}$$

4）解方程求未知量。将系数、自由项代入位移法方程，有

$$8iZ_1 - \frac{ql^2}{12} = 0$$

解得

$$Z_1 = -\frac{ql^2}{96i}$$

5）绘弯矩图。由计算结果绘出半结构的弯矩图，再利用对称性绘出原结构的弯矩图如习题 6.4（a）题解图（f）所示。

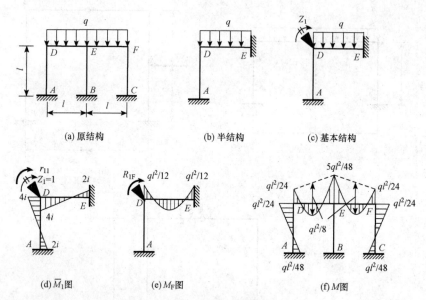

(a) 原结构　　　　　(b) 半结构　　　　　(c) 基本结构

(d) $\overline{M}_1$图　　　　(e) M_F图　　　　　　(f) M图

习题 6.4（a）题解图

（2）题（b）解

本题有四个基本未知量，两个角位移和两个结点线位移，直接计算太繁琐，为方便求解可利用对称性，将结构所受荷载分成对称和反对称两组［习题 6.4（b）题解图（a）］，分别计算再叠加。

1）对称荷载作用下的计算。取习题 6.4（b）题解图（b）所示半刚架进行计算。

① 选取基本结构。选取习题 6.4（b）题解图（c）所示基本结构。

② 建立位移法方程。位移法方程为

$$r_{11}Z_1 + R_{1F} = 0$$

③ 计算系数、自由项。分别绘出 $Z_1 = 1$ 及荷载作用于基本结构的弯矩图 $\overline{M}_1$、M_{F1}［习题 6.4（b）题解图（d，e）］，取结点 D 为研究对象，由力矩平衡条件得

$$r_{11} = 4i,\ R_{1F} = 22.5\text{kN} \cdot \text{m}$$

④ 解方程求未知量。将系数、自由项代入位移法方程，有

$$4iZ_1 + 22.5 = 0$$

解得

$$Z_1 = -\frac{22.5}{4i}$$

2）反对称荷载作用下的计算。取习题 6.4（b）题解图（f）所示半刚架进行计算。

① 选取基本结构。选取习题 6.4（b）题解图（g）所示基本结构。

② 建立位移法方程。位移法方程为

$$r_{11}Z_1 + r_{12}Z_2 + R_{1F} = 0$$
$$r_{21}Z_1 + r_{22}Z_2 + R_{2F} = 0$$

③ 计算系数、自由项。分别绘出 $Z_1 = 1$、$Z_2 = 1$ 及荷载作用于基本结构的弯矩图 $\overline{M}_2$、$\overline{M}_3$、M_{F2}［习题6.4（b）题解图（h~j）］，分别取结点 D 及 DC 杆件为研究对象，由平衡条件得

$$r_{11} = 10i, \quad r_{22} = \frac{i}{3}, \quad r_{12} = r_{21} = -i$$

$$R_{1F} = 22.55 \text{kN} \cdot \text{m}, \quad R_{2F} = -15 \text{kN}$$

④ 解方程求未知量。将系数、自由项代入位移法方程，有

$$10iZ_1 - iZ_2 + 22.5 = 0$$

$$-iZ_1 + \frac{i}{3}Z_2 - 15 = 0$$

解得

$$Z_1 = -\frac{0.072}{i}, \quad Z_2 = -\frac{0.143}{i}$$

3) 绘弯矩图。由对称荷载及反对称荷载的计算结果叠加绘出原结构的弯矩图，如习题 6.4（b）题解图（k）所示。

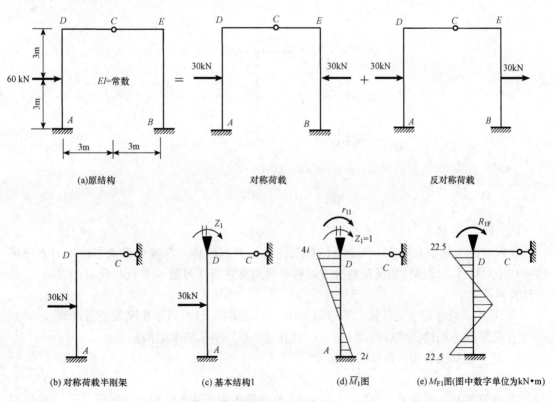

习题 6.4（b）题解图

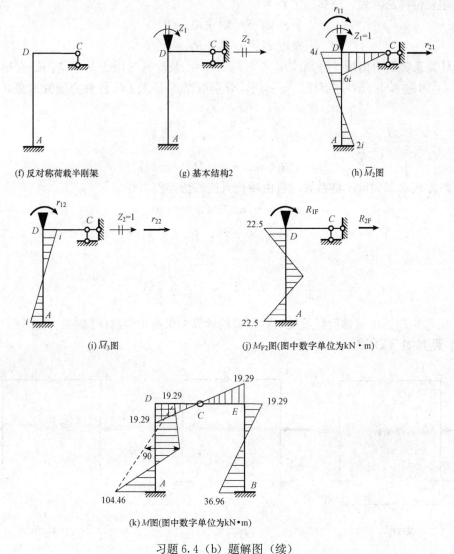

(f) 反对称荷载半刚架　　　　(g) 基本结构2　　　　(h) $\overline{M}_2$图

(i) $\overline{M}_3$图　　　　　　(j) M_{F2}图(图中数字单位为kN·m)

(k) M图(图中数字单位为kN·m)

习题 6.4（b）题解图（续）

（3）题（c）解

本题有四个基本未知量，两个角位移和两个结点线位移，直接计算太繁琐，为方便求解可利用对称性，将结构所受荷载分成对称和反对称两组［习题 6.4（c）题解图（a）］，分别计算再叠加。

1）对称荷载作用下的计算。取习题 6.4（c）题解图（b）所示半刚架进行计算。

① 选取基本结构。选取习题 6.4（c）题解图（c）所示基本结构。

② 建立位移法方程。位移法方程为

$$r_{11}Z_1 + R_{1F} = 0$$

③ 计算系数、自由项。分别绘出 $Z_1=1$ 及荷载作用于基本结构的弯矩图 $\overline{M}_1$、M_{F1}［习题 6.4（c）题解图（d、e）］，取结点 E 为研究对象，由力矩平衡条件得

$$r_{11}=4i, \quad R_{1F}=2\text{kN} \cdot \text{m}$$

④ 解方程求未知量。将系数、自由项代入位移法方程，有

$$4iZ_1+2=0$$

解得

$$Z_1=-\frac{1}{2i}$$

2）反对称荷载作用下的计算。取习题 6.4（c）题解图（f）所示半刚架进行计算。

① 选取基本结构。选取习题 6.4（c）题解图（g）所示基本结构。

② 建立位移法方程。位移法方程为

$$r_{11}Z_1+r_{12}Z_2+R_{1F}=0$$
$$r_{21}Z_1+r_{22}Z_2+R_{2F}=0$$

③ 计算系数、自由项。分别绘出 $Z_1=1$、$Z_2=1$ 及荷载作用于基本结构的弯矩图 $\overline{M}_2$、$\overline{M}_3$、M_{F2}［习题 6.4（c）题解图（h～j）］，分别取结点 E 及 CE 杆件为研究对象，由平衡条件得

$$r_{11}=10i,\ r_{22}=\frac{3i}{4},\ r_{12}=r_{21}=-\frac{3i}{2}$$

$$R_{1F}=0.5\text{kN}\cdot\text{m},\ R_{2F}=0$$

④ 解方程求未知量。将系数、自由项代入位移法方程，有

$$10iZ_1-\frac{3i}{2}Z_2+0.5=0$$

$$-\frac{3i}{2}Z_1+\frac{3i}{4}Z_2=0$$

解得

$$Z_1=-\frac{0.072}{i},\ Z_2=-\frac{0.143}{i}$$

3）绘弯矩图。由对称荷载及反对称荷载的计算结果叠加绘出原结构的弯矩图，如习题 6.4（c）题解图（k）所示。

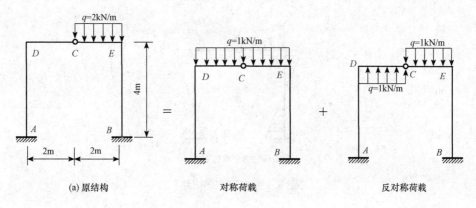

习题 6.4（c）题解图

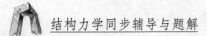

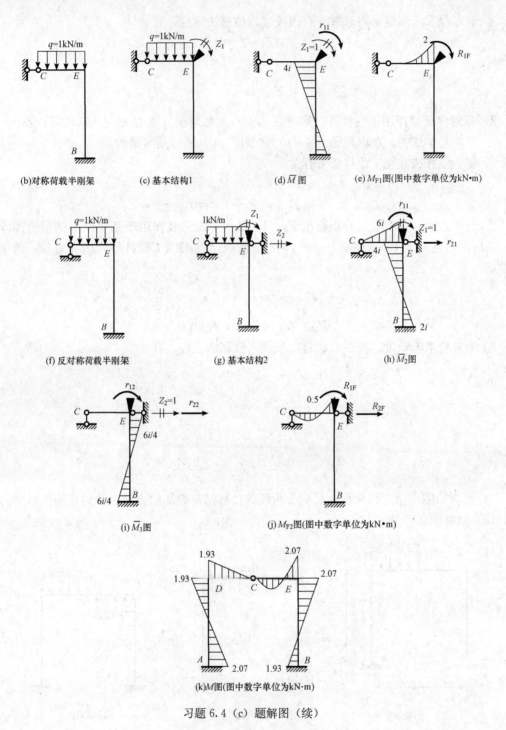

(b)对称荷载半刚架　　　(c) 基本结构1　　　(d) $\overline{M}$图　　　(e) M_{F1}图(图中数字单位为kN·m)

(f) 反对称荷载半刚架　　　(g) 基本结构2　　　(h) $\overline{M}_2$图

(i) $\overline{M}_3$图　　　(j) M_{F2}图(图中数字单位为kN·m)

(k)M图(图中数字单位为kN·m)

习题 6.4（c）题解图（续）

第七章　渐近法和近似法

内容总结

1. 渐近法和近似法概述

渐近法和近似法在工程中有一定的实用价值。力矩分配法和无剪力分配法属于位移法类型的渐近解法，其特点是不需建立和解算联立方程，直接分析结构的受力情况，逐步修正，最后收敛于真实解答；分层法和反弯点法属于近似法，以较小的工作量，取得较为粗略的解答，可应用于结构的初步设计。

力矩分配法的适用范围是连续梁和无结点线位移（无侧移）刚架的内力计算。无剪力分配法的适用范围是结点有线位移，但与结点线位移方向垂直的杆件为剪力静定杆的刚架的内力计算。

分层法是适用于竖向荷载作用下多层多跨刚架的内力计算。反弯点法是适用于水平荷载作用下的多层多跨刚架的内力计算。

2. 力矩分配法

（1）基本概念

1）固端弯矩和不平衡力矩。在刚结点不产生角位移的情况下，由荷载引起的杆端弯矩称为固端弯矩。汇交于结点的各杆固端弯矩的代数和称为不平衡力矩。

2）转动刚度 S_{AB}。S_{AB} 表示 AB 杆件 A 端转动单位转角时在 A 端所需施加的力矩。转动端（A 端）称为近端，另一端（B 端）称为远端。远端为不同约束时的转动刚度如下：

远端固定：$S_{AB} = 4i$

远端定向支承：$S_{AB} = i$

远端铰支：$S_{AB} = 3i$

远端自由：$S_{AB} = 0$

3）分配系数 μ_{1j}。转动刚度 S_{1j} 与汇交于刚结点 1 处各杆端的转动刚度之和的比值，称为杆件 $1j$ 的 1 端的分配系数，用 μ_{1j} 表示，即

$$\mu_{1j} = \frac{S_{1j}}{\sum_{1} S}$$

4) 传递系数 C_{AB}。杆件 AB 在 A 端作用弯矩 M_{AB} 产生转动时，在远端也将产生弯矩 M_{BA}，远端弯矩 M_{BA} 与近端弯矩 M_{AB} 的比值，称为由近端向远端的力矩传递系数，用 C_{AB} 表示。远端为不同约束时的传递系数如下：

远端固定：$C_{AB} = 0.5$

远端定向支承：$C_{AB} = -1$

远端铰支：$C_{AB} = 0$

（2）计算步骤

1) 计算力矩分配系数。计算结点处各杆的力矩分配系数。

2) 计算固端弯矩和约束力矩。在结点处附加刚臂限制转动。查表计算各杆固端弯矩，再计算约束力矩。

3) 计算分配弯矩和传递弯矩。在结点处施加一与约束力矩反号的力矩。计算分配弯矩，再计算传递弯矩。

4) 叠加计算各杆端最后弯矩。将各杆固端弯矩与对应的分配弯矩及传递弯矩叠加，便得到各杆端最后弯矩。

5) 绘制原结构的内力图。

3. 无剪力分配法

无剪力分配法的计算步骤如下：

1) 计算力矩分配系数；

2) 计算各杆的固端弯矩；

3) 力矩的分配与传递；

4) 绘制弯矩图。

4. 多层多跨刚架的近似计算

（1）分层法

分层法采用了如下两个近似假定：忽略侧移影响；忽略每层横梁上的竖向荷载对相邻层的影响。根据以上两点假设，我们就可把一个多层刚架，分成若干单层敞口刚架分别计算，然后再把计算结果对应叠加。

（2）反弯点法

反弯点法的近似假定是把刚架中的横梁简化为刚性梁，即忽略了杆件的角位移。因此，反弯点法对于强梁弱柱的情况最为适用。计算时先求出各柱端剪力，根据反弯点在柱中点，用剪力乘以柱高的一半就可计算出柱端弯矩，再根据结点平衡条件，可求出梁端弯矩，从而绘出刚架的弯矩图。

典型例题

例 7.1 试用力矩分配法计算图示连续梁，并绘制弯矩图。

分析 此连续梁为两个结点的结构，计算出结点的固端弯矩，进而求得不平衡力矩，从不平衡力矩较大的结点开始力矩的分配和传递。

解　1）计算力矩分配系数。

$$\mu_{BA}=\frac{4\times 2}{4\times 2+4\times 3}=0.4,\ \mu_{BC}=\frac{4\times 3}{4\times 2+4\times 3}=0.6$$

$$\mu_{CB}=\frac{4\times 3}{4\times 3+3\times 4}=0.5,\ \mu_{CD}=\frac{3\times 4}{4\times 3+3\times 4}=0.5$$

2）计算固端弯矩。

$$M_{BC}^{F}=-\frac{1}{8}Fl=-\frac{1}{8}\times 400\text{kN}\times 6\text{m}=-300\text{kN}\cdot\text{m}$$

$$M_{CB}^{F}=\frac{1}{8}Fl=\frac{1}{8}\times 400\text{kN}\times 6\text{m}=300\text{kN}\cdot\text{m}$$

$$M_{CD}^{F}=-\frac{1}{8}ql^{2}=-\frac{1}{8}\times 40\text{kN/m}\times(6\text{m})^{2}=-180\text{kN}\cdot\text{m}$$

$$M_{DC}^{F}=0$$

3）力矩的分配与传递。计算过程见算表。

例 7.1 算表（力矩单位：kN·m）

杆端	AB	BA	BC		CB	CD	DC
力矩分配系数		0.4	0.6		0.5	0.5	
固端端弯矩	0	0	−300		300	−180	0
力矩分配与力矩传递	60	120	180	⟶	90		
		−52.5	⟵		−105	−105	⟶ 0
	10.5	⟵ 21	31.5		15.75		
			−3.94	⟵	−7.87	−7.88	⟶ 0
	0.79	⟵ 1.58	2.36	⟶	1.18		
			−0.3	⟵	−0.59	−0.59	⟶ 0
		0.12	0.18				
最后弯矩	71.29	142.7	−142.7		293.5	−293.5	0

4）绘弯矩图。根据各杆端弯矩绘出弯矩图，如图 7.1（b）所示。

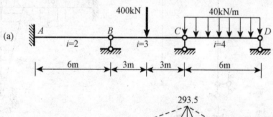

M图(图中数字单位为kN·m)

图 7.1

例7.2 试用力矩分配法计算图示刚架，并绘制弯矩图。

分析 此结构为一个结点的无侧移刚架，利用力矩分配法只需一次分配和传递。悬臂部分 BD 杆的荷载可向结点 B 简化，也可不简化按分配系数为零计算。本例 BD 杆按分配系数为零计算。

解 1）计算力矩分配系数。

$$\mu_{BA} = \frac{4 \times \dfrac{EI}{4}}{4 \times \dfrac{EI}{4} + 3 \times \dfrac{2EI}{4}} = 0.4, \quad \mu_{BC} = \frac{3 \times \dfrac{2EI}{4}}{4 \times \dfrac{EI}{4} + 3 \times \dfrac{2EI}{4}} = 0.6, \quad \mu_{BD} = 0$$

2）计算固端弯矩。

$$M_{AB}^{F} = -\frac{ql^2}{12} = -\frac{15\text{kN/m} \times (4\text{m})^2}{12} = -20\text{kN} \cdot \text{m}$$

$$M_{BA}^{F} = \frac{ql^2}{12} = \frac{15\text{kN/m} \times (4\text{m})^2}{12} = 20\text{kN} \cdot \text{m}$$

$$M_{BC}^{F} = M_{CB}^{F} = 0$$

$$M_{BD}^{F} = -30\text{kN} \times 2\text{m} = -60\text{kN} \cdot \text{m}$$

3）力矩的分配与传递。计算过程见算表。

例7.2算表（力矩单位：kN·m）

结点	A	B			C	D
杆端	AB	BA	BD	BC	CB	DB
力矩分配系数		0.4	0	0.6		
固端弯矩	−20	20	−60	0	0	0
力矩分配与力矩传递	8	16	0	24	0	0
最后弯矩	−12	36	−60	24	0	0

4）绘弯矩图。根据各杆端弯矩绘出弯矩图，如图7.2（b）所示。

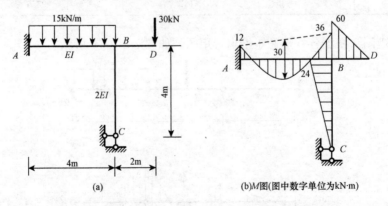

图 7.2

例7.3 若图7.3（a）所示连续梁的支座 C 下沉 $\Delta_C = 20\text{mm}$，试用力矩分配法计算，并绘制弯矩图。设材料的弹性模量 $E = 210\text{GPa}$，截面的惯性矩 $I = 4 \times 10^{-4}\text{m}^4$。

分析　当结构发生支座移动时也可用力矩分配法计算，固端弯矩是由于支座移动 Δ_C 引起的，其固端弯矩的数值等于由表格查到单位线位移时的弯矩值乘以 Δ_C 即可。

解　1) 计算力矩分配系数。

$$\mu_{BA} = \frac{4 \times \dfrac{3EI}{6}}{4 \times \dfrac{3EI}{6} + 4 \times \dfrac{3EI}{6}} = 0.5 = \mu_{BC}$$

$$\mu_{CB} = \frac{4 \times \dfrac{3EI}{6}}{4 \times \dfrac{3EI}{6} + 3 \times \dfrac{4EI}{6}} = 0.5 = \mu_{CD}$$

2) 计算固端弯矩。

$$M_{BC}^{F} = -\frac{6i_{BC}}{l}\Delta_C$$

$$= -\frac{6 \times 3 \times 2.1 \times 10^{11}\,\text{N/m}^2 \times 4 \times 10^{-4}\,\text{m}^4}{(6\text{m})^2} \times 20 \times 10^{-3}\,\text{m}$$

$$= -840\text{kN} \cdot \text{m}$$

$$M_{CB}^{F} = -\frac{6i_{BC}}{l}\Delta_C$$

$$= -\frac{6 \times 3 \times 2.1 \times 10^{11}\,\text{N/m}^2 \times 4 \times 10^{-4}\,\text{m}^4}{(6\text{m})^2} \times 20 \times 10^{-3}\,\text{m}$$

$$= -840\text{kN} \cdot \text{m}$$

$$M_{CD}^{F} = -\frac{3i_{CD}}{l}\Delta_C$$

$$= -\frac{3 \times 4 \times 2.1 \times 10^{11}\,\text{N/m}^2 \times 4 \times 10^{-4}\,\text{m}^4}{(6\text{m})^2} \times 20 \times 10^{-3}\,\text{m}$$

$$= 560\text{kN} \cdot \text{m}$$

3) 力矩的分配与传递。计算过程见算表。

例 7.3 算表（力矩单位：kN·m）

杆端	AB	BA	BC	CB	CD	DC
力矩分配系数		0.5	0.5	0.5	0.5	
固端端弯矩	0	0	−840	−840	560	0
力矩分配与力矩传递	210	420	420 →	210		
			17.5 ←	35	35	→ 0
	−4.38 ←	−8.75	−8.75	← −4.38		
			1.1	2.19	2.19	→ 0
	−0.27 ←	−0.55	−0.55 →	−0.27		
			0.06 ←	0.135	0.135	→ 0
	−0.01 ←	−0.03	−0.03			
最后弯矩	205.3	410.7	−410.6	−597.3	597.3	0

4) 绘弯矩图。根据各杆端弯矩绘出弯矩图，如图 7.3 (b) 所示。

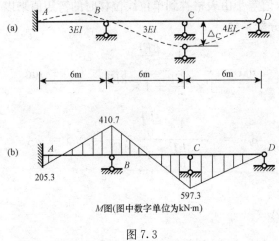

M图(图中数字单位为kN·m)

图 7.3

思考题解答

思考题 7.1　力矩分配法的基本运算是什么？物理意义如何？

解　设刚结点上作用一集中力偶，要计算出汇交于该结点之各杆的杆端弯矩值，称为力矩分配法的基本运算。其物理意义：该集中力偶矩的值按各杆的分配系数分配给各杆的杆端。

思考题 7.2　什么是转动刚度？什么是分配系数？分配系数与转动刚度有何关系？为什么每一结点的力矩分配系数之和等于 1？分配系数与结构上的荷载情况有无关系？

解　转动刚度 S_{AB} 是指杆件 AB 在 A 端产生单位角位移时，在 A 端所需施加的力矩值。杆件 i 端的转动刚度除以汇交于 i 点的各杆转动刚度之和即为力矩分配系数。转动刚度较大的，分配系数也较大。

由力矩分配系数的定义可知，同一结点各杆力矩分配系数之和应等于 1；分配系数与结构上的荷载情况无关。

思考题 7.3　什么是分配弯矩？为什么要分配？什么是传递弯矩？如何传递？传递弯矩是否发生于分配弯矩之后？

解　力矩分配系数乘以反号的约束力矩得到的杆端弯矩称为分配弯矩。计算分配弯矩的目的是为了使结点恢复到原来的受力和变形状态，以计算结构的杆端弯矩。

在力矩分配法的基本运算中，当各杆近端产生弯矩时，各杆的远端也由此而产生弯矩，称为传递弯矩。传递弯矩等于分配弯矩乘以传递系数。传递弯矩发生于分配弯矩之后。

思考题 7.4　什么是固端弯矩？附加刚臂中的约束力矩如何计算？

解　结构在结点固定状态下由荷载引起的杆端弯矩称为固端弯矩。附加刚臂中的约束力矩可由该结点的平衡条件求得。

思考题 7.5　单结点的力矩分配法有哪些步骤？每一步的物理意义是什么？

解　用力矩分配法计算荷载作用下具有一个结点角位移的结构的步骤如下：

1) 固定结点。在发生角位移的刚结点处附加刚臂，使其不能转动。计算汇交于结点的各杆的力矩分配系数，固端弯矩和附加刚臂中的约束力矩。这一步是在刚结点不产生角位移时，计算仅由荷载引起的杆端弯矩值。

2) 放松结点。在结点处施加一个与约束力矩反号的力矩，结构在该力矩作用下，应用基本运算求出分配弯矩和传递弯矩。这一步是计算仅由结点产生角位移引起的杆端弯矩值。

3) 计算杆端最后弯矩。将第一步中各杆端的固端弯矩分别和第二步中的各杆端的分配弯矩或传递弯矩叠加，即得汇交于结点之各杆的近端或远端的最后弯矩。这一步是利用叠加原理，因为结构的实际受力和变形状态，是1)、2)两种情况的叠加。

思考题 7.6 在多结点的力矩分配过程中，为什么先固定所有刚结点使之不能转动？在放松时，为什么每次只放松一个结点？是否可同时放松两个结点？

解 在多结点的力矩分配过程中，先固定所有刚结点使之不能转动是为了计算各杆固端弯矩。在放松时，每次只放松一个结点是为了利用力矩分配法的基本运算求分配弯矩和传递弯矩。不能同时放松两个相邻结点，若同时放松两个相邻结点，则需要解联立方程。

思考题 7.7 用力矩分配法计算超静定结构时，为什么计算过程是收敛的？

解 因为下一轮分配的弯矩是本轮的传递弯矩，而传递弯矩比分配弯矩小，所以用力矩分配法计算超静定结构时，计算过程是收敛的。

思考题 7.8 为什么力矩分配法不能直接应用于有结点线位移的刚架？

解 因为侧移使结构产生杆端弯矩，而侧移产生的杆端弯矩在分配系数、传递系数中没有体现，故力矩分配法不能直接应用于有侧移的刚架。

思考题 7.9 试比较力矩分配法与位移法的异同。

解 力矩分配法是在位移法的基础上发展而来的。两种方法的相同之处在于计算固端弯矩时都可查表计算。而不同之处在于：位移法计算超静定结构时要建立和求解联立方程，当基本未知量较多时，手算工作十分繁重。力矩分配法属于渐近解法，它的特点是不需建立和解算联立方程，直接分析结构的受力情况，从开始的近似状态，逐步修正，最后收敛于真实解，直接算得杆端弯矩值。其计算精度随计算轮次增高而提高。

思考题 7.10 什么是无剪力分配法？其应用条件是什么？它适用于计算什么样的刚架？

解 力矩的分配和传递过程是在零剪力条件下进行的一种求解超静定结构的方法，称为无剪力分配法。无剪力分配法的应用条件：结点有线位移，但与结点线位移方向垂直的杆件为剪力静定杆的刚架的内力计算。当荷载作用于刚架上时，各横梁的两端没有相对竖向线位移，各立柱的两端虽有相对侧移，但其剪力是静定的，即各立柱为剪力静定的杆件，凡满足上述特点的刚架，我们可用无剪力分配法进行计算。

思考题 7.11 无剪力分配法能否计算多跨刚架？它与力矩分配法有何异同？

解 无剪力分配法不能直接计算多跨刚架。它与力矩分配法的计算思路和步骤是相同的，不同的是固定状态只约束结点的角位移，不约束结点的线位移，因此在计算固端弯矩、分配系数和传递系数时有所不同。

思考题 7.12 分层法和反弯点法的基本假设有什么不同？

解 分层法采用的基本假设：忽略侧移影响；忽略每层横梁上的竖向荷载对相邻层的影响。

反弯点法采用的基本假设：把刚架中的横梁简化为刚性梁，即忽略了杆件的角位移。

思考题 7.13 分层法和反弯点法各适用于何种刚架和何种荷载？

解 分层法适用于计算多层多跨承受竖向荷载作用的刚架。反弯点法适用于计算在水平结点荷载作用下的多层多跨刚架。

思考题 7.14 侧移刚度的物理意义是什么？剪力分配系数与力矩分配系数有什么共同之处和不同之处？

解 柱的侧移刚度的物理意义是柱顶单位侧移所引起的剪力。

剪力分配系数与力矩分配系数的共同之处：两者都是刚度的比值。不同之处：剪力分配系数是 i 柱的侧移刚度除以同层各柱侧移刚度之和，力矩分配系数是杆件 i 端的转动刚度除以汇交于 i 点的各杆转动刚度之和。剪力分配系数用来计算剪力，而力矩分配系数用来计算杆端弯矩。

习题解答

习题 7.1～习题 7.8 力矩分配法

习题 7.1 试用力矩分配法计算图示连续梁，绘制弯矩图并求出支座 B 处的反力。已知弯曲刚度 EI 为常数。

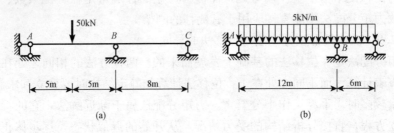

(a)   (b)

习题 7.1 图

解 （1）题（a）解

1）计算力矩分配系数。

$$S_{BA} = 3 \times \frac{EI}{10} = 0.3EI, \quad S_{BC} = 3 \times \frac{EI}{8} = 0.375EI$$

$$\mu_{BA} = \frac{0.3EI}{0.3EI + 0.375EI} = 0.444, \quad \mu_{BC} = \frac{0.375EI}{0.3EI + 0.375EI} = 0.556$$

2）计算固端弯矩。

$$M_{AB}^F = 0$$

$$M_{BA}^F = \frac{3}{16}Fl = \frac{3}{16} \times 50\text{kN} \times 10\text{m} = 93.75\text{kN} \cdot \text{m}$$

3）力矩的分配与传递。计算过程见算表。

习题 7.1（a）算表（力矩单位：kN·m）

杆端	AB	BA	BC	CB
力矩分配系数		0.444	0.556	
固端端弯矩	0	93.75	0	0
力矩分配与力矩传递	0	← −41.67	−52.08 →	0
最后弯矩	0	52.08	−52.08	0

4）绘弯矩图。根据各杆端弯矩绘出弯矩图，如习题 7.1（a）题解图（b）所示。

5）求支座 B 处的反力。绘出剪力图如习题 7.1（a）题解图（c）所示，取结点 B 为研究对象，由平衡方程 $\sum Y = 0$ ［习题 7.1（a）题解图（d）］，得

$$F_B = 36.72\text{kN}$$

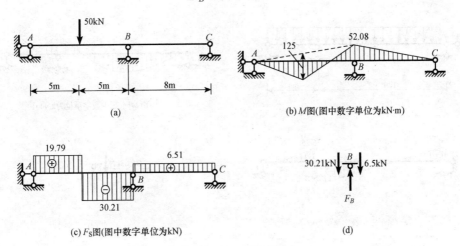

习题 7.1（a）题解图

解（2）题（b）解

1）计算力矩分配系数。

$$S_{BA} = 3 \times \frac{EI}{12} = 0.25EI, \ S_{BC} = 3 \times \frac{EI}{6} = 0.5EI$$

$$\mu_{BA} = \frac{0.25EI}{0.25EI + 0.5EI} = 0.333, \ \mu_{BC} = \frac{0.5EI}{0.25EI + 0.5EI} = 0.667$$

2）计算固端弯矩。

$$M_{AB}^F = 0$$

$$M_{BA}^F = \frac{1}{8}ql^2 = \frac{1}{8} \times 5\text{kN/m} \times 12^2\text{m}^2 = 90\text{kN·m}$$

$$M_{BC}^F = -\frac{1}{8}ql^2 = -\frac{1}{8} \times 5\text{kN/m} \times 6^2\text{m}^2 = -22.5\text{kN·m}$$

$$M_{CB}^F = 0$$

3）力矩的分配与传递。计算过程见算表。

习题 7.1 (b) 算表（力矩单位：kN·m）

杆端	AB	BA	BC	CB
力矩分配系数		0.333	0.667	
固端端弯矩	0	90	−22.5	0
力矩分配与力矩传递	0	← −22.5	−45 →	0
最后弯矩	0	67.5	−67.5	0

4）绘弯矩图。根据各杆端弯矩绘出弯矩图，如习题 7.1（b）题解图（b）所示。

5）求支座 B 处的反力。绘出剪力图如习题 7.1（b）题解图（c）所示，取结点 B 为研究对象，由平衡方程 $\sum Y = 0$［习题 7.1（b）题解图（d）］，得

$$F_B = 61.88\text{kN}$$

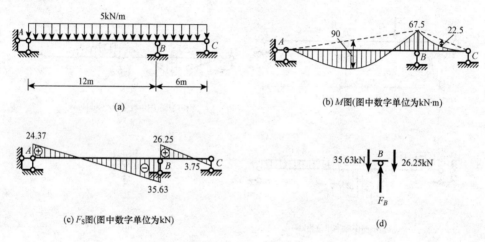

(a)

(b) M图（图中数字单位为kN·m）

(c) F_S图（图中数字单位为kN）

(d)

习题 7.1（b）题解图

习题 7.2 试用力矩分配法求出图示连续梁支座 B 和 C 处截面上的弯矩，并求支座 C 处的反力。已知弯曲刚度 EI 为常数。

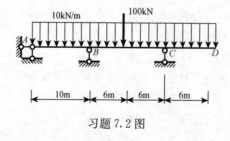

习题 7.2 图

解 将悬臂部分的荷载向 C 点简化，如习题 7.2 题解图（a）所示，用此图代替原结构求解。

1）计算力矩分配系数。

$$S_{BA} = 3 \times \frac{EI}{10} = 0.3EI, \ S_{BC} = 3 \times \frac{EI}{12} = 0.25EI$$

$$\mu_{BA} = \frac{0.3EI}{0.3EI + 0.25EI} = 0.545, \; \mu_{BC} = \frac{0.25EI}{0.3EI + 0.25EI} = 0.455$$

2）计算固端弯矩。

$$M_{BA}^F = \frac{1}{8}ql^2 = \frac{1}{8} \times 10\text{kN/m} \times 10^2\text{m}^2 = 125\text{kN} \cdot \text{m}$$

$$M_{BC}^F = -\frac{1}{8}ql^2 - \frac{3Fl}{16} + \frac{M}{2}$$

$$= -\frac{1}{8} \times 10\text{kN/m} \times 12^2\text{m}^2 - \frac{3 \times 100\text{kN} \times 12\text{m}}{16} + 90\text{kN} \cdot \text{m} = -315\text{kN} \cdot \text{m}$$

$$M_{CB}^F = 180\text{kN} \cdot \text{m}$$

3）力矩的分配与传递。计算过程见算表。

习题 **7.2** 算表（力矩单位：kN·m）

杆端	AB	BA	BC	CB
力矩分配系数		0.545	0.455	
固端端弯矩	0	125	−315	180
力矩分配与力矩传递	0	← 103.64	86.36 →	0
最后弯矩	0	228.64	−228.64	180

由习题 7.2 算表可知

$$M_B = 228.64\text{kN} \cdot \text{m}, \; M_C = 180\text{kN} \cdot \text{m}$$

4）求支座 C 处的反力。取 BC 杆为研究对象，受力如习题 7.2 题解图（b）所示。由平衡方程 $\sum M_B = 0$，得

$$F_{SCB} = -105.95\text{kN}$$

再取结点 C 为研究对象，由平衡方程 $\sum Y = 0$［习题 7.2 题解图（c）］，得

$$F_C = 165.95\text{kN}$$

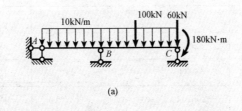

(a)

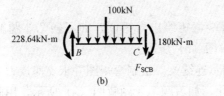

(b)

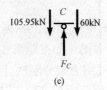

(c)

习题 7.2 题解图

习题 7.3 试用力矩分配法计算图示连续梁，并绘制弯矩图和剪力图。

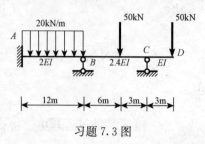

习题 7.3 图

解 将悬臂部分的荷载向 C 点简化，如习题 7.3 题解图（a）所示，用此图代替原结构求解。

1）计算力矩分配系数。

$$S_{BA} = 4 \times \frac{2EI}{12} = 0.667EI, \quad S_{BC} = 3 \times \frac{2.4EI}{9} = 0.8EI$$

$$\mu_{BA} = \frac{0.667EI}{0.667EI + 0.8EI} = 0.455, \quad \mu_{BC} = \frac{0.8EI}{0.667EI + 0.8EI} = 0.545$$

2）计算固端弯矩。

$$M_{BA}^F = \frac{1}{12}ql^2 = \frac{1}{12} \times 20\text{kN/m} \times 12^2\text{m}^2 = 240\text{kN} \cdot \text{m}$$

$$M_{AB}^F = -\frac{1}{12}ql^2 = -\frac{1}{12} \times 20\text{kN/m} \times 12^2\text{m}^2 = -240\text{kN} \cdot \text{m}$$

$$M_{BC}^F = -\frac{Fab(l+b)}{2l^2} + \frac{M}{2} = -\frac{50\text{kN} \times 6\text{m} \times 3\text{m} \times (9\text{m}+3\text{m})}{2 \times 9^2\text{m}^2} + 75\text{kN} \cdot \text{m} = 8.33\text{kN} \cdot \text{m}$$

$$M_{CB}^F = 150\text{kN} \cdot \text{m}$$

3）力矩的分配与传递。计算过程见算表。

习题 7.3 算表（力矩单位：kN·m）

杆端	AB	BA	BC	CB
力矩分配系数		0.455	0.545	
固端端弯矩	−240	240	8.33	150
力矩分配与力矩传递	−56.44 ⟵	−112.88	−135.45 ⟶	0
最后弯矩	−296.44	127.12	−127.12	150

4）绘弯矩图和剪力图。根据各杆端弯矩绘出弯矩图，如习题 7.3 题解图（b）所示。由弯矩图绘出剪力图，如习题 7.3 题解图（c）所示。

习题 7.4 试用力矩分配法计算图示连续梁，绘制弯矩图并求支座反力。

解 将悬臂部分的荷载向 D 点简化，如习题 7.4 题解图（a）所示，用此图代替原结构求解。

1）计算力矩分配系数。

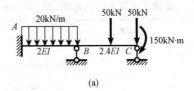

(a)

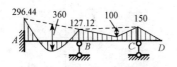

(b) M图(图中数字单位为kN·m)

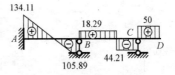

(c) F_S图(图中数字单位为kN)

习题 7.3 题解图

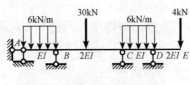

习题 7.4 图

$$\mu_{BA} = \frac{3 \times \dfrac{EI}{3}}{3 \times \dfrac{EI}{3} + 4 \times \dfrac{2EI}{6}} = \frac{3}{7}, \quad \mu_{BC} = \frac{4 \times \dfrac{2EI}{6}}{3 \times \dfrac{EI}{3} + 4 \times \dfrac{2EI}{6}} = \frac{4}{7}$$

$$\mu_{CB} = \frac{4 \times \dfrac{2EI}{6}}{4 \times \dfrac{2EI}{6} + 3 \times \dfrac{EI}{3}} = \frac{4}{7}, \quad \mu_{CD} = \frac{3 \times \dfrac{EI}{3}}{4 \times \dfrac{2EI}{6} + 3 \times \dfrac{EI}{3}} = \frac{3}{7}$$

2) 计算固端弯矩。

$$M_{AB}^F = 0$$

$$M_{BA}^F = \frac{1}{8}ql^2 = \frac{1}{8} \times 6\text{kN/m} \times (3\text{m})^2 = 6.75\text{kN} \cdot \text{m}$$

$$M_{BC}^F = -\frac{1}{8}Fl = -\frac{1}{8} \times 30\text{kN} \times (6\text{m}) = -22.5\text{kN} \cdot \text{m}$$

$$M_{CB}^F = 22.5\text{kN} \cdot \text{m}$$

$$M_{CD}^F = -\frac{1}{8}ql^2 + \frac{M}{2} = -\frac{1}{8} \times 6\text{kN/m} \times (3\text{m})^2 + \frac{8\text{kN} \cdot \text{m}}{2} = -2.75\text{kN} \cdot \text{m}$$

$$M_{DC}^F = 8\text{kN} \cdot \text{m}$$

3) 力矩的分配与传递。计算过程见算表。

习题 7.4 算表（力矩单位：kN·m）

杆端	AB	BA	BC	CB	CD	DC
力矩分配系数		3/7	4/7	4/7	3/7	
固端端弯矩	0	6.75	−22.5	22.5	−2.75	8
力矩分配与力矩传递			−5.65 ←	−11.29	−8.46 →	0
	0 ←	9.17	12.23 →	6.12		
			−1.74 ←	−3.49	−2.62 →	0
	0	0.75	0.99	0.49		
			−0.14 ←	−0.28	−0.21 →	0
	0 ←	0.06	0.08	0.04		
			−0.01 ←	−0.02	−0.02 →	0
最后弯矩	0	16.73	−16.74	14.07	−14.06	8

4）绘弯矩图。根据各杆端弯矩绘出弯矩图如习题 7.4 题解图（b）所示。

5）求支座反力。由弯矩图绘出剪力图，如习题 7.4 题解图（c）所示。取各个支座为研究对象，由平衡方程 $\sum Y = 0$，可得

$$F_A = 3.42\text{kN}, \quad F_B = 30.02\text{kN}, \quad F_C = 25.57\text{kN}, \quad F_D = 10.98\text{kN}$$

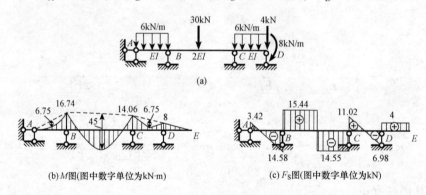

(a)

(b) M 图（图中数字单位为 kN·m）   (c) F_S 图（图中数字单位为 kN）

习题 7.4 题解图

习题 7.5 试用力矩分配法计算图示连续梁，并绘制弯矩图。

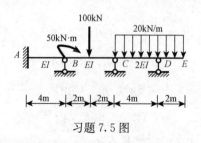

习题 7.5 图

解 将悬臂部分的荷载向 D 点简化，如习题 7.5 题解图（a）所示，用此图代替原结构求解。

1）计算力矩分配系数。

$$\mu_{BA} = \frac{4 \times \dfrac{EI}{4}}{4 \times \dfrac{EI}{4} + 4 \times \dfrac{EI}{4}} = 0.5 = \mu_{BC}$$

$$\mu_{CB} = \frac{4 \times \dfrac{EI}{4}}{EI + 3 \times \dfrac{2EI}{4}} = \frac{2}{5}, \quad \mu_{CD} = \frac{3 \times \dfrac{2EI}{4}}{EI + 3 \times \dfrac{2EI}{4}} = \frac{3}{5}$$

2) 计算固端弯矩。

$$M_{BA}^{F} = 0$$

$$M_{AB}^{F} = 0$$

$$M_{BC}^{F} = -\frac{1}{8}Fl = -\frac{1}{8} \times 100\text{kN} \times (4\text{m}) = -50\text{kN} \cdot \text{m}$$

$$M_{CB}^{F} = 50\text{kN} \cdot \text{m}$$

$$M_{CD}^{F} = -\frac{1}{8}ql^{2} + \frac{M}{2} = -\frac{1}{8} \times 20\text{kN/m} \times (4\text{m})^{2} + \frac{40\text{kN} \cdot \text{m}}{2} = -20\text{kN} \cdot \text{m}$$

$$M_{DC}^{F} = 40\text{kN} \cdot \text{m}$$

3) 力矩的分配与传递。计算过程见算表。

习题 **7.5** 算表（力矩单位：kN·m）

杆端	AB	BA	BC	CB	CD	DC
力矩分配系数		0.5	0.5	0.4	0.6	
固端端弯矩	0	0	−50	50	−20	40
力矩分配与力矩传递	25	← 50	50 →	25		
			−11 ←	−22	−33 →	0
	2.75	← 5.5	5.5 →	2.75		
			−0.55 ←	−1.1	−1.65	0
	0.14	← 0.275	0.275 →	0.14		
			−0.03 ←	−0.06	−0.08	0
	0	← 0.01	0.01			
最后弯矩	27.89	55.79	−5.79	54.73	−54.73	40

4) 绘弯矩图。根据各杆端弯矩绘出弯矩图，如习题 7.5 题解图（b）所示。

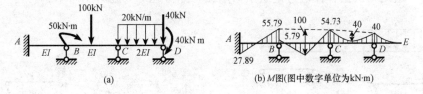

(a)

(b) *M* 图（图中数字单位为 kN·m）

习题 7.5 题解图

习题 **7.6** 试用力矩分配法计算图示连续梁，并绘制弯矩图。已知弯曲刚度 EI 为常数。

解 1）计算力矩分配系数。

$$\mu_{BA}=\dfrac{4\times\dfrac{EI}{6}}{4\times\dfrac{EI}{6}+4\times\dfrac{EI}{8.246}}=0.579,\ \mu_{BC}=\dfrac{4\times\dfrac{EI}{8.246}}{4\times\dfrac{EI}{6}+4\times\dfrac{EI}{8.246}}=0.421$$

$$\mu_{CB}=\dfrac{4\times\dfrac{EI}{8.246}}{4\times\dfrac{EI}{8.246}+3\times\dfrac{EI}{6}}=0.492,\ \mu_{CD}=\dfrac{3\times\dfrac{EI}{6}}{4\times\dfrac{EI}{8.246}+3\times\dfrac{EI}{6}}=0.508$$

2）计算固端弯矩。

$$M^{F}_{AB}=-\frac{1}{12}ql^{2}=-\frac{1}{12}\times20\text{kN}\times(6\text{m})^{2}=-60\text{kN}\cdot\text{m}$$

$$M^{F}_{BA}=60\text{kN}\cdot\text{m}$$

$$M^{F}_{BC}=-\frac{1}{12}ql^{2}=-\frac{1}{12}\times20\text{kN/m}\times8\text{m}\times8.246\text{m}=-109.95\text{kN}\cdot\text{m}$$

$$M^{F}_{CB}=109.95\text{kN}\cdot\text{m}$$

$$M^{F}_{CD}=-\frac{1}{8}ql^{2}=-\frac{1}{8}\times20\text{kN}\times(6\text{m})^{2}=-90\text{kN}\cdot\text{m}$$

3）力矩的分配与传递。计算过程见算表。

习题 7.6 算表（力矩单位：kN·m）

杆端	AB	BA	BC	CB	CD	DC
力矩分配系数		0.579	0.421	0.492	0.508	
固端端弯矩	−60	60	−109.95	109.95	−90	0
力矩分配与力矩传递	14.46	28.92	21.03 →	10.52		
			−7.5 ←	−14.99	−15.48 →	0
	2.17 ←	4.34	3.15 →	1.57		
			−0.38 ←	−0.77	−0.79 →	0
	0.11 ←	0.22	0.16 →	0.08		
			−0.02 ←	−0.04	−0.04 →	0
	0.01	0.01				
最后弯矩	−43.26	93.49	−93.5	106.32	−106.31	0

4）绘弯矩图。根据各杆端弯矩绘出弯矩图，如习题7.6题解图所示。

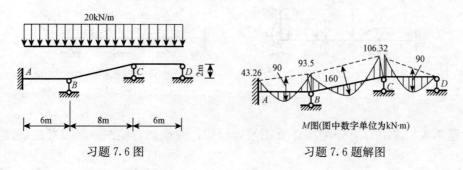

习题 7.6 图   习题 7.6 题解图

184

习题 7.7 试用力矩分配法计算图示刚架，并绘制弯矩图。已知材料的弹性模量 E 为常数。

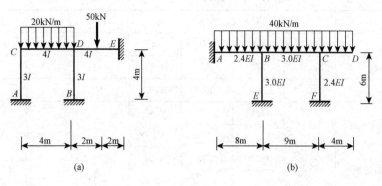

习题 7.7 图

解 （1）题（a）解

1）计算力矩分配系数。

$$\mu_{CA} = \frac{\dfrac{4 \times 3EI}{4}}{\dfrac{4 \times 3EI}{4} + \dfrac{4 \times 4EI}{4}} = \frac{3}{7}$$

$$\mu_{CD} = \frac{\dfrac{4 \times 4EI}{4}}{\dfrac{4 \times 3EI}{4} + \dfrac{4 \times 4EI}{4}} = \frac{4}{7}$$

$$\mu_{DC} = \frac{\dfrac{4 \times 4EI}{4}}{\dfrac{4 \times 4EI}{4} + \dfrac{4 \times 4EI}{4} + \dfrac{4 \times 3EI}{4}} = \frac{4}{11}$$

$$\mu_{DB} = \frac{\dfrac{4 \times 3EI}{4}}{\dfrac{4 \times 4EI}{4} + \dfrac{4 \times 4EI}{4} + \dfrac{4 \times 3EI}{4}} = \frac{3}{11}$$

$$\mu_{DE} = \frac{\dfrac{4 \times 4EI}{4}}{\dfrac{4 \times 4EI}{4} + \dfrac{4 \times 4EI}{4} + \dfrac{4 \times 3EI}{4}} = \frac{4}{11}$$

2）计算固端弯矩。

$$M_{CD}^{F} = -\frac{1}{12}ql^2 = -\frac{1}{12} \times 20\text{kN/m} \times (4\text{m})^2 = -26.67\text{kN} \cdot \text{m}$$

$$M_{DC}^{F} = \frac{1}{12}ql^2 = \frac{1}{12} \times 20\text{kN/m} \times (4\text{m})^2 = 26.67\text{kN} \cdot \text{m}$$

$$M_{DE}^{F} = -\frac{1}{8}Fl = -\frac{1}{8} \times 50\text{kN} \times 4\text{m} = -25\text{kN} \cdot \text{m}$$

$$M_{ED}^{F} = \frac{1}{8}Fl = \frac{1}{8} \times 50\text{kN} \times 4\text{m} = 25\text{kN} \cdot \text{m}$$

3）力矩的分配与传递。计算过程见算表。

习题 7.7（a）算表（力矩单位：kN·m）

结点	A	C		D			E	B
杆端	AC	CA	CD	DC	DB	DE	ED	BD
力矩分配系数		3/7	4/7	4/11	3/11	4/11		
固端弯矩	0	0	−26.67	26.67	0	−25	25	0
力矩分配与力矩传递	5.72	11.43	15.24	7.62				
			−1.69	−3.38	−2.53	−3.38	−1.69	−1.27
	0.36	0.72	0.96	0.48				
			−0.08	−0.17	−0.14	−0.17	−0.08	−0.06
	0.02	0.03	0.05	0.03				
				−0.01	−0.01	−0.01		
最后弯矩	6.11	12.18	−12.19	31.24	−2.68	−28.56	23.23	−1.33

4）绘弯矩图。根据各杆端弯矩绘出弯矩图，如习题 7.7（a）题解图（b）所示。

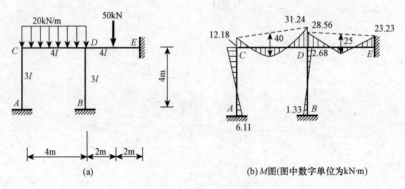

(a)

(b) M图(图中数字单位为kN·m)

习题 7.7（a）题解图

（2）题（b）解

将悬臂部分的荷载向 C 点简化，如习题 7.7（b）题解图（b）所示，用此图代替原结构求解。

1）计算力矩分配系数。

$$\mu_{BA} = \frac{\dfrac{4 \times 2.4EI}{8}}{\dfrac{4 \times 2.4EI}{8} + \dfrac{4 \times 3EI}{6} + \dfrac{4 \times 3EI}{9}} = 0.265$$

$$\mu_{BD} = \frac{\dfrac{4 \times 3EI}{6}}{\dfrac{4 \times 2.4EI}{8} + \dfrac{4 \times 3EI}{6} + \dfrac{4 \times 3EI}{9}} = 0.441$$

$$\mu_{BC} = \frac{\dfrac{4 \times 3EI}{9}}{\dfrac{4 \times 2.4EI}{8} + \dfrac{4 \times 3EI}{6} + \dfrac{4 \times 3EI}{9}} = 0.294$$

$$\mu_{CB} = \frac{\dfrac{4 \times 3EI}{9}}{\dfrac{4 \times 3EI}{9} + \dfrac{4 \times 2.4EI}{6}} = 0.455$$

$$\mu_{CE} = \frac{\dfrac{4 \times 2.4EI}{6}}{\dfrac{4 \times 3EI}{9} + \dfrac{4 \times 2.4EI}{6}} = 0.545$$

2）计算固端弯矩。

$$M_{AB}^{F} = -\frac{1}{12}ql^{2} = -\frac{1}{12} \times 40\text{kN/m} \times (8\text{m})^{2} = -213.33\text{kN} \cdot \text{m}$$

$$M_{BA}^{F} = \frac{1}{12}ql^{2} = \frac{1}{12} \times 40\text{kN/m} \times (8\text{m})^{2} = 213.33\text{kN} \cdot \text{m}$$

$$M_{BC}^{F} = -\frac{1}{12}ql^{2} = -\frac{1}{12} \times 40\text{kN} \times (9\text{m})^{2} = -270\text{kN} \cdot \text{m}$$

$$M_{CB}^{F} = \frac{1}{12}ql^{2} = \frac{1}{12} \times 40\text{kN} \times (9\text{m})^{2} = 270\text{kN} \cdot \text{m}$$

3）力矩的分配与传递。计算过程见算表。

习题 7.7 （b） 算表（力矩单位：kN·m）

结点	D	A	B			C		E
杆端	DB	AB	BA	BD	BC	CB	CE	EC
力矩分配系数			0.265	0.441	0.294	0.455	0.545	
固端弯矩	0	−213.33	213.33	0	−270	270	0	0
力矩分配与力矩传递	12.495	7.51	15.02	24.99	16.66	8.33		
					9.48	18.96	22.71	11.36
	−2.09	−1.26	−2.51	−4.18	−2.79	−1.39		
					0.32	0.63	0.75	0.37
	−0.07	−0.04	−0.08	−0.14	−0.09	−0.045		
					0.01	0.02	0.023	0.01
最后弯矩	10.34	−207.12	225.76	20.67	−246.41	296.51	23.48	11.74

4）绘弯矩图。根据各杆端弯矩绘出弯矩图，如习题 7.7（b）题解图（c）所示。

习题 7.8 试用力矩分配法和利用对称性计算图示刚架，并绘制弯矩图。已知材料的弹性模量 E 为常数。

187

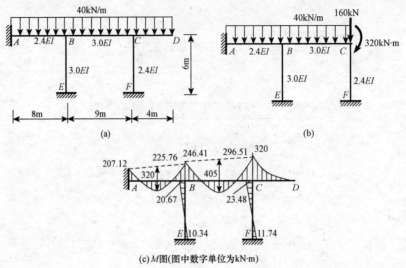

(c) M图(图中数字单位为kN·m)

习题 7.7 (b) 题解图

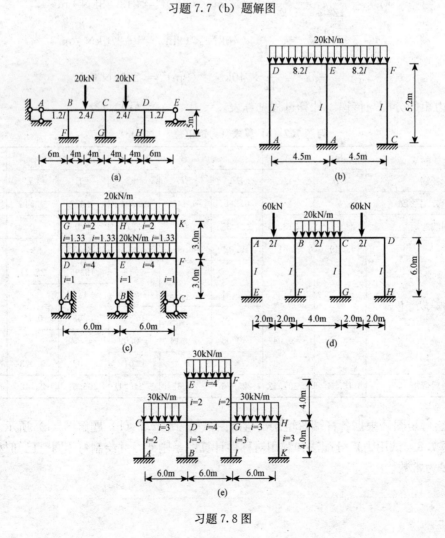

习题 7.8 图

解　（1）题（a）解

原结构为对称结构受对称荷载作用，可取半边结构计算，如习题 7.8（a）题解图（b）所示。

1）计算力矩分配系数。

$$\mu_{BA} = \frac{3 \times \dfrac{1.2EI}{6}}{3 \times \dfrac{1.2EI}{6} + 4 \times \dfrac{EI}{5} + 4 \times \dfrac{2.4EI}{8}} = 0.23$$

$$\mu_{BC} = \frac{4 \times \dfrac{2.4EI}{8}}{3 \times \dfrac{1.2EI}{6} + 4 \times \dfrac{EI}{5} + 4 \times \dfrac{2.4EI}{8}} = 0.46$$

$$\mu_{BF} = \frac{4 \times \dfrac{EI}{5}}{3 \times \dfrac{1.2EI}{6} + 4 \times \dfrac{EI}{5} + 4 \times \dfrac{2.4EI}{8}} = 0.31$$

2）计算固端弯矩。

$$M_{BC}^{F} = -\frac{1}{8}Fl = -\frac{20\text{kN} \times 8\text{m}}{8} = -20\text{kN} \cdot \text{m}$$

$$M_{CB}^{F} = \frac{1}{8}Fl = \frac{20\text{kN} \times 8\text{m}}{8} = 20\text{kN} \cdot \text{m}$$

3）力矩的分配与传递。计算过程见算表。

习题 7.8（a）算表（力矩单位：kN·m）

结点	F	A	B			C
杆端	FB	AB	BA	BF	BC	CB
力矩分配系数			0.23	0.31	0.46	
固端弯矩	0	0	0	0	−20	20
力矩分配与力矩传递	3.1		4.6	6.2	9.2	4.6
最后弯矩	3.1	0	4.6	6.2	−10.8	24.6

4）绘弯矩图。根据各杆端弯矩并利用对称性绘出弯矩图，如习题 7.8（a）题解图（c）所示。

（2）题（b）解

原结构为对称结构受对称荷载作用，可取半边结构计算，如习题 7.8（b）题解图（b）所示。

1）计算力矩分配系数。

$$\mu_{DE} = \frac{4 \times \dfrac{8.2EI}{4.5}}{4 \times \dfrac{8.2EI}{4.5} + 4 \times \dfrac{EI}{5.2}} = 0.905$$

$$\mu_{DA} = \frac{4 \times \dfrac{EI}{5.2}}{4 \times \dfrac{8.2EI}{4.5} + 4 \times \dfrac{EI}{5.2}} = 0.095$$

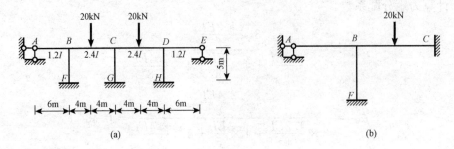

(a)　　　　　　　　　　　　　　　　　(b)

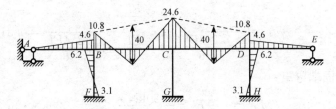

(c) M图(图中数字单位为kN·m)

习题 7.8（a）题解图

2）计算固端弯矩。

$$M_{DE}^{F} = -\frac{1}{12}ql^2 = -\frac{20\text{kN/m} \times 4.5^2\text{m}^2}{12} = -33.75\text{kN} \cdot \text{m}$$

$$M_{ED}^{F} = \frac{1}{12}ql^2 = \frac{20\text{kN/m} \times 4.5^2\text{m}^2}{12} = 33.75\text{kN} \cdot \text{m}$$

3）力矩的分配与传递。计算过程见算表。

习题 7.8（b）算表（力矩单位：kN·m）

结点	A	D		E
杆端	AD	DA	DE	ED
力矩分配系数		0.095	0.905	
固端弯矩	0	0	−33.75	33.75
力矩分配与力矩传递	1.61	3.21	30.54	15.27
最后弯矩	1.61	3.21	−3.21	49.02

4）绘弯矩图。根据各杆端弯矩并利用对称性绘出弯矩图，如习题 7.8（b）题解图（c）所示。

（3）题（c）解

原结构为对称结构受对称荷载作用，可取半边结构计算，如习题 7.8（c）题解图（b）所示。

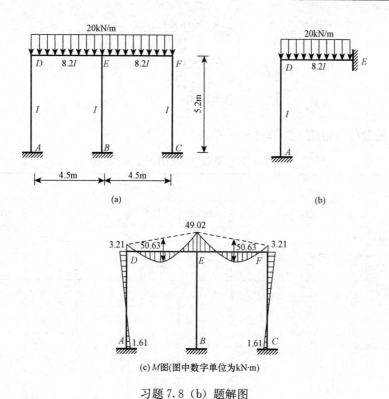

(c) M图(图中数字单位为kN·m)

习题 7.8（b）题解图

1）计算力矩分配系数。

$$\mu_{DA} = \frac{3 \times \dfrac{1}{3}}{3 \times \dfrac{1}{3} + 4 \times \dfrac{4}{6} + 4 \times \dfrac{1.33}{3}} = 0.184$$

$$\mu_{DE} = \frac{4 \times \dfrac{4}{6}}{3 \times \dfrac{1}{3} + 4 \times \dfrac{4}{6} + 4 \times \dfrac{1.33}{3}} = 0.49$$

$$\mu_{DG} = \frac{4 \times \dfrac{1.33}{3}}{3 \times \dfrac{1}{3} + 4 \times \dfrac{4}{6} + 4 \times \dfrac{1.33}{3}} = 0.326$$

$$\mu_{GD} = \frac{4 \times \dfrac{1.33}{3}}{4 \times \dfrac{2}{6} + 4 \times \dfrac{1.33}{3}} = 0.571$$

$$\mu_{GH} = \frac{4 \times \dfrac{2}{6}}{4 \times \dfrac{2}{6} + 4 \times \dfrac{1.33}{3}} = 0.429$$

2）计算固端弯矩。

$$M_{GH}^{F} = -\frac{1}{12}ql^{2} = -\frac{5\text{kN/m} \times 6^{2}\text{m}^{2}}{12} = -15\text{kN} \cdot \text{m}$$

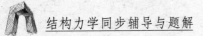

$$M_{HG}^F = \frac{1}{12}ql^2 = \frac{5\text{kN/m} \times 6^2\text{m}^2}{12} = 15\text{kN} \cdot \text{m}$$

$$M_{DE}^F = -\frac{1}{12}ql^2 = -\frac{20\text{kN/m} \times 6^2\text{m}^2}{12} = -60\text{kN} \cdot \text{m}$$

$$M_{ED}^F = \frac{1}{12}ql^2 = \frac{20\text{kN/m} \times 6^2\text{m}^2}{12} = 60\text{kN} \cdot \text{m}$$

3）力矩的分配与传递。计算过程见算表。

习题 7.8（c）算表（力矩单位：kN·m）

结点	E	A	D			G		H
杆端	ED	AD	DA	DE	DG	GD	GH	HG
力矩分配系数			0.184	0.49	0.326	0.571	0.429	
固端弯矩	60	0	0	−60		0	−15	15
力矩分配与力矩传递	14.7	0	11.04	29.4	19.56	9.78	0	0
					1.49	2.98	2.24	1.12
	−0.37		−0.27	−0.73	−0.49	−0.25		
					0.07	0.14	0.11	0.05
	−0.02		−0.01	−0.04	−0.02	−0.01		
最后弯矩	74.31	0	10.76	−31.37	20.61	12.64	−12.65	16.17

4）绘弯矩图。根据各杆端弯矩并利用对称性绘出弯矩图，如习题 7.8（c）题解图（c）所示。

（4）题（d）解

原结构为对称结构受对称荷载作用，可取半边结构计算，如习题 7.8（d）题解图（b）所示。

1）计算力矩分配系数。

$$\mu_{AE} = \frac{4 \times \frac{1}{6}}{4 \times \frac{1}{6} + 4 \times \frac{2}{4}} = 0.25$$

$$\mu_{AB} = \frac{4 \times \frac{2}{4}}{4 \times \frac{1}{6} + 4 \times \frac{2}{4}} = 0.75$$

$$\mu_{BA} = \frac{4 \times \frac{2}{4}}{4 \times \frac{2}{4} + 4 \times \frac{1}{6} + \frac{2}{2}} = 0.545$$

$$\mu_{BF} = \frac{4 \times \frac{1}{6}}{4 \times \frac{2}{4} + 4 \times \frac{1}{6} + \frac{2}{2}} = 0.182$$

$$\mu_{BK} = \frac{\frac{2}{2}}{4 \times \frac{2}{4} + 4 \times \frac{1}{6} + \frac{2}{2}} = 0.274$$

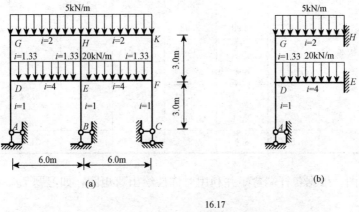

(a)   (b)

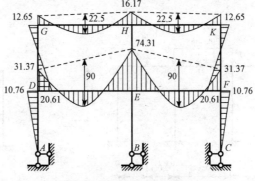

(c) M图(图中数字单位为kN·m)

习题 7.8（c）题解图

2）计算固端弯矩。

$$M_{AB}^F = -\frac{1}{8}Fl = -\frac{60kN \times 4m}{8} = -30kN \cdot m$$

$$M_{BA}^F = \frac{1}{8}Fl = \frac{60kN \times 4m}{8} = 30kN \cdot m$$

$$M_{BK}^F = -\frac{1}{3}ql^2 = -\frac{20kN/m \times 2^2 m^2}{3} = -26.67kN \cdot m$$

$$M_{KB}^F = -\frac{1}{6}ql^2 = -\frac{20kN/m \times 2^2 m^2}{6} = -13.33kN \cdot m$$

3）力矩的分配与传递。计算过程见算表。

习题 7.8（d）算表（力矩单位：kN·m）

结点	E	A		B			K	F
杆端	EA	AE	AD	BA	BF	BK	KB	FB
力矩分配系数		0.25	0.75	0.545	0.182	0.273		
固端弯矩			−30	30	0	−26.67	−13.33	
力矩分配与力矩传递	3.75	7.5	22.5	11.25				
			−3.79	−7.95	−2.65	−3.98	3.98	−1.325
	0.497	0.99	2.98	1.49				
			−0.41	−0.81	−0.27	−0.41	0.41	−0.135
	0.05	0.1	0.31	0.15				
			−0.04	−0.08	−0.03	−0.04	0.04	−0.015
		0.01	0.03	0.015				
最后弯矩	4.297	8.6	−8.6	34.065	−2.95	−31.1	−8.9	−1.475

4）绘弯矩图。根据各杆端弯矩并利用对称性绘出弯矩图，如习题 7.8（d）题解图（c）所示。

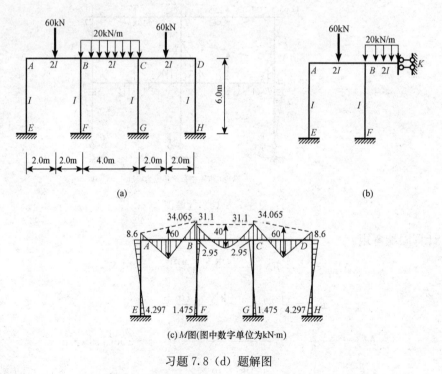

(a)

(b)

(c) M图(图中数字单位为kN·m)

习题 7.8（d）题解图

（5）题（e）解

原结构为对称结构受对称荷载作用，可取半边结构计算，如习题 7.8（e）题解图（b）所示。

1) 计算力矩分配系数。

$$\mu_{CA} = \frac{4 \times 3}{4 \times 3 + 4 \times 3} = 0.5 = \mu_{CD}$$

$$\mu_{DC} = \frac{4 \times 3}{4 \times 3 + 4 \times 3 + 4 \times 2 + 4} = 1/3 = \mu_{DB}$$

$$\mu_{DE} = \frac{4 \times 2}{4 \times 3 + 4 \times 3 + 4 \times 2 + 4} = 2/9$$

$$\mu_{DM} = \frac{4 \times 2}{4 \times 3 + 4 \times 3 + 4 \times 2 + 4} = 1/9$$

$$\mu_{ED} = \frac{4 \times 2}{4 \times 2 + 4} = 2/3$$

$$\mu_{ED} = \frac{4}{4 \times 2 + 4} = 1/3$$

2) 计算固端弯矩。

$$M_{CD}^{F} = -\frac{1}{12}ql^2 = -\frac{30\text{kN/m} \times 6^2 \text{m}^2}{12} = -90\text{kN} \cdot \text{m}$$

$$M_{DC}^{F} = \frac{1}{12}ql^2 = \frac{30\text{kN/m} \times 6^2 \text{m}^2}{12} = 90\text{kN} \cdot \text{m}$$

$$M_{EL}^{F} = -\frac{1}{3}ql^2 = -\frac{30\text{kN/m} \times 3^2 \text{m}^2}{3} = -90\text{kN} \cdot \text{m}$$

$$M_{LE}^{F} = -\frac{1}{6}ql^2 = -\frac{30\text{kN/m} \times 3^2 \text{m}^2}{6} = -45\text{kN} \cdot \text{m}$$

3) 力矩的分配与传递。计算过程见算表。

习题 7.8（e）算表（力矩单位：kN·m）

结点	A	C		D				E		L	M	B
杆端	AC	CA	CD	DC	DM	DB	DE	ED	EL	LE	MD	BD
力矩分配系数		0.5	0.5	1/3	1/9	1/3	2/9	2/3	1/3			
固端弯矩			−90	90					−90	−45		
力矩分配与力矩传递			−15	−30	−10	−30	−20	−10			10	−15
	26.25	52.5	52.5	26.25			33.33	66.67	33.33	−33.33		
			−9.93	−19.86	−6.62	−19.86	−13.24	−6.62			6.62	−9.93
	2.48	4.965	4.965	2.48			2.207	4.413	2.207	−2.207		
			−0.78	−1.56	−0.52	−1.56	−1.04	−0.52			0.52	−0.78
	0.195	0.39	0.39	0.195			0.17	0.35	0.17	−0.17		
			−0.06	−0.12	−0.04	−0.12	−0.08	−0.04			0.04	−0.06
	0.015	0.03	0.03	0.015			0.013	0.026	0.013	−0.013		
				−0.01	−0.003	0.01	−0.006					
最后弯矩	28.94	57.89	−57.89	67.39	−17.18	−51.55	1.35	54.28	−54.28	−80.72	17.18	25.77

4) 绘弯矩图。根据各杆端弯矩并利用对称性绘出弯矩图，如习题 7.8（e）题解图（c）

195

所示。

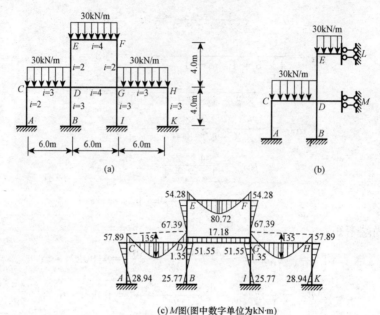

(c) M图(图中数字单位为kN·m)

习题 7.8（e）题解图

习题 7.9 无剪力分配法

习题 7.9 试用无剪力分配法计算图示刚架，并绘制弯矩图。已知材料的弹性模量 E 为常数。

解 （1）题（a）解

原结构为对称结构受一般荷载作用，将荷载分成对称荷载和反对称荷载的叠加［习题 7.9 （a）题解图（b，c）］，在对称荷载作用下不产生弯矩，故只计算反对称荷载作用状态即可。反对称荷载作用状态可取半边结构计算，如习题 7.9（a）题解图（d）所示。

1）计算力矩分配系数。

$$\mu_{CE} = \frac{\dfrac{I}{3}}{\dfrac{I}{3} + 3 \times \dfrac{2I}{1.5} + \dfrac{I}{3}} = \frac{1}{14} = \mu_{CA}, \quad \mu_{CH} = \frac{3 \times \dfrac{2I}{1.5}}{\dfrac{I}{3} + 3 \times \dfrac{2I}{1.5} + \dfrac{I}{3}} = \frac{6}{7}$$

$$\mu_{BG} = \frac{3 \times \dfrac{2I}{1.5}}{3 \times \dfrac{2I}{1.5} + \dfrac{I}{3}} = \frac{12}{13}, \quad \mu_{BC} = \frac{\dfrac{I}{3}}{3 \times \dfrac{2I}{1.5} + \dfrac{I}{3}} = \frac{1}{13}$$

2）计算固端弯矩。

$$M_{EC}^{F} = M_{CE}^{F} = -\frac{1}{2}Fl = -\frac{10\text{kN} \times 3\text{m}}{2} = -15\text{kN} \cdot \text{m}$$

$$M_{CA}^{F} = M_{AC}^{F} = -\frac{1}{2}Fl = -\frac{20\text{kN} \times 3\text{m}}{2} = -30\text{kN} \cdot \text{m}$$

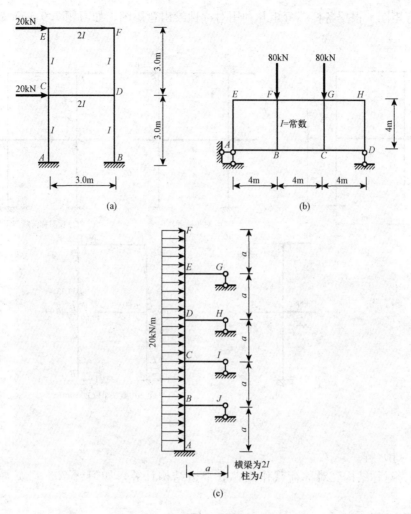

习题 7.9 图

3）力矩的分配与传递。计算过程见算表。

习题 7.9 (a) 算表（力矩单位：kN·m）

结点	H	A	C			E		G
杆端	HC	AC	CA	CH	CE	EC	EG	GE
力矩分配系数			1/14	12/14	1/14	1/13	12/13	
固端弯矩		−30	−30		−15	−15		
力矩分配与力矩传递		−3.21	3.21	38.58	3.21	−3.21	0	0
					−1.4	1.4	16.81	
	−0.1	0.1	1.2	0.1	−0.1			
						0.01	0.09	
最后弯矩	0	−33.31	−26.69	39.78	−13.089	−16.9	16.9	0

4）绘弯矩图。根据各杆端弯矩并利用对称性绘出弯矩图，如习题7.9（a）题解图（e）所示。

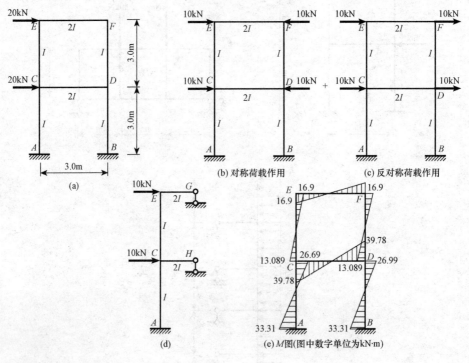

习题7.9（a）题解图

（2）题（b）解

原结构为对称结构受对称荷载作用，取半边结构计算，如习题7.9（b）题解图（b）所示。

1）计算力矩分配系数。

$$\mu_{BA} = \frac{\dfrac{I}{4}}{\dfrac{I}{4} + 4 \times \dfrac{I}{4} + \dfrac{I}{2}} = \frac{1}{7} = \mu_{FE}, \quad \mu_{BF} = \frac{4 \times \dfrac{I}{4}}{\dfrac{I}{4} + 4 \times \dfrac{I}{4} + \dfrac{I}{2}} = \frac{4}{7} = \mu_{FB}$$

$$\mu_{BK} = \frac{\dfrac{I}{2}}{\dfrac{I}{4} + 4 \times \dfrac{I}{4} + \dfrac{I}{2}} = \frac{2}{7} = \mu_{FJ}, \quad \mu_{AE} = \frac{4 \times \dfrac{I}{4}}{4 \times \dfrac{I}{4} + \dfrac{I}{4}} = 0.8 = \mu_{EA}$$

$$\mu_{AB} = \frac{\dfrac{I}{4}}{4 \times \dfrac{I}{4} + \dfrac{I}{4}} = 0.2 = \mu_{EF}$$

2）计算固端弯矩。

$$M_{EF}^{F} = M_{FE}^{F} = -\frac{1}{2}Fl = -\frac{40\text{kN} \times 4\text{m}}{2} = -80\text{kN} \cdot \text{m}$$

$$M_{AB}^{F} = M_{BA}^{F} = -\frac{1}{2}Fl = -\frac{40\text{kN} \times 4\text{m}}{2} = -80\text{kN} \cdot \text{m}$$

3）力矩的分配与传递。计算过程见算表。

习题 7.9（b）算表（力矩单位：kN·m）

结点	K	B			A		E		F			J
杆端	KB	BK	BF	BA	AB	AE	EA	EF	FE	FB	FJ	JF
力矩分配系数		2/7	4/7	1/7	0.2	0.8	0.8	0.24	1/7	4/7	2/7	
固端弯矩				−80	−80			−80	−80			
力矩分配与力矩传递	−22.86	22.86	45.71	11.43	−11.43	32	64	16	−16	22.86	0	0
			20.897	−11.89	11.89	47.54	23.77	−10.45	10.45	41.794	20.897	−20.897
	2.57	−2.57	−5.15	−1.29	1.29	−5.33	−10.66	−2.66	2.66	−2.57		
			−0.02	−0.8	0.8	3.24	1.62	0.01	−0.01	−0.05	−0.03	0.03
	−0.23	0.23	0.47	0.12	−0.12	−0.65	−1.3	−0.33	0.33	0.234		
			−0.16	−0.154	0.154	0.616	0.313	0.08	−0.08	−0.32	−0.16	0.16
	−0.09	0.09	0.18	0.04	−0.04	−0.157	−0.314	−0.079	0.079	0.09		
			−0.048	−0.04	0.04	0.16	0.08	0.024	−0.024	−0.097	−0.048	0.048
	−0.025	0.025	0.05	0.01		−0.04	−0.08	−0.02	0.02	0.025		
			−0.01	−0.01	0.01	0.03	0.015		−0.01	−0.025	−0.01	0.01
	−0.01	0.01	0.01			−0.01	−0.02	−0.005				
最后弯矩	−20.65	20.65	61.93	−82.58	−77.41	77.4	77.424	−77.42	−82.59	61.94	20.65	−20.65

4）绘弯矩图。根据各杆端弯矩并利用对称性绘出弯矩图，如习题 7.9（b）题解图（c）所示。

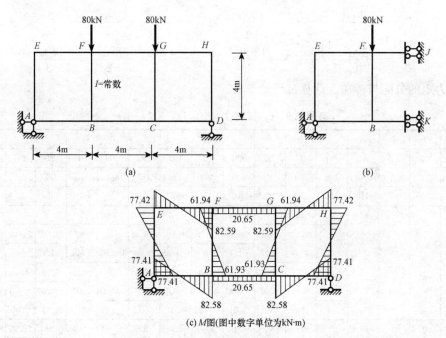

(c) M图（图中数字单位为kN·m）

习题 7.9（b）题解图

199

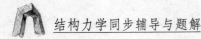

（3）题（c）解

将悬臂部分的荷载向 E 点简化，如习题 7.9（c）题解图（b）所示，用此图代替原结构求解。

1）计算力矩分配系数。

$$\mu_{EG} = \frac{3 \times \dfrac{2I}{a}}{3 \times \dfrac{2I}{a} + \dfrac{I}{a}} = \frac{6}{7}$$

$$\mu_{ED} = \frac{\dfrac{I}{a}}{3 \times \dfrac{2I}{a} + \dfrac{I}{a}} = \frac{1}{7}$$

$$\mu_{DE} = \frac{\dfrac{I}{a}}{\dfrac{I}{a} + 3 \times \dfrac{2I}{a} + \dfrac{I}{a}} = \frac{1}{8} = \mu_{DC} = \mu_{CD} = \mu_{CB} = \mu_{BC} = \mu_{BA}$$

$$\mu_{DH} = \frac{3 \times \dfrac{2I}{a}}{\dfrac{I}{a} + 3 \times \dfrac{2I}{a} + \dfrac{I}{a}} = \frac{6}{8} = \frac{3}{4} = \mu_{CI} = \mu_{BJ}$$

2）计算固端弯矩。

$$M_{ED}^{F} = -\frac{20a^2}{6} - \frac{20a^2}{2} = -\frac{40a^2}{3}, \quad M_{DE}^{F} = -\frac{20a^2}{3} - \frac{20a^2}{2} = -\frac{50a^2}{3}$$

$$M_{DC}^{F} = -\frac{20a^2}{6} - \frac{40a^2}{2} = -\frac{70a^2}{3}, \quad M_{CD}^{F} = -\frac{20a^2}{3} - \frac{40a^2}{2} = -\frac{80a^2}{3}$$

$$M_{CB}^{F} = -\frac{20a^2}{6} - \frac{60a^2}{2} = -\frac{100a^2}{3}, \quad M_{BC}^{F} = -\frac{20a^2}{3} - \frac{60a^2}{2} = -\frac{110a^2}{3}$$

$$M_{BA}^{F} = -\frac{20a^2}{6} - \frac{80a^2}{2} = -\frac{130a^2}{3}, \quad M_{AB}^{F} = -\frac{20a^2}{3} - \frac{80a^2}{2} = -\frac{140a^2}{3}$$

3）力矩的分配与传递。计算过程见算表。

习题 7.9（c）算表（力矩单位：kN·m）

结点	I	J	A	B			C			D			E		G	H
杆端	IC	JB	AB	BA	BJ	BC	CB	CI	CD	DC	DH	DE	ED	EG	GE	HD
力矩分配系数				1/8	3/4	1/8	1/8	3/4	1/8	1/8	3/4	1/8	1/7	6/7		
固端弯矩			−140/3	−130/3		−110/3	−100/3		−80/3	−70/3		−50/3	−40/3			
力矩分配与力矩传递			−10	10	60	10	−10		−5	5	30	5	−5			
						−9.38	9.38	56.25	9.38	−9.38		−4.08	4.08	24.29		
			−1.17	1.17	7.04	1.17	−1.17		−1.68	1.68	10.095	1.68	−1.68			
						−0.35	0.35	2.14	0.35	−0.35		−0.24	0.24	1.44		
			−0.04	0.04	0.26	0.04	−0.04		−0.07	0.07	0.44	0.07	−0.07			
							0.01	0.08	0.01				0.01	0.06		
最后弯矩	0	0	−57.88	−32.12	67.3	−35.19	−34.8	58.47	−23.68	−26.31	40.54	−14.24	−15.75	25.79	0	0

4）绘弯矩图。根据各杆端弯矩绘出弯矩图，如习题7.9（c）题解图（c）所示。

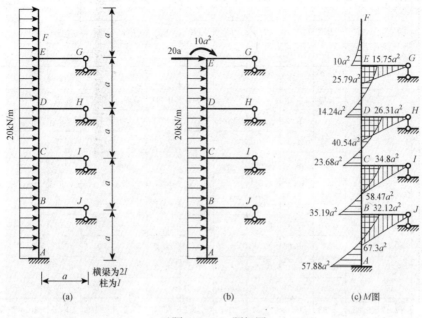

习题 7.9（c）题解图

习题 7.10～习题 7.11　分层法和反弯点法

习题 7.10　试用分层法计算图示刚架，并绘出弯矩图。图中括号内的数字为杆件线刚度的相对值。

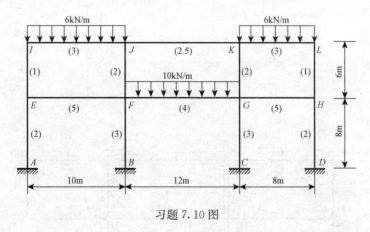

习题 7.10 图

解　1）将刚架分成上、下两个刚架［习题 7.10 题解图（a，b）］。上层柱的线刚度乘以系数 0.9。

2）忽略侧移，上、下两个刚架分别用力矩分配法计算。两层刚架的计算过程见习题 7.10 算表 1、表 2。

3）将上、下两层的相应杆端最后弯矩叠加得到刚架各杆端弯矩，如习题 7.10 算表 3 所示。

习题 7.10 算表 1（上层刚架计算表）（力矩单位：kN·m）

结点	F	E	I		J			K			L		H	G
杆端	FJ	EI	IE	IJ	JI	JF	JK	KJ	KG	KL	LK	LH	HL	GK
力矩分配系数			0.231	0.769	0.411	0.247	0.342	0.342	0.247	0.411	0.769	0.231		
固端弯矩			−50		50					−32	32	0	0	0
力矩分配与力矩传递		3.85	11.55	38.45	19.23		5.47	10.94	7.9	13.15	6.58			2.63
	−6.15			−15.35	−30.7	−18.45	−25.55	−12.77		−14.83	−29.67	−8.91	−2.97	
		1.18	3.55	11.8	5.9		4.72	9.44	6.82	11.34	5.67			2.27
	−0.87			−2.18	−4.37	−2.62	−3.63	−1.82		−2.18	−4.36	−1.31	−0.44	
		0.17	0.5	1.68	0.84		0.68	1.37	0.99	1.64	0.82			0.33
	−0.13			−0.31	−0.62	−0.38	−0.52	−0.26		−0.32	−0.63	−0.19	−0.06	
		0.02	0.07	0.24	0.12		0.1	0.2	0.14	0.24	0.12			0.05
	−0.02			−0.05	−0.09	−0.05	−0.08	−0.04		−0.2	−0.09	−0.03	−0.01	
			0.01	0.04	0.02		0.02	0.03	0.02	0.04	0.02			0.01
				−0.01	−0.02	−0.01	−0.01			−0.01	−0.015	−0.005		
最后弯矩	−7.17	5.22	15.68	−15.69	40.31	−21.51	−18.8	7.09	15.87	−22.98	10.45	−10.45	−3.48	5.29

4）对叠加后杆端弯矩不平衡结点进行再次分配，并向支承端传递，结果如习题 7.10 算表 3 所示。

5）根据刚架各杆端最后弯矩绘制弯矩图，如习题 7.10 图（c）所示。

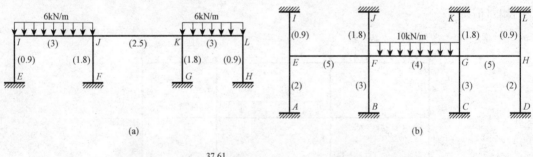

(a)

(b)

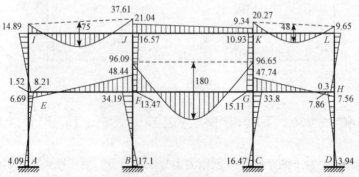

(c) M 图（图中数字单位为 kN·m）

习题 7.10 题解图

习题 7.10 算表 2（下层刚架计算表）（力矩单位：kN·m）

	J	I	B	A	E	E	E	F	F	F	F	G	G	G	G	H	H	H	D	C	L	K
杆端	JF	IE	BF	AE	EA	EI	EF	FE	FJ	FB	FG	GF	GC	GK	GH	HG	HL	HD	DH	CG	LH	KG
力矩分配系数					0.253	0.114	0.633	0.362	0.131	0.217	0.29	0.29	0.217	0.131	0.362	0.633	0.114	0.253				
固端弯矩											−120	120										
力矩分配与力矩传递	5.24		13.02				21.72	43.44	15.72	26.04	34.8	17.4										
											−19.92	−39.85	−29.82	−18	−49.74	−24.87				−14.91		−6
		−0.83		−2.75	−5.5	−2.48	−13.75	−6.87							7.87	15.74	2.84	6.29	3.15		0.95	
	1.17		2.91				4.85	9.7	3.51	5.81	7.77	3.88										
											−1.7	−3.41	−2.55	−1.54	−4.25	−2.13				−0.85		−0.51
		−0.18		−0.61	−1.23	−0.55	−3.07	−1.54							0.67	1.35	0.24	0.54	0.27		0.08	
	0.14		0.35				0.59	1.17	0.42	0.7	0.94	0.47										
											−0.17	−0.33	−0.25	−0.15	−0.41	−0.21				−0.12		−0.05
		−0.02		−0.07	−0.15	−0.07	−0.37	−0.17							0.07	0.13	0.02	0.05	0.03		0.01	
	0.01		0.04				0.06	0.12	0.04	0.07	0.1	0.05										
											−0.02	−0.03	−0.03	−0.02	−0.04	−0.02				−0.01		−0.01
				−0.01	−0.01	−0.01	−0.04	−0.02								0.01		0.01				
									0.01	0.01	0.01	0.01										
最后弯矩	6.56	−1.03	16.32	−3.43	−6.89	−3.11	9.99	45.84	19.7	32.63	−98.19	98.18	−32.65	−19.71	−45.83	−10	3.1	6.89	3.45	−15.89	1.04	−6.57

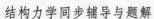

习题 7.10 算表 3 (刚架各结点弯矩叠加结果) (力矩单位: kN·m)

结点	J			I		B	A	E			F			
杆端	JI	JK	JF	IJ	IE	BF	AE	EA	EI	EF	FE	FJ	FB	FG
下层最后弯矩			6.55		-1.03	16.32	-3.43	-6.89	-3.11	9.99	45.84	19.7	32.63	-98.19
上层最后弯矩	40.31	-18.8	-21.51	-15.69	15.68				5.22			-7.17		
叠加结果	40.31	-18.8	-14.95	-15.69	14.65	16.32	-3.43	-6.89	2.11	9.99	45.84	12.53	32.63	-98.19
再分配与传递	-2.7	-2.24	-1.62	0.8	0.24	0.78	-0.66	-1.32	-0.59	-3.3	2.6	0.94	1.56	2.09
刚架最后弯矩	37.61	-21.04	-16.57	-14.89	14.89	17.1	-4.09	-8.21	1.52	6.69	48.44	13.47	34.19	-96.09

结点	G				H			D	C	L		K		
杆端	GF	GC	GK	GH	HG	HL	HD	DH	CG	LH	LK	KG	KJ	KL
下层最后弯矩	98.18	-32.65	-19.71	-45.83	-10	3.1	6.89	3.45	-15.89	1.04	10.45	-6.57	7.09	-22.99
上层最后弯矩			5.29			-3.48				-10.45		15.87		
叠加结果	98.18	-32.65	-14.42	-45.83	-10	-0.74	6.89	3.45	-15.89	-9.41	10.45	9.3	7.09	-22.98
再分配与传递	-1.53	-1.15	-0.69	-1.91	2.44	0.44	0.97	0.49	-0.58	-0.24	-0.8	1.63	2.25	2.71
刚架最后弯矩	96.65	-33.85	-15.11	-47.74	-7.57	-0.34	7.86	3.94	-16.47	-9.65	9.65	10.93	9.34	-20.27

204

习题 7.11　试用反弯点法计算图示刚架，并绘制弯矩图。图中括号内的数字为杆件线刚度的相对值。

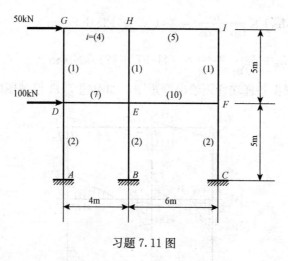

习题 7.11 图

解　1）计算各柱剪力分配系数。

第二层：

$$\gamma_{GD} = \frac{1}{1+1+1} = \frac{1}{3} = \gamma_{HE} = \gamma_{IF}$$

第一层：

$$\gamma_{DA} = \frac{2}{2+2+2} = \frac{1}{3} = \gamma_{EB} = \gamma_{FC}$$

2）计算各柱端剪力。

第二层：

$$F_{SGD} = 0.333 \times 50\text{kN} = 16.67\text{kN} = F_{SHE} = F_{SIF}$$

第一层：

$$F_{SDA} = 0.333 \times 150\text{kN} = 50\text{kN} = F_{SEB} = F_{SFC}$$

3）计算各柱端弯矩。

第二层：

$$M_{GD} = M_{DG} = 16.67\text{kN} \times 5\text{m}/2 = 41.67\text{kN} \cdot \text{m} = M_{HE} = M_{EH} = M_{IF} = M_{FI}$$

第一层：

$$M_{DA} = M_{AD} = 50\text{kN} \times 5\text{m}/2 = 125\text{kN} \cdot \text{m} = M_{EB} = M_{BE} = M_{FC} = M_{CF}$$

4）计算各梁端弯矩。

第二层：

$$M_{GH} = M_{GD} = 41.67\text{kN} \cdot \text{m}$$

$$M_{IH} = M_{IF} = 41.67\text{kN} \cdot \text{m}$$

$$M_{HG} = M_{HE} \times \frac{i_{HG}}{i_{HG}+i_{HI}} = 41.67\text{kN} \cdot \text{m} \times \frac{4}{4+5} = 18.52\text{kN} \cdot \text{m}$$

$$M_{HI} = M_{HE} \times \frac{i_{HI}}{i_{HG}+i_{HI}} = 41.67\text{kN} \cdot \text{m} \times \frac{5}{4+5} = 23.15\text{kN} \cdot \text{m}$$

第一层：

$$M_{DE} = M_{DA} + M_{DG} = 125\text{kN}\cdot\text{m} + 41.67\text{kN}\cdot\text{m} = 166.67\text{kN}\cdot\text{m} = M_{FE}$$

$$M_{ED} = (M_{HE} + M_{EB}) \times \frac{i_{ED}}{i_{ED} + i_{EF}} = (41.67 + 125)\text{kN}\cdot\text{m} \times \frac{7}{7+10} = 68.63\text{kN}\cdot\text{m}$$

$$M_{EF} = (M_{HE} + M_{EB}) \times \frac{i_{EF}}{i_{ED} + i_{EF}} = (41.67 + 125)\text{kN}\cdot\text{m} \times \frac{10}{7+10} = 98.04\text{kN}\cdot\text{m}$$

5）绘弯矩图。根据各杆端弯矩绘出弯矩图，如习题7.11题解图所示。

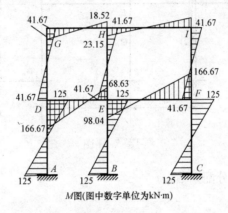

习题7.11题解图

第八章　用 PKPM 软件计算平面杆件结构

内容总结

1. PKPM 软件主要分析功能

PKPM 系列软件是目前国内建筑工程界应用最广，用户最多的一套计算机辅助设计系统。PKPM 系列软件包含了结构、特种结构、建筑、设备、概预算、钢结构和节能七个专业模块，它是集建筑、结构、设备、节能设计及概预算、施工技术、施工项目管理等于一体的大型建筑工程综合软件系统。其操作界面、菜单和命令输入都与 Autocad 相似，数据采用交互式输入，使用起来非常方便，并且能实现向 Autocad 的输出。

2. PK 软件及其基本操作

PKPM 系列软件的功能非常强大，我们用来计算结构力学中的连续梁和框排架结构只用到其中的 PK 软件中的一个小模块。

PK 是钢筋混凝土排架及连续梁结构计算与施工图绘制软件。PK 软件本身提供一个平面杆系的结构计算软件，可对各种规则和复杂类型的平面框架、排架及连续梁结构进行内力分析和配筋计算，并完成施工图辅助设计。PK 软件可以接 PKCAD 建立的结构模型进行分析计算，也可以接 PMCAD 数据形成 PK 文件，生成平面图上任意一榀的数据文件和任意一层上单跨或连续次梁的数据文件，以供 PK 计算等。

钢结构设计软件 STS 是 PKPM 系列的一个功能模块，既可以独立运行，又能与 PKPM 其他模块数据共享，配合使用。STS 软件适用于门式刚架、多、高层框架、桁架、支架、框排架、空间杆系钢结构（如塔架、网架、空间桁架）等结构类型。

用 PKPM 系列软件中的 PK、STS-PK 软件对平面杆件结构进行内力计算时，其基本的操作步骤为：

1）网格生成；

2）杆件布置；

3）约束、支座调整；

4）荷载输入；

5）计算参数调整；

6）校核计算简图；

7）结构计算及图形输出。

典型例题

例 8.1 试绘制图 8.1 所示框架结构的内力图。已知柱子截面尺寸为 300mm×500mm，梁截面尺寸为 250mm×500mm。

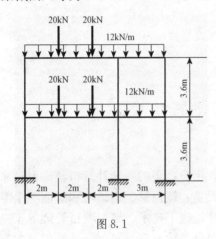

图 8.1

解 打开 PKPM 主程序，选择"结构"模块，选择 PK，双击进入 PK 主菜单①即"PK 数据交互输入和计算"，选择"新建文件"，在"输入文件名称"对话框中，输入"kj"，按确定，进入"PK 数据交互输入"界面。

（1）网格生成

在右侧主菜单中选择 **≫ 网格生成**，出现子菜单，在子菜单中选择"**框架网格**"，弹出"框架网线输入导向"对话框如图 8.2 所示。进行如下操作：

1）选择"跨度"，在"数据输入"框中输入 6000，选择"增加"，继续数据输入 3000，选择"增加"。

2）选择"层高"，在"数据输入"框中输入 3600，选择 2 次"增加"，选择确定。结果如图 8.3 所示。

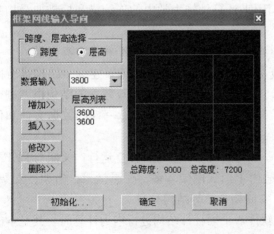

图 8.2 "框架网线输入导向"对话框

图 8.3 框架网格生成

（2）柱布置

返回主菜单，选择 **≫ 柱 布 置**，出现子菜单。

1）选择 ⅣⅣ **截面定义**，在弹出的对话框中设置柱截面为 300×500，如图 8.4 和图 8.5 所示。

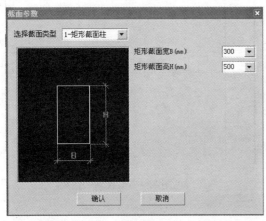

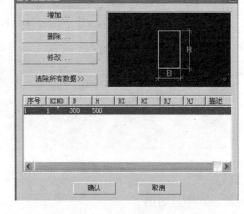

图 8.4 "截面参数"对话框　　　　　图 8.5 "截面设置"对话框

2）选择 Ⅱ **柱布置**，在对话框中选择序号 1，输入柱对轴线的偏心为 0，回车确认。拾取框架中所有柱子，确认，结果如图 8.6 所示。

（3）梁布置

返回主菜单，选择 **》梁布置**，出现子菜单。

1）选择 ⅣⅣ **截面定义**，设置梁的截面尺寸为 250×500。

2）选择 ■■ **梁布置**，将梁的截面布置好，结果如图 8.7 所示。

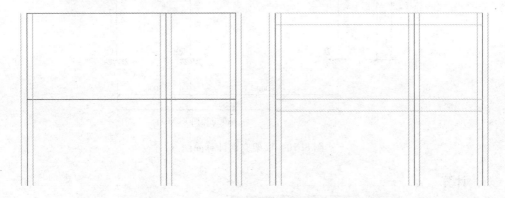

图 8.6 柱布置完毕　　　　　图 8.7 梁布置完毕

（4）恒载输入

返回主菜单，选择 **》恒载输入**，选择 " **梁间恒载** "，弹出如图 8.8 所示对话框。选择线荷载，输入 12kN/m，选择"确定"，用鼠标拾取所有梁；右键确定后又出现"荷载输入对话框"，选择集中力，输入 20kN 和 X＝2000，选择"确定"，用鼠标拾取第一跨上下两根梁；右键确定后再次选择集中力，输入 20kN 和 X＝4000，用鼠标拾取第一跨上下两根梁，结果如图 8.9 所示。

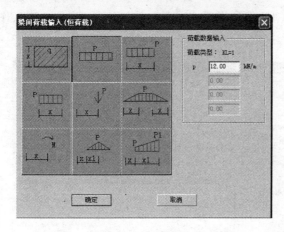

图 8.8　"梁间恒载输入"对话框

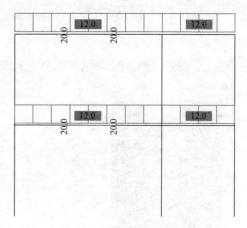

图 8.9　恒载输入结果

（5）计算简图

返回到主菜单，可以选择"》计算简图"查看计算简图，如图 8.10 所示。

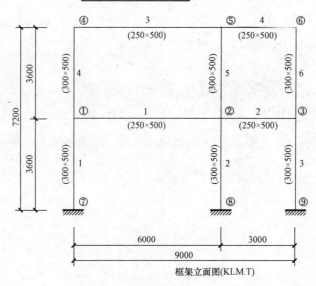

图 8.10　框架立面计算简图

（6）计算

返回到主菜单，选择"》计　　算"，屏幕出现"输入计算结果文件名"对话框，如图 8.11 所示，若直接按回车键，则程序采用缺省文件名为 PK11.OUT，计算结果都存到这个文件里。每次计算采用隐含的计算结果文件名 PK11.OUT，可以节省存储空间，待最终确定了计算结果需要保留时可改名保存。

屏幕上出现配筋包络图，在子菜单中还可选择所需的内力计算结果，如恒载弯矩、恒载剪力，也可选择"图形拼接"，把弯矩、剪力、轴力、配筋等项计算结果布置在同一张图纸内。

选择"图形拼接"，屏幕左上角出现一个小选项卡，如图 8.12 所示，其中 AS.T 表示配筋包络图，M.T、N.T 和 Q.T 分别表示弯矩包络图、柱轴力图和剪力包络图，D-M.T、D-N.T 和 D-V.T 分别表示恒载弯矩图、轴力图和剪力图，L-M.T、L-N.T 和 L-V.T 分别表示活载弯矩图、轴力图和剪力图，用鼠标选取所需的内力图，移到图纸上即可，可再次选取，不需要时按鼠标右键确认。

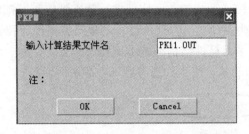

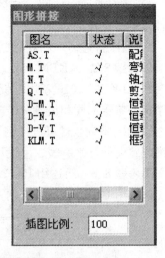

图 8.11　"输入计算结果文件名"对话框　　　　图 8.12　"图形拼接"选项卡

选择所需的内力计算结果，例如恒载弯矩、恒载剪力、恒载轴力，结果如图 8.13 所示。

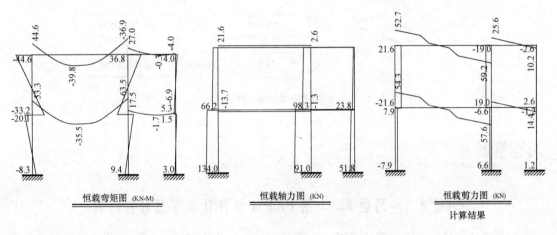

图 8.13

思考题解答

思考题 8.1　PKPM 系列软件有哪些特点？

解　PKPM 系列软件有如下特点：

1）集建筑、结构、设备、节能设计及概预算、施工技术、施工项目管理等于一体的大型建筑工程综合软件系统，是目前国内建筑工程界应用最广、用户最多的一套计算机辅助设计系统。

2）有丰富和成熟的施工图辅助设计功能，可进行智能化的施工图设计。

3）有丰富的图形输入功能。

4）各专业模块之间、结构专业各个设计模块之间均可实现数据共享，具有良好的兼容性。

5）紧跟行业需求和规范更新，全面反映了国家现行规范的内容。

思考题8.2 PKPM系列软件包括那些模块软件？各软件的功能是什么？

解 PKPM 2010新规范版本设计软件的总菜单分建筑、结构、钢结构、特种结构、砌体结构、鉴定加固和设备7个模块。

PKPM系列软件可进行钢筋混凝土结构、钢结构、砌体结构、特殊结构和基础的设计，三维建筑设计，水、暖、电设计，建筑节能设计，工程造价计算，建筑施工设计和管理等。

思考题8.3 简述用PKPM软件计算平面杆件结构的基本流程。

解 用PKPM软件计算平面杆系结构的基本流程如思考题8.3题解图所示。

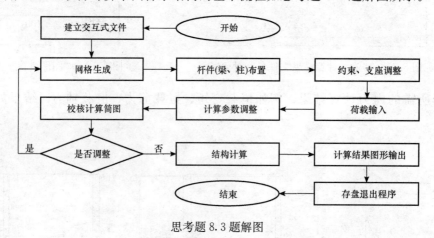

思考题8.3题解图

习题解答

习题8.1～习题8.3 用PKPM软件计算平面杆件结构

习题8.1 试用PK软件计算图示连续梁，并绘制弯矩图和剪力图。已知材料的弹性模量 E 为常数。

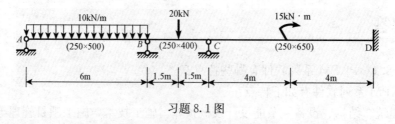

习题8.1图

解 连续梁的弯矩图和剪力图如习题8.1题解图所示。

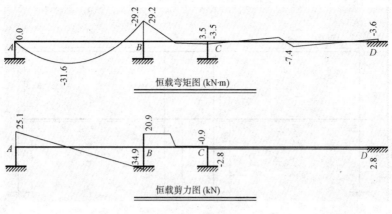

习题 8.1 题解图

习题 **8.2**　试用 PK 软件计算图示平面刚架，并绘制弯矩图、剪力图和轴力图。已知各杆的弹性模量 E 为常数。

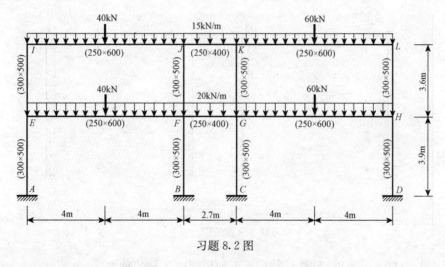

习题 8.2 图

解　刚架的弯矩图、剪力图和轴力图如习题 8.2 题解图所示。

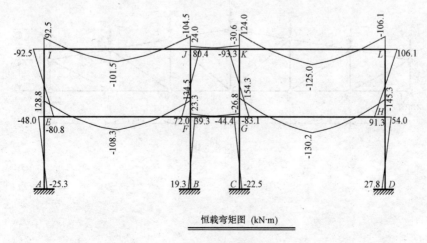

恒载弯矩图　(kN·m)

习题 8.2 题解图

213

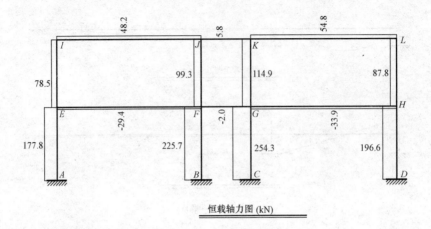

恒载轴力图 (kN)

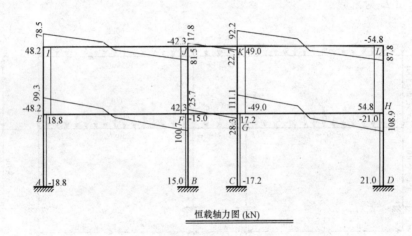

恒载轴力图 (kN)

习题 8.2 题解图（续）

习题 8.3 试用 STS-PK 软件计算图示平面桁架中各杆的轴力。

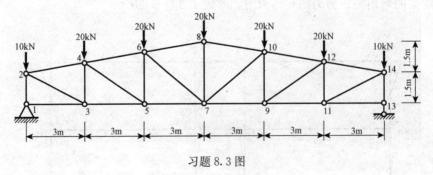

习题 8.3 图

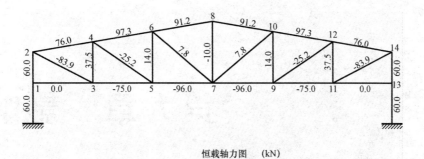

恒载轴力图　(kN)

习题 8.3 题解图

第九章 影响线

内容总结

1. 影响线的概念

表示结构上指定截面的某量值（内力、反力等）随单位荷载 $F=1$ 在结构上移动的变化规律的图形，称为该量值的影响线。

2. 绘制影响线的方法

绘制影响线的方法有两种：静力法和机动法。以单位移动荷载 $F=1$ 的作用位置 x 为变量，利用静力平衡条件列出某指定量值与 x 的关系式，这种关系式称为影响线方程，利用影响线方程绘制影响线的方法称为静力法。以刚体虚功原理为依据，利用体系的虚位移图绘制影响线的方法称为机动法。

3. 影响线和内力图的比较

影响线与内力图是不同的，其区别主要有：

1）荷载不同。绘内力图时，结构上的荷载是固定不变的；而绘影响线时，结构上的荷载是移动的。

2）物理含义不同。内力图表示的是结构所有截面上的内力值；而影响线是表示一个指定截面上某量值的变化规律。

4. 影响线的应用

1）利用影响线计算影响量。若有一组集中荷载 F_1、F_2、$\cdots$、F_n 作用于结构上，结构上某量值 S 的影响线在荷载作用处的竖标分别为 y_1、y_2、$\cdots$、y_n，则

$$S = F_1 y_1 + F_2 y_2 + \cdots + F_n y_n = \sum_{i=1}^{n} F_i y_i$$

若均布荷载 q 作用于结构上，而 A_0 表示荷载作用区段影响线图形的面积，则由此所产生的影响量 S 为

$$S = q A_0$$

2）确定最不利荷载位置。如果荷载移动到某一位置时，使某量值达到最大值，则此位置称为该量值的最不利荷载位置。

① 作用的是移动均布荷载，若其长度可以任意连续布置，则荷载布满影响线正号部分产生正号最大值；荷载布满影响线负号部分产生负号最大值。若其长度固定不能任意分布，则当均布荷载移动到两端点对应的影响线纵标相等时所对应的影响线面积最大，这一位置即为最不利荷载位置。

② 作用的是一组间距不变的移动集中荷载时，需先确定最不利荷载临界位置，再从临界位置中计算出最不利荷载位置。当影响线为三角形时，临界荷载 F_{cr} 用下式判别：

$$\frac{F^{L} + F_{cr}}{a} > \frac{F^{R}}{b}$$

$$\frac{F^{L}}{a} < \frac{(F_{cr}) + F^{R}}{b}$$

式中，F^{L}、F^{R}——F_{cr} 以左、以右的荷载之和。

5. 简支梁的内力包络图和绝对最大弯矩

1）内力包络图。连接各截面内力最大值的曲线称为内力包络图。内力包络图是针对某种移动荷载而言的，对不同的移动荷载，内力包络图也不相同。

2）简支梁内力包络图的绘制方法。将梁分成若干等分，计算每一分点的内力最大值，用曲线相连，得到的图形即为内力包络图。

3）绝对最大弯矩。梁各截面上最大弯矩中的最大者，称为绝对最大弯矩。简支梁的绝对最大弯矩可按如下的步骤进行计算：

① 用临界荷载的判定方法，求出使梁跨中截面产生最大弯矩的临界荷载 F_{cr}。

② 使 F_{cr} 与梁上全部荷载的合力 F_{R} 对称于梁的中点布置。

③ 计算该荷载位置时 F_{cr} 作用截面上的弯矩，即为绝对最大弯矩。

6. 连续梁的影响线和内力包络图

1）连续梁影响线的绘制。连续梁属于超静定梁，欲求影响线方程，必须先解超静定结构，并且反力、内力的影响线都为曲线，绘制较繁琐。土木工程中通常遇到的多跨连续梁在活载作用下的计算，大多是可动均布荷载的情况（如楼面上的人群荷载）。此时，只需知道影响线的轮廓，就可确定最不利荷载位置，而不必求出影响线竖标的数值。因此，对于活载作用下的连续梁，通常采用机动法绘制影响线的轮廓。

2）连续梁内力包络图的绘制。对于均布活荷载作用下的连续梁，其弯矩包络图可按如下步骤进行绘制：

① 绘出恒载作用下的弯矩图。

② 依次按每一跨上单独布满活载的情况，逐一绘出其弯矩图。

③ 将各跨分为若干等分，对每一分点处的横截面，将恒载弯矩图中各横截面的竖标值与所有各个活载弯矩图中对应的正（负）竖标值叠加，便得到各横截面上的最大（小）弯矩值。

④ 将上述各最大（小）弯矩值按同一比例用竖标表示，并以曲线相连，即得到弯矩包

络图。

连续梁的弯矩包络图有两条曲线组成，其中一条为各横截面上的最大正弯矩，另一条为各横截面上的最大负弯矩。

连续梁的剪力包络图绘制步骤与弯矩包络图相同。由于在均布活载作用下剪力的最大值（包括正、负最大值）发生在支座两侧横截面上，因此通常只将各跨两端靠近支座处横截面上的最大剪力值和最小剪力值求出，在跨中以直线相连，得到近似剪力包络图。同样，剪力包络图也有两条曲线组成。

典型例题

例 9.1 图 9.1（a）所示折梁，单位荷载在上层梁上移动，试绘制支座 D 的竖向反力 F_{Dy}、截面 K 的弯矩 M_K、剪力 F_{SK} 影响线。

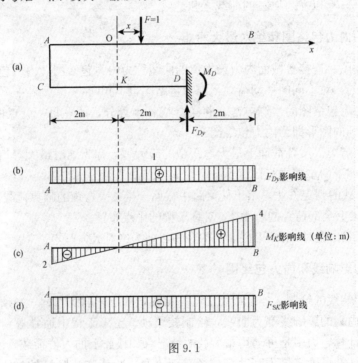

图 9.1

分析 由于荷载在上层梁移动，所以影响线基线是上层梁的长度 AB，列出影响线方程即可绘出影响线。

解 1）绘制 F_{Dy} 的影响线。当荷载 $F=1$ 作用于上层梁上任意截面时，由平衡方程 $\sum Y = 0$ 得

$$F_{Dy} = 1$$

由此绘出 F_{Dy} 的影响线如图 9.1（b）所示。

2）绘制 M_K 的影响线。取 O 点为坐标原点，横坐标 x 向右为正，当荷载 $F=1$ 作用于 O 截面以左时，取 $KCAB$ 段为研究对象，由平衡方程得

$$M_K = x \quad (-2 \leqslant x \leqslant 0)$$

当荷载 $F=1$ 作用于 O 截面以右时，仍取 $KCAB$ 段为研究对象，由平衡方程得

$$M_K = x \qquad (0 \leqslant x \leqslant 4)$$

由此绘出 M_K 的影响线如图 9.1（c）所示。

3）绘制 F_{SK} 的影响线。当荷载 $F=1$ 在上层梁移动时，无论荷载移动到何处，影响线方程均为

$$F_{SK} = -1$$

由此绘出 F_{SK} 的影响线如图 9.1（d）所示。

例 9.2 试用机动法绘制图 9.2（a）所示多跨静定梁 M_A、F_{SC}、F_{By} 的影响线。

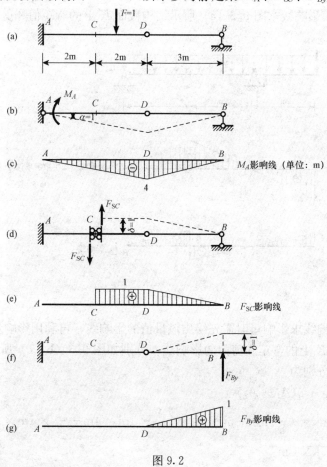

图 9.2

分析 绘制多跨静定梁的影响线，用机动法非常方便。只需注意分清基本部分和附属部分，基本部分的影响线除基本部分外，还影响附属部分；而附属部分的影响线只涉及附属部分，不影响基本部分。最后利用单跨静定梁的已知影响线即可绘出多跨静定梁的影响线。

解 1）绘制 M_A 的影响线。解除与 M_A 相应的约束，即将固定端 A 改为铰接，并代之以 M_A，沿 M_A 正方向发生单位转角 $\alpha=1$，得基本部分 AD 虚位移图，附属部分 B 点的虚位移为零，连接 DB 两点即可绘出虚位移图，如图 9.2（b）所示，利用比例关系得各点纵标，标明正负号，M_A 的影响线如图 9.2（c）所示。

2）绘制 F_{SC} 的影响线。解除与 F_{SC} 相应的约束，即将 C 处改为定向支座，并代之以 F_{SC}，沿 F_{SC} 正方向发生单位位移 $\delta=1$，AC 部分为几何不变体系，无虚位移图，其余部分虚位移图如图 9.2（d）所示，利用比例关系得各点纵标，标明正负号，由此绘出 F_{SC} 的影响线如图 9.2（e）所示。

3）绘制 F_{By} 的影响线。解除 B 处的竖向约束，并代之以 F_{By}，让机构沿 F_{By} 正方向发生单位位移 $\delta=1$，由于 B 点位于附属部分，基本部分虚位移为零，则得虚位移图如图 9.2（f）所示，利用比例关系确定各点纵标，标明正负号，由此绘出 F_{By} 的影响线如图 9.2（g）所示。

例 9.3 试利用影响线求图 9.3（a）所示结构截面 K 上的弯矩值和剪力值。

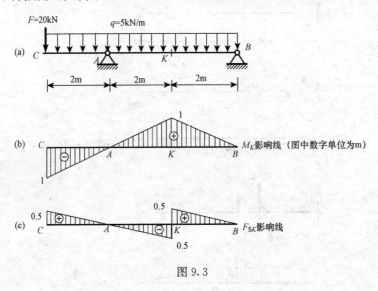

图 9.3

分析 利用影响线求影响量时需先绘出该量值的影响线，再利用影响量计算公式求解。

解 绘出截面 K 上的弯矩和剪力的影响线，分别如图 9.3（b，c）所示。则截面 K 上的弯矩值和剪力值分别为

$$M_K = Fy_C + q(A_1 - A_2)$$
$$= 20\text{kN} \times (-1\text{m}) + 5\text{kN/m} \times \left(\frac{1}{2} \times 1\text{m} \times 4\text{m} - \frac{1}{2} \times 1\text{m} \times 2\text{m}\right)$$
$$= -15\text{kN} \cdot \text{m}$$
$$F_{SK} = Fy_C + q(A_1 - A_2 + A_3)$$
$$= 20\text{kN} \times 0.5\text{m} + 5\text{kN/m} \times \left(\frac{1}{2} \times 0.5\text{m} \times 2\text{m} - \frac{1}{2} \times 0.5\text{m} \times 2\text{m} + \frac{1}{2} \times 0.5\text{m} \times 2\text{m}\right)$$
$$= 12.5\text{kN}$$

例 9.4 图 9.4（a）所示的吊车梁承受两台桥式吊车荷载作用。已知吊车轮压为 $F_1 = F_2 = F_3 = F_4 = 280\text{kN}$，试求梁跨中横截面上的最大弯矩和全梁的绝对最大弯矩。

分析 先求梁跨中横截面发生最大弯矩的临界荷载，再计算梁跨中横截面的最大弯矩。按简支梁绝对最大弯矩的求法，计算吊车梁的绝对最大弯矩。

解 1）求梁跨中横截面 C 的最大弯矩。绘出弯矩 M_C 的影响线，如图 9.4（b）所示。

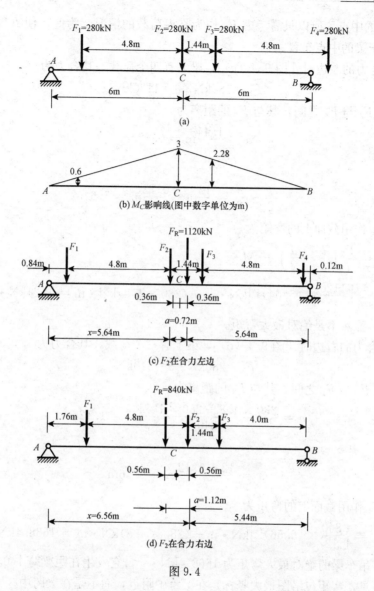

图 9.4

根据梁上荷载的排列，判断可能的临界荷载是 F_2 或 F_3。先验证 F_2 是否为临界荷载，按判别式有

$$\frac{280+280}{6}\text{kN/m} > \frac{280}{6}\text{kN/m}$$

$$\frac{280}{6}\text{kN/m} < \frac{280+280}{6}\text{kN/m}$$

因此，F_2 为一个临界荷载。同理可验证 F_3 也是临界荷载。

当 F_2 作用于横截面 C 时 [图 9.4（a）]，最大弯矩为

$$M_{C\max} = 280 \times (0.6+3+2.28)\text{kN} \cdot \text{m} = 1646.4\text{kN} \cdot \text{m}$$

同理，可求得 F_3 作用于横截面 C 时产生的最大弯矩，由对称性可知，其值与上相同。

2）求吊车梁的绝对最大弯矩。由于 F_2 和 F_3 都是可能产生绝对最大弯矩的临界荷载，

221

并且对称于梁的中点，所以只需考虑 F_2 作为临界荷载的情况。为此，使 F_2 与梁上荷载的合力 F_R 对称于梁的中点布置。

当 F_2 在合力的左边时 [图 9.4 (c)]，梁上有四个荷载，其合力为
$$F_R = 280\text{kN} \times 4 = 1120\text{kN}$$

合力作用线在 F_2 与 F_3 之间，其与 F_2 的距离为
$$a = \frac{1.44}{2}\text{m} = 0.72\text{m}$$

所以
$$x = \frac{l}{2} - \frac{a}{2} = \frac{12}{2}\text{m} - \frac{0.72}{2}\text{m} = 5.64\text{m}$$

由此可求得 F_2 作用截面上的弯矩为
$$M_{\max} = \frac{F_R}{l}\left(\frac{l}{2} - \frac{a}{2}\right)^2 - M_i$$
$$= \left[\frac{1120}{12} \times (5.64)^2\right]\text{kN} \cdot \text{m} - (280 \times 4.8)\text{kN} \cdot \text{m} = 1624\text{kN} \cdot \text{m}$$

它比 $M_{C\max}$ 小，显然不是绝对最大弯矩。

当 F_2 在合力的右边时 [图 9.4 (d)]，梁上有三个荷载，其合力为
$$F_R = 280\text{kN} \times 3 = 840\text{kN}$$

合力作用线在 F_2 与 F_1 之间，其与 F_2 的距离为
$$a = \frac{280 \times 4.8 - 280 \times 1.14}{840}\text{m} = 1.12\text{m}$$

所以
$$x = \frac{12 + 1.12}{2}\text{m} = 6.56\text{m}$$

由此可求得 F_2 作用截面上的弯矩为
$$M_{\max} = \left[\frac{840}{12} \times (6.56)^2\right]\text{kN} \cdot \text{m} - (280 \times 4.8)\text{kN} \cdot \text{m} = 1668.4\text{kN} \cdot \text{m}$$

因此，该吊车梁的绝对最大弯矩为 1668.4kN·m，它发生在距梁跨中 0.56m 处的横截面上。由此可见，弯矩包络图最大竖标是在梁跨中附近，而不是在梁跨中。

思考题解答

思考题 9.1 什么是影响线？影响线有什么用途？

解 表示结构上指定截面的某量值（内力、反力等）随单位荷载 $F=1$ 在结构上移动的变化规律的图形，称为该量值的影响线。影响线用来确定移动荷载作用时结构的内力、反力的最大值。

思考题 9.2 影响线方程是根据什么条件列出的？在什么情况下，影响线的方程必须分段列出？

解 影响线方程是根据结构的静力平衡条件条件列出的。当单位移动荷载 $F=1$ 在指定截面左右两侧移动时，若影响线方程表达式不同，则影响线的方程必须分段列出。

思考题 9.3 为什么简支梁任一横截面 C 上的剪力影响线的左、右两直线是平行的？在 C 点处有突变，它代表的含义是什么？

解 当 $F=1$ 作用于横截面 C 以左或以右时，剪力 F_{SC} 具有不同的表达式，应分段考虑。当荷载 $F=1$ 在横截面 C 以左（AC 段）移动时，F_{SC} 的影响线为一段直线且与反力 F_{By} 的影响线相同，但正负号相反；当荷载 $F=1$ 在横截面 C 以右（CB 段）移动时，F_{SC} 的影响线与反力 F_{Ay} 的影响线相同。因此，F_{SC} 的影响线分为 AC 和 CB 两段，且两段直线相互平行。

F_{SC} 的影响线在 C 点出现突变，说明当 $F=1$ 由左侧越过 C 点移到右侧时，横截面 C 上的剪力 F_{SC} 将发生突变。当 $F=1$ 正好作用于点 C 时，F_{SC} 的影响线无意义。

思考题 9.4 内力影响线与内力图有什么区别？

解 影响线与内力图是不同的，其区别有：

1）荷载不同。绘内力图时，结构上的荷载是固定不变的；而绘影响线时，结构上的荷载是移动的。

2）自变量 x 表示的含义不同。影响线方程中的自变量 x 表示单位移动荷载 $F=1$ 的作用位置；而内力方程中的自变量 x 表示的则是截面的位置。

3）物理含义不同。内力图表示的是结构所有截面上的内力值；而影响线则表示一个指定截面上某量值随单位移动荷载的变化规律。

4）绘制规定不同。正号影响线绘在基线的上方，负号影响线绘在基线的下方，标明正负号；而弯矩图则绘在杆件的受拉一侧，不标正负号。

思考题 9.5 怎样绘制间接荷载作用下的影响线？

解 1）先用虚线绘出直接荷载作用下该量值的影响线。

2）将相邻两个结点在直接荷载作用下影响线的竖标的顶点分别用直线相连，即得该量值在间接荷载作用下的影响线。

思考题 9.6 用机动法绘制静定梁的影响线时，如何确定影响线的竖标及其符号？

解 解除与所求量值相对应的约束，并以该量值代替之。使该量值的作用点（面）沿该量值的正方向发生单位虚位移，绘出静定梁的虚位移图，即为该量值的影响线。在基线以上的图形取正号，在基线以下的图形取负号。设该量值发生的虚位移 $\delta=1$，利用比例关系即可确定影响线的竖标。

思考题 9.7 比较静力法和机动法绘制影响线的特点与长处。

解 静力法是以单位移动荷载 $F=1$ 的作用位置 x 为变量，利用静力平衡条件列出某量值与 x 之间的关系，即影响线方程，然后由影响线方程绘出该量值的影响线。其优点是任意量值的影响线都可利用影响线方程精确绘制。

机动法绘制静定梁的影响线是以刚体虚功原理为依据，把绘制支座反力或内力影响线的静力问题转化为绘制虚位移图的几何问题。机动法的优点是能快速绘出影响线的大致轮廓。此外，用静力法绘出的影响线也可用机动法进行校核。

思考题 9.8 什么是临界荷载和临界位置？

解 使某量值产生极值的荷载位置称为临界位置。此荷载称为临界荷载。

思考题 9.9 移动荷载组的临界位置和最不利荷载位置有何区别与联系？

解 临界位置和最不利荷载位置都是极值位置，但最不利荷载位置是最大值位置，且只有一个；而临界位置是产生极值的位置，一般不止一个，临界位置中的最大值位置就是最不利荷载位置。

思考题 9.10 简支梁的绝对最大弯矩如何确定？它与简支梁跨中横截面上的最大弯矩是否相等？

解 计算简支梁的绝对最大弯矩可按如下的步骤进行：

1）用临界荷载的判定方法，求出使梁跨中截面产生最大弯矩的临界荷载 F_{cr}。

2）使 F_{cr} 与梁上全部荷载的合力 F_R 对称于梁的中点布置。

3）计算该荷载位置时 F_{cr} 作用截面上的弯矩，即为绝对最大弯矩。

简支梁的绝对最大弯矩与简支梁跨中截面上的最大弯矩不相等。

思考题 9.11 什么是内力包络图？它有什么用途？内力包络图和内力图有何区别？

解 连接各截面上内力最大值的曲线称为内力包络图。它是结构设计中的重要资料，用来确定结构的内力最大值，在吊车梁、楼盖及桥梁的设计中都要用到。内力包络图和内力图区别在于前者表示的是各截面上的内力最大值，后者表示的是各截面上的内力值。内力包络图针对移动荷载而言，内力图则是在固定荷载作用下绘制的。

思考题 9.12 如何绘制简支梁的内力包络图？

解 要绘制简支梁的内力包络图，应首先将梁分成若干等分，依次绘出这些分点截面上的内力影响线及求出相应的最不利荷载位置，利用影响线求出它们的最大内力，在梁上用竖标标出并连成曲线，就得到该梁的内力包络图。

思考题 9.13 静定梁与超静定梁的影响线绘制有何区别？

解 绘制静定梁的影响线，只需利用平衡方程列出影响线方程即可绘出。而超静定梁是超静定结构，欲求影响线方程，必须先解超静定结构，并且反力、内力的影响线都为曲线，绘制较烦琐。

思考题 9.14 如何绘制连续梁的内力包络图？

解 对于均布活荷载作用下的连续梁，其弯矩包络图可按如下步骤进行绘制：

1）绘出恒载作用下的弯矩图。

2）依次按每一跨上单独布满活载的情况，逐一绘出其弯矩图。

3）将各跨分为若干等分，对每一分点处的截面，将恒载弯矩图中各截面的竖标值与所有各个活载弯矩图中对应的正（负）竖标值叠加，便得到各截面的最大（小）弯矩值。

4）将上述各最大（小）弯矩值按同一比例用竖标表示，并以曲线相连，即得到弯矩包络图。

连续梁的弯矩包络图有两条曲线组成，其中一条为各截面上的最大正弯矩，另一条为各截面上的最大负弯矩。

连续梁的剪力包络图绘制步骤与弯矩包络图相同。由于在均布活载作用下剪力的最大值（包括正、负最大值）发生在支座两侧横截面上，因此通常只将各跨两端靠近支座处横截面上的最大剪力值和最小剪力值求出，在跨中以直线相连，得到近似剪力包络图。同样，剪力包络图也有两条曲线组成。

习题解答

习题 9.1～习题 9.2　绘制影响线

习题 9.1　试用静力法绘制图示结构中指定量值的影响线，并用机动法校核。

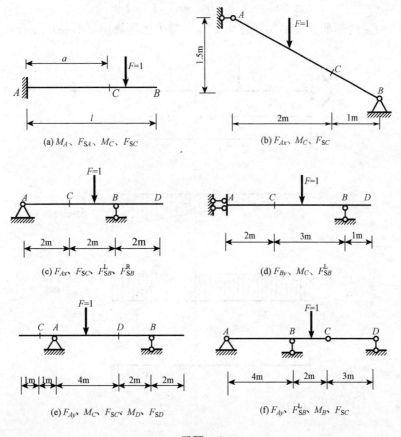

习题 9.1

解　（1）题（a）解

1）用静力法绘制影响线。

① 绘制 M_A 的影响线。取 A 点为坐标原点，横坐标 x 向右为正，当荷载 $F=1$ 作用于梁上任意截面时，由平衡方程得

$$M_A = -x \qquad (0 \leqslant x \leqslant l)$$

由此绘出 M_A 的影响线如习题 9.1（a）静力法题解图（b）所示。

② 绘制 F_{SA} 的影响线。取 A 点为坐标原点，横坐标 x 向右为正，当荷载 $F=1$ 作用于梁上任意截面时，由平衡方程得

$$F_{SA} = 1 \qquad (0 \leqslant x \leqslant l)$$

由此绘出 F_{SA} 的影响线如习题 9.1（a）静力法题解图（c）所示。

③ 绘制 M_C、F_{SC} 的影响线。取 C 点为坐标原点，横坐标 x 向右为正，当荷载 $F=1$ 作用于 C 截面以左时，取 BC 段为研究对象，由平衡方程得

$$M_C = 0 \quad (-a \leqslant x \leqslant 0)$$
$$F_{SC} = 0 \quad (-a \leqslant x < 0)$$

当荷载 $F=1$ 作用于 C 截面以右时，仍取 BC 段为研究对象，由平衡方程得

$$M_C = -x \quad [0 \leqslant x \leqslant (l-a)]$$
$$F_{SC} = 1 \quad [0 < x \leqslant (l-a)]$$

由此绘出 M_C、F_{SC} 的影响线分别如习题 9.1（a）静力法题解图（d，e）所示。

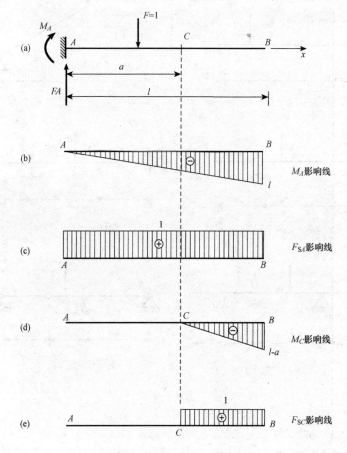

习题 9.1（a）静力法题解图

2）用机动法绘制影响线。

① 绘制 M_A 的影响线。解除与 M_A 相应的约束，即将固定端 A 改为铰接，并代之以 M_A，沿 M_A 正方向发生单位转角 $\alpha = 1$，绘出虚位移图如习题 9.1（a）机动法题解图（a）所示，利用比例关系得各点纵坐标，标明正负号，M_A 的影响线如习题 9.1（a）机动法题解图（b）所示。

② 绘制 F_{SA} 的影响线。解除与 F_{SA} 相应的约束，即将固定端 A 改为定向支座，并代之以 F_{SA}，沿 F_{SA} 正方向发生单位位移 $\delta = 1$，绘出虚位移图如习题 9.1（a）机动法题解图（c）

所示，利用比例关系得各点纵标，标明正负号，F_{SA}的影响线如习题 9.1（a）机动法题解图（d）所示。

③ 绘制 M_C 的影响线。解除与 M_C 相应的约束，即将 C 处改为铰连接，并代之以 M_C，沿 M_C 正方向发生单位转角 $\alpha=1$，绘出虚位移图如习题 9.1（a）机动法题解图（e）所示，利用比例关系得各点纵标，标明正负号，M_C 的影响线如习题 9.1（a）机动法题解图（f）所示。

④ 绘制 F_{SC} 的影响线。解除与 F_{SC} 相应的约束，即将 C 处改为定向支座，并代之以 F_{SC}，沿 F_{SC} 正方向发生单位位移 $\delta=1$，绘出虚位移图如习题 9.1（a）机动法题解图（g）所示，利用比例关系得各点纵标，标明正负号，F_{SC} 的影响线如习题 9.1（a）机动法题解图（h）所示。

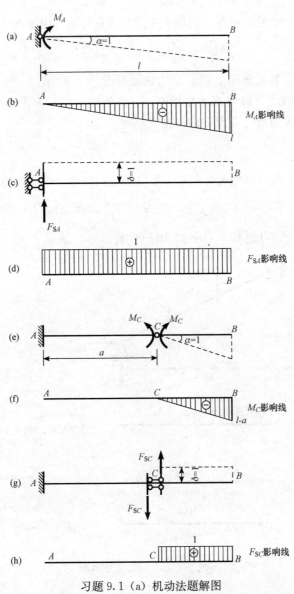

习题 9.1（a）机动法题解图

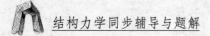
（2）题（b）解

1）用静力法绘制影响线。

① 绘制 F_{Ax} 的影响线。取 B 点为坐标原点，横坐标 x 向左为正，当荷载 $F=1$ 作用于梁上任意截面时，由平衡方程得

$$F_{Ax}=\frac{x}{1.5} \qquad (0\leqslant x\leqslant 3)$$

由此绘出 F_{Ax} 的影响线如习题 9.1（b）静力法题解图（b）所示。

② 绘制 M_C 的影响线。取 B 点为坐标原点，横坐标 x 向左为正，当荷载 $F=1$ 作用于 C 截面以右时，取 CA 段为研究对象，由平衡方程得

$$M_C=\frac{x}{1.5} \qquad (0\leqslant x\leqslant 1)$$

当荷载 $F=1$ 作用于 C 截面以左时，仍取 CA 段为研究对象，由平衡方程得

$$M_C=-\frac{x}{3}+1 \qquad (1\leqslant x\leqslant 3)$$

由此绘出 M_C 的影响线如习题 9.1（b）静力法题解图（c）所示。

③ 绘制 F_{SC} 的影响线。取 B 点为坐标原点，横坐标 x 向左为正，当荷载 $F=1$ 作用于 C 截面以右时，取 CA 段为研究对象，由平衡方程得

$$F_{SC}=\frac{x}{3.35} \qquad (0\leqslant x<1)$$

当荷载 $F=1$ 作用于 C 截面以左时，仍取 CA 段为研究对象，由平衡方程得

$$F_{SC}=\frac{x}{3.35}-\frac{3}{3.35} \qquad (1<x\leqslant 3)$$

由此绘出 F_{SC} 的影响线如习题 9.1（b）静力法题解图（d）所示。

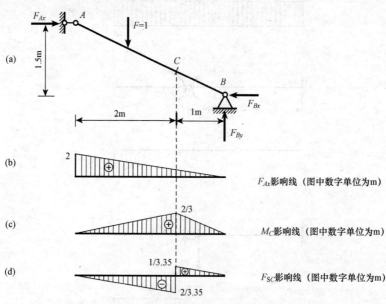

习题 9.1（b）静力法题解图

2）用机动法绘制影响线。

① 绘制 F_{Ax} 的影响线。解除与 F_{Ax} 相应的约束，即将支座 A 的水平链杆去掉，并代之以 F_{Ax}，沿 F_{Ax} 正方向发生单位位移，绘出虚位移图如习题 9.1（b）机动法题解图（a）所示，而影响线是沿荷载方向的，故将虚位移图沿荷载方向投影，令 A 点的水平虚位移 $\delta=1$，利用比例关系得求出沿荷载方向的纵标，F_{Ax} 的影响线如习题 9.1（b）机动法题解图（b）所示。

② 绘制 M_C 的影响线。解除与 M_C 相应的约束，即将 C 处改为铰连接，并代之以 M_C，沿 M_C 正方向发生单位转角 $\alpha+\beta=1$，得虚位移图如习题 9.1（b）机动法题解图（c）所示，利用比例关系得求出沿荷载方向的纵标，标明正负号，M_C 的影响线如习题 9.1（b）机动法题解图（d）所示。

③ 绘制 F_{SC} 的影响线。解除与 F_{SC} 相应的约束，即将 C 处改为定向支座，并代之以 F_{SC}，沿 F_{SC} 正方向发生单位位移 $\delta=1$，得虚位移图如习题 9.1（b）机动法题解图（e）所示，利用比例关系得求出沿荷载方向的纵标，标明正负号，F_{SC} 的影响线如习题 9.1（b）机动法题解图（f）所示。

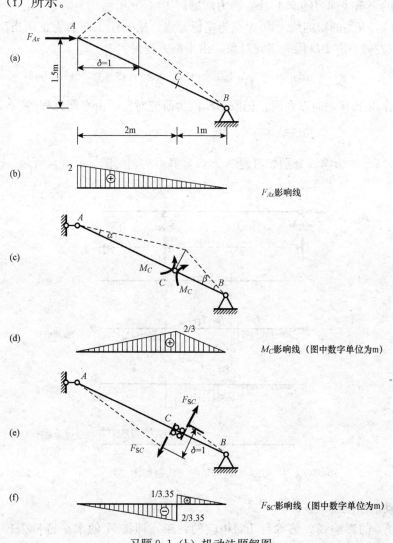

习题 9.1（b）机动法题解图

（3）题（c）解

1）用静力法绘制影响线。

① 绘制 F_{Ax} 的影响线。取 A 点为坐标原点，横坐标 x 向右为正，当荷载 $F=1$ 作用于梁上任意截面时，由平衡方程得

$$F_{Ax}=0$$

由此绘出 F_{Ax} 的影响线如习题 9.1（c）静力法题解图（b）所示。

② 绘制 F_{SC} 的影响线。取 A 点为坐标原点，横坐标 x 向右为正，当荷载 $F=1$ 作用于 C 截面以左时，取 CD 段为研究对象，由平衡方程得

$$F_{SC}=-F_B=-\frac{x}{4} \qquad (0\leqslant x<2)$$

当荷载 $F=1$ 作用于 C 截面以右时，取 AC 段为研究对象，由平衡方程得

$$F_{SC}=F_{Ay}=\frac{4-x}{4} \qquad (2<x\leqslant 6)$$

由此绘出 F_{SC} 的影响线如习题 9.1（c）静力法题解图（c）所示。

③ 绘制 F_{SB}^{L}、F_{SB}^{R} 的影响线。取 A 点为坐标原点，横坐标 x 向右为正，当荷载 $F=1$ 作用于 B 截面以左时，取 BD 段为研究对象，由平衡方程得

$$F_{SB}^{l}=-\frac{x}{4}, \ F_{SB}^{R}=0 \quad (0\leqslant x<4)$$

当荷载 $F=1$ 作用于 B 截面以右时，仍取 BD 段为研究对象，由平衡方程得

$$F_{SB}^{L}=\frac{4-x}{4}, \ F_{SB}^{R}=1 \quad (4<x\leqslant 6)$$

由此绘出 F_{SB}^{L}、F_{SB}^{R} 的影响线分别如习题 9.1（c）静力法题解图（d，e）所示。

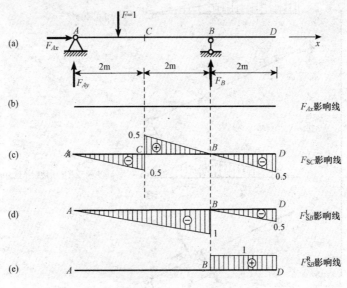

习题 9.1（c）静力法题解图

2）用机动法绘制影响线。

① 绘制 F_{Ax} 的影响线。解除与 F_{Ax} 相应的约束，即将 A 的水平链杆去掉，并代之以

F_{Ax}，沿 F_{Ax} 正方向发生单位位移，沿荷载方向没有虚位移图，故 F_{Ax} 的影响线为零，如习题 9.1（c）机动法题解图（b）所示。

②绘制 F_{SC} 的影响线。解除与 F_{SC} 相应的约束，即将 C 处改为定向支座，并代之以 F_{SC}，沿 F_{SC} 正方向发生单位位移 $\delta=1$，得虚位移图如习题 9.1（c）机动法题解图（c）所示，利用比例关系得各点纵标，标明正负号，F_{SC} 的影响线如习题 9.1（c）机动法题解图（d）所示。

③绘制 F_{SB}^{L} 的影响线。解除与 F_{SB}^{L} 相应的约束，即将 B 支座左端改为定向支座，并代之以 F_{SB}^{L}，沿 F_{SB}^{L} 正方向发生单位位移 $\delta=1$，得虚位移图如习题 9.1（c）机动法题解图（e）所示，利用比例关系得各点纵标（两段直线互相平行），标明正负号，F_{SB}^{L} 的影响线如习题 9.1（c）机动法题解图（f）所示。

④绘制 F_{SB}^{R} 的影响线。解除与 F_{SB}^{R} 相应的约束，即将 B 支座右端改为定向支座，并代之以 F_{SB}^{R}，沿 F_{SB}^{R} 正方向发生单位位移 $\delta=1$，由于 AB 段为静定结构，不产生位移，故虚位移图如习题 9.1（c）机动法题解图（g）所示，利用比例关系得各点纵标，标明正负号，F_{SB}^{R} 的影响线如习题 9.1（c）机动法题解图（h）所示。

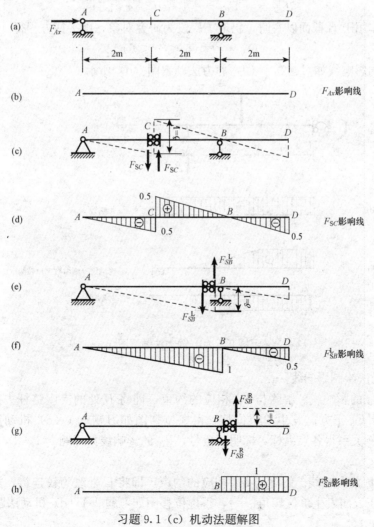

习题 9.1（c）机动法题解图

（4）题（d）解

1）用静力法绘制影响线。

① 绘制 F_{By} 的影响线。取 A 点为坐标原点，横坐标 x 向右为正，当荷载 $F=1$ 作用于梁上任意截面时，由平衡方程得

$$F_{By}=1$$

由此绘出 F_{By} 的影响线如习题 9.1（d）静力法题解图（b）所示。

② 绘制 M_C 的影响线。取 B 点为坐标原点，横坐标 x 向右为正，当荷载 $F=1$ 作用于 C 截面以左时，取 CB 段为研究对象，由平衡方程得

$$M_C=3\times F_{By}=3 \qquad (0\leqslant x\leqslant 2)$$

当荷载 $F=1$ 作用于 C 截面以右时，仍取 CB 段为研究对象，由平衡方程得

$$M_C=3\times F_{By}-(x-2)=-x+5 \qquad (2\leqslant x\leqslant 6)$$

由此绘出 M_C 的影响线如习题 9.1（d）静力法题解图（c）所示。

③ 绘制 F_{SB}^{L} 的影响线。取 A 点为坐标原点，横坐标 x 向右为正，当荷载 $F=1$ 作用于 B 截面以左时，取 BD 段为研究对象，由平衡方程得

$$F_{SB}^{L}=-F_{By}=-1 \qquad (0\leqslant x<5)$$

当荷载 $F=1$ 作用于 B 截面以右时，仍取 BD 段为研究对象，由平衡方程得

$$F_{SB}^{L}=0 \qquad (5<x\leqslant 6)$$

由此绘出 F_{SB}^{L} 的影响线如习题 9.1（d）静力法题解图（d）所示。

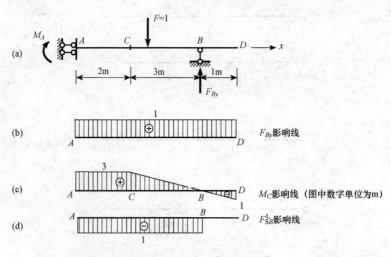

习题 9.1（d）静力法题解图

2）用机动法绘制影响线。

① 绘制 F_{By} 的影响线。解除与 F_{By} 相应的约束，即将 B 处的支座链杆去掉，并代之以 F_{By}，让机构沿 F_{By} 正方向发生单位位移，得虚位移图如习题 9.1（d）机动法题解图（a）所示，利用比例关系得各点纵标，标明正负号，F_{By} 的影响线如习题 9.1（d）机动法题解图（b）所示。

② 绘制 M_C 的影响线。解除与 M_C 相应的约束，即将 C 处改为铰连接，并代之以 M_C，让机构沿 M_C 正方向发生单位转角 $\alpha=1$，得虚位移图如习题 9.1（d）机动法题解图（c）所

示，CBD 段中 B 点位移为零。利用比例关系得各点纵标，标明正负号，M_C 的影响线如习题 9.1（d）机动法题解图（d）所示。

③ 绘制 F_{SB}^L 的影响线。解除与 F_{SB}^L 相应的约束，即将 B 支座左端改为定向支座，并代之以 F_{SB}^L，让机构沿 F_{SB}^L 正方向发生单位位移 $\delta=1$，得虚位移图如习题 9.1（d）机动法题解图（e）所示，利用比例关系得各点纵标（两段直线互相平行），标明正负号，由此得 F_{SB}^L 的影响线如习题 9.1（d）机动法题解图（f）所示。

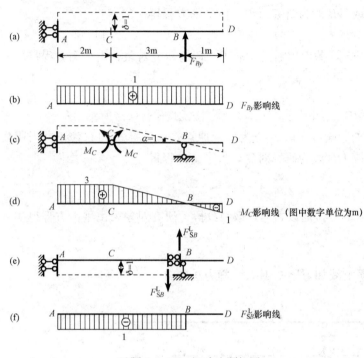

习题 9.1（d）机动法题解图

（5）题（e）解

1）用静力法绘制影响线。

① 绘制 F_{Ay} 的影响线。取 A 点为坐标原点，横坐标 x 向右为正，当荷载 $F=1$ 作用于梁上任意截面时，由平衡方程得

$$F_{Ay}=\frac{6-x}{6} \qquad (-2\leqslant x\leqslant 8)$$

由此绘出 F_{Ay} 的影响线如习题 9.1（e）静力法题解图（b）所示。

② 绘制 M_C 的影响线。取 C 点为坐标原点，横坐标 x 向左为正，当荷载 $F=1$ 作用于 C 截面以左时，取 C 截面以左为研究对象，由平衡方程得

$$M_C=-x \qquad (0\leqslant x\leqslant 1)$$

当荷载 $F=1$ 作用于 C 截面以右时，仍取 C 截面以左为研究对象，由平衡方程得

$$M_C=0 \qquad (-9\leqslant x\leqslant 0)$$

由此绘出 M_C 的影响线如习题 9.1（e）静力法题解图（c）所示。

③ 绘制 F_{SC} 的影响线。取 C 点为坐标原点，横坐标 x 向左为正，当荷载 $F=1$ 作用于 C

截面以左时，取 C 截面以左为研究对象，由平衡方程得

$$F_{SC}=-1 \quad (0<x\leqslant 1)$$

当荷载 $F=1$ 作用于 C 截面以右时，仍取 C 截面以左为研究对象，由平衡方程得

$$F_{SC}=0 \quad (-9\leqslant x<0)$$

由此绘出 F_{SC} 的影响线如习题 9.1（e）静力法题解图（d）所示。

④ 绘制 M_D 的影响线。取 A 点为坐标原点，横坐标 x 向右为正，当荷载 $F=1$ 作用于 D 截面以左时，取 DB 段为研究对象，由平衡方程得

$$M_D=2F_{By}=x/3 \quad (-2\leqslant x\leqslant 4)$$

当荷载 $F=1$ 作用于 C 截面以右时，取 DA 段为研究对象，由平衡方程得

$$M_D=4F_{Ay}=\frac{2}{3}(6-x) \quad (4\leqslant x\leqslant 8)$$

由此绘出 M_D 的影响线如习题 9.1（e）静力法题解图（e）所示。

⑤ 绘制 F_{SD} 的影响线。取 A 点为坐标原点，横坐标 x 向右为正，当荷载 $F=1$ 作用于 D 截面以左时，取 DB 段为研究对象，由平衡方程得

$$F_{SC}=-F_{By}=-\frac{x}{6} \quad (-2\leqslant x<4)$$

当荷载 $F=1$ 作用于 C 截面以右时，取 AD 段为研究对象，由平衡方程得

$$F_{SC}=F_{Ay}=\frac{6-x}{6} \quad (4<x\leqslant 8)$$

由此绘出 F_{SD} 的影响线如习题 9.1（e）静力法题解图（f）所示。

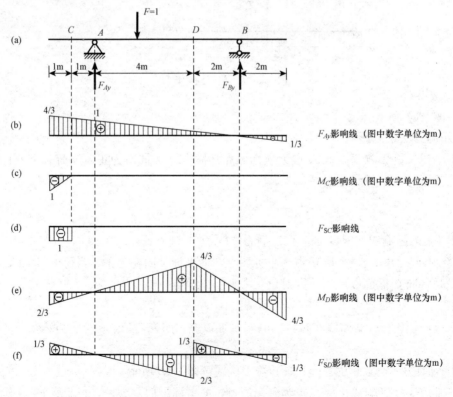

习题 9.1（e）静力法题解图

2）用机动法绘制影响线。

① 绘制 F_{Ay} 的影响线。解除与 F_{Ay} 相应的约束，即将 A 处的支座链杆去掉，并代之以 F_{Ay}，让机构沿 F_{Ay} 正方向发生单位位移 $\delta=1$，得虚位移图如习题 9.1（e）机动法题解图（a）所示，利用比例关系得各点纵标，标明正负号，F_{Ay} 的影响线如习题 9.1（e）机动法题解图（b）所示。

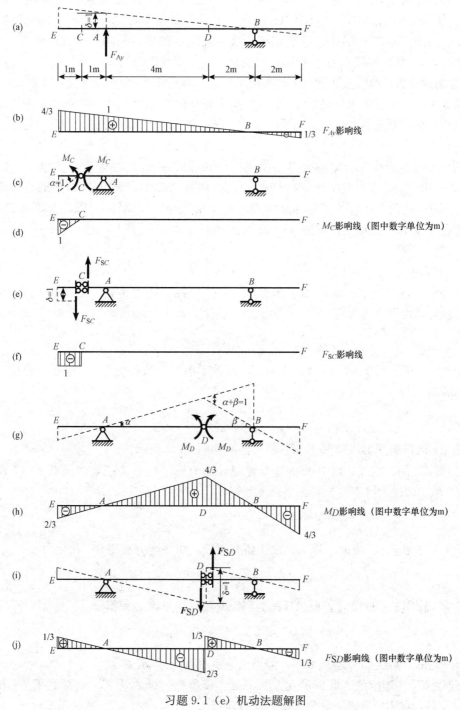

习题 9.1（e）机动法题解图

② 绘制 M_C 的影响线。解除与 M_C 相应的约束，即将 C 处改为铰连接，并代之以 M_C，让机构沿 M_C 正方向发生单位转角 $\alpha=1$，得虚位移图如习题9.1（e）机动法题解图（c）所示，由于 C 点以右部分为静定结构，故不发生虚位移。利用比例关系得各点纵标，标明正负号，M_C 的影响线如习题9.1（e）机动法题解图（d）所示。

③ 绘制 F_{SC} 的影响线。解除与 F_{SC} 相应的约束，即将 C 处改为定向支座，并代之以 F_{SC}，让机构沿 F_{SC} 正方向发生单位位移 $\delta=1$，得虚位移图如习题9.1（e）机动法题解图（e）所示，由于 C 点以右部分为静定结构，故不发生虚位移。利用比例关系得各点纵标，标明正负号，F_{SC} 的影响线如习题9.1（e）机动法题解图（f）所示。

④ 绘制 M_D 的影响线。解除与 M_D 相应的约束，即将 D 处改为铰连接，并代之以 M_D，让机构沿 M_D 正方向发生单位转角 $\alpha+\beta=1$，得虚位移图如习题9.1（e）机动法题解图（g）所示，利用比例关系得各点纵标，标明正负号，M_D 的影响线如习题9.1（e）机动法题解图（h）所示。

⑤ 绘制 F_{SD} 的影响线。解除与 F_{SD} 相应的约束，即将 D 处改为定向支座，并代之以 F_{SD}，让机构沿 F_{SD} 正方向发生单位位移 $\delta=1$，得虚位移图如习题9.1（e）机动法题解图（i）所示，利用比例关系得各点纵标（两段直线互相平行），标明正负号，由此得 F_{SD} 的影响线如习题9.1（e）机动法题解图（j）所示。

（6）题（f）解

1）用静力法绘制影响线。

① 绘制 F_{Ay} 的影响线。取 A 点为坐标原点，横坐标 x 向右为正，当荷载 $F=1$ 作用于梁上 AC 段时，由平衡方程得

$$F_{Ay}=\frac{4-x}{4}\qquad(0\leqslant x\leqslant6)$$

当荷载 $F=1$ 作用于梁上 CD 段时，先由 CD 段的平衡条件求得支座反力 F_{Cy}，再由 AC 段的平衡方程得

$$F_{Ay}=-\frac{9-x}{6}\qquad(6\leqslant x\leqslant9)$$

由此绘出 F_{Ay} 的影响线如习题9.1（f）静力法题解图（b）所示。

② 绘制 F_{SB}^{L} 的影响线。取 A 点为坐标原点，横坐标 x 向右为正，当荷载 $F=1$ 作用于 AB 段时，取 BC 段为研究对象，由平衡方程得

$$F_{SB}^{L}=-F_{By}=-\frac{x}{4}\qquad(0\leqslant x<4)$$

当荷载 $F=1$ 作用于 BC 段时，取 AB 段为研究对象，由平衡方程得

$$F_{SB}^{L}=F_{Ay}=\frac{4-x}{4}\qquad(4<x\leqslant6)$$

当荷载 $F=1$ 作用于 CD 段时，取 AB 段为研究对象，由平衡方程得

$$F_{SB}^{L}=F_{Ay}=-\frac{9-x}{6}\qquad(6<x\leqslant9)$$

由此绘出 F_{SB}^{L} 的影响线如习题9.1（f）静力法题解图（c）所示。

③ 绘制 M_B 的影响线。取 A 点为坐标原点，横坐标 x 向右为正，当荷载 $F=1$ 作用于 B 截面以左时，取 BC 为研究对象，由平衡方程得

$$M_B=0 \qquad (0 \leqslant x \leqslant 4)$$

当荷载 $F=1$ 作用于 BC 段时取 BC 为研究对象，由平衡方程得

$$M_B=-(x-4) \qquad (4 \leqslant x \leqslant 6)$$

当荷载 $F=1$ 作用于 CD 段时，先由 CD 段的平衡条件求得支座反力 F_{Cy}，再取 BC 段为研究对象，由平衡方程得

$$M_B=-2F_{Cy}=-\frac{2}{3}(9-x) \qquad (6 \leqslant x \leqslant 9)$$

由此绘出 M_B 的影响线如习题 9.1（f）静力法题解图（d）所示。

④ 绘制 F_{SC} 的影响线。取 A 点为坐标原点，横坐标 x 向右为正，当荷载 $F=1$ 作用于 C 截面以左时，取 CD 段为研究对象，由平衡方程得

$$F_{SC}=0 \qquad (0 < x \leqslant 6)$$

当荷载 $F=1$ 作用于 C 截面以右时，仍取 CD 段为研究对象，由平衡方程得

$$F_{SC}=1-F_{Dy}=\frac{9-x}{3} \qquad (6 \leqslant x < 9)$$

由此绘出 F_{SC} 的影响线如习题 9.1（f）静力法题解图（e）所示。

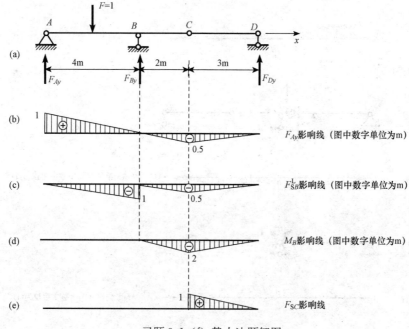

习题 9.1（f）静力法题解图

2）用机动法绘制影响线。

① 绘制 F_{Ay} 的影响线。解除与 F_{Ay} 相应的约束，即将 A 支座的竖向链杆去掉，并代之以 F_{Ay}，让机构沿 F_{Ay} 正方向发生单位位移 δ，得虚位移图如习题 9.1（f）机动法题解图（a）所示。CD 为附属部分，确定两点的纵坐标即可，C 点的虚位移已知，D 点的虚位移为零，C、D 两点的虚位移连线即为附属部分的虚位移图。令虚位移 $\delta=1$，利用比例关系得各点纵标，标明正负号，F_{Ay} 的影响线如习题 9.1（f）机动法题解图（b）所示。

② 绘制 F_{SB}^L 的影响线。解除与 F_{SB}^L 相应的约束，即将 B 支座左端改为定向支座，并代之

以 F_{SB}^L，让机构沿 F_{SB}^L 正方向发生单位位移 δ，得虚位移图如习题 9.1（f）机动法题解图（c）所示。CD 为附属部分，确定两点的纵坐标即可，C 点的虚位移已知，D 点的虚位移为零，C、D 两点的虚位移连线即为附属部分的虚位移图。令虚位移 $\delta=1$，利用比例关系得各点纵标（AB、BC 两段直线互相平行），标明正负号，F_{SB}^L 的影响线如习题 9.1（f）机动法题解图（d）所示。

③ 绘制 M_B 的影响线。解除与 M_B 相应的约束，即将 B 处改为铰连接，并代之以 M_B，让机构沿 M_B 正方向发生单位转角 α，AB 部分为几何不变体，不能发生虚位移，得虚位移图如习题 9.1（f）机动法题解图（e）所示。CD 为附属部分，确定两点的纵坐标即可，C 点的虚位移已知，D 点的虚位移为零，C、D 两点的虚位移连线即为附属部分的虚位移图。令虚位移 $\alpha=1$，利用比例关系得各点纵标，标明正负号，M_D 的影响线如习题 9.1（f）机

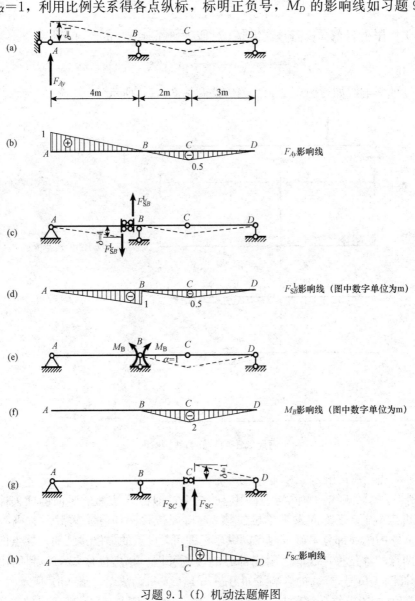

习题 9.1（f）机动法题解图

动法题解图（f）所示。

④ 绘制 F_{SC} 的影响线。解除与 F_{SC} 相应的约束，即将 C 处改为水平链杆相连，并代之以 F_{SC}，让机构沿 F_{SC} 正方向发生单位位移 δ，ABC 部分为几何不变体，不能发生虚位移，得虚位移图如习题 9.1（f）机动法题解图（g）所示。CD 为附属部分，确定两点的纵坐标即可，C 点的虚位移已知，D 点的虚位移为零，C、D 两点的虚位移连线即为附属部分的虚位移图。令虚位移 $\delta=1$，利用比例关系得各点纵标，标明正负号，F_{SC} 的影响线如习题 9.1（f）机动法题解图（h）所示。

习题 9.2　试绘制图示结构中指定量值 M_C、F_{SC} 的影响线。

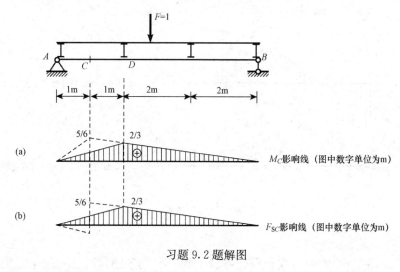

习题 9.2 题解图

解　此结构受间接荷载作用，先按直接荷载作用绘出影响线，确定各结点的纵标，再将相邻两结点的纵标连以直线即可。

1）绘制 M_C 的影响线。先按直接荷载作用绘出 M_C 的影响线，如习题 9.2 题解图（a）中虚线所示，再将 A、D 两点的纵标连以直线，如图中实线所示，即为间接荷载作用下 M_C 的影响线。

2）绘制 F_{SC} 的影响线。先按直接荷载作用绘出 F_{SC} 影响线，如习题 9.2 题解图（b）中虚线所示，再将 A、D 两点的纵标连以直线，如图中实线所示，即为间接荷载作用下 F_{SC} 的影响线。

习题 9.3～习题 9.5　影响线的应用

习题 9.3　试用影响线求下列结构在图示固定荷载作用下指定量值的大小。

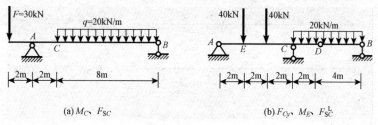

(a) M_C、F_{SC}　　　　　　　　(b) F_{Cy}、M_E、F_{SC}^{L}

习题 9.3 图

解 （1）题（a）解

绘出截面 C 上的弯矩和剪力的影响线，分别如习题 9.3（a）题解图（b，c）所示。则截面 C 上的弯矩值和剪力值分别为

$$M_C = 20\text{kN/m} \times 8\text{m} \times 1.6\text{m} \times 0.5 + 30\text{kN} \times (-1.6\text{m}) = 80\text{kN} \cdot \text{m}$$

$$F_{SC} = 20\text{kN/m} \times 0.8\text{m} \times 8\text{m} \times 0.5 + 30\text{kN} \times 0.2\text{m} = 70\text{kN}$$

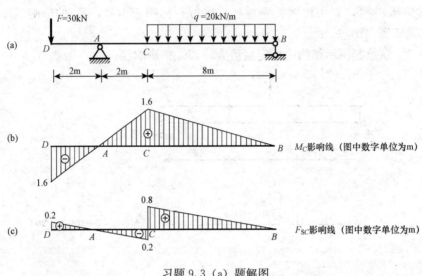

习题 9.3（a）题解图

（2）题（b）解

绘出 F_{Cy}、M_E、F_{SC}^L 的影响线分别如习题 9.3（b）题解图（b～d）所示。则有

$$F_{Cy} = 20\text{kN/m} \times [0.5 \times 4/3 \times 4\text{m} + (1 + 4/3) \times 2\text{m} \times 0.5] + 40\text{kN} \times 1/3 + 40\text{kN} \times 2/3$$
$$= 140\text{kN}$$

$$M_E = 20\text{kN/m} \times (-0.5 \times 2/3\text{m} \times 6\text{m}) + 40\text{kN} \times 4/3\text{m} + 40\text{kN} \times 2/3\text{m}$$
$$= 40\text{kN} \cdot \text{m}$$

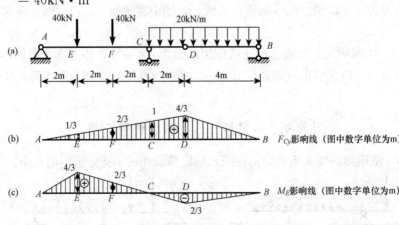

习题 9.3（b）题解图

$$F_{SC}^L = 20kN/m \times (-0.5 \times 1/3 \times 6m) + 40kN \times (-1/3) + 40kN \times (-2/3)$$
$$= -60kN$$

习题9.4 试求图示简支梁在移动荷载作用下横截面 C 上的最大弯矩、最大正剪力和最大负剪力。

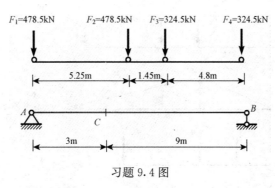

习题9.4图

解 （1）求横截面 C 上的最大弯矩

① 绘影响线。绘出 M_C 的影响线，如习题9.4题解图（b）所示。

② 求临界荷载。根据临界荷载的判别方法，一般是数值大、排列密的集中荷载作用于影响线顶点时可产生内力最大值，由此可知，可能的临界荷载是 F_2 或 F_3，现分别按判别式进行验算。

验证 F_2 是否为临界荷载。将荷载 F_2 作用于影响线顶点［习题9.4题解图（a，b）］，根据判别式有

$$\frac{478.5 + (478.5)}{3}kN/m > \frac{324.5 + 324.5}{9}kN/m$$

$$\frac{478.5}{3}kN/m < \frac{(478.5) + 324.5 + 324.5}{9}kN/m$$

满足判别式，可见 F_2 为临界荷载。

验证 F_3 是否为临界荷载。将荷载 F_3 作用于影响线顶点［习题9.4题解图（b，c）］，根据判别式有

$$\frac{478.5 + 478.5 + (324.5)}{3}kN/m > \frac{324.5}{9}kN/m$$

$$\frac{478.5 + 478.5}{3}kN/m > \frac{(324.5) + 324.5}{9}kN/m$$

不满足判别式，可见 F_3 不是临界荷载。

③ 求最不利荷载位置和横截面 C 上的最大弯矩。由分析可见，当 F_2 作用于影响线顶点时为最不利荷载位置，此时横截面 C 上的弯矩最大，最大值为

$$M_{C(max)} = 478.5kN \times 2.25m + 324.5kN \times 1.8875m + 324.5kN \times 0.6875m$$
$$= 1912.2kN \cdot m$$

（2）求横截面 C 上的最大剪力

① 绘影响线。绘出 F_{SC} 的影响线，如习题9.4题解图（e）所示。

② 求最大正剪力和最大负剪力。根据剪力影响线的形状，可直接判断出按习题9.4题

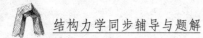
解图（d）所示布置荷载可求得最大正剪力，按习题 9.4 题解图（f）所示布置荷载可求得最大负剪力。故有

$$F_{SC(max)} = 478.5kN \times 0.75 + 324.5kN \times 0.23 + 324.5kN \times 0.629 = 637.6kN$$

$$F_{SC(min)} = -324.5kN \times 0.25 = -81.1kN$$

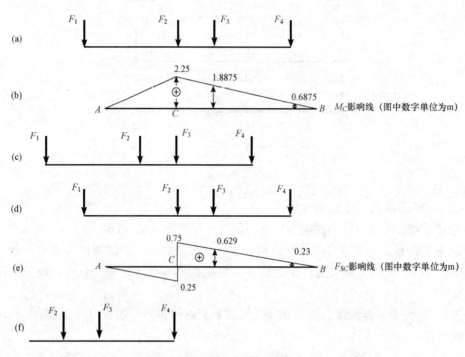

习题 9.4 题解图

习题 9.5　试求图示简支梁在移动荷载作用下的绝对最大弯矩，并与跨中横截面上的最大弯矩作比较。

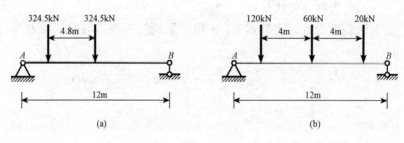

习题 9.5 图

解　（1）题（a）解

1）求梁跨中横截面 C 上的最大弯矩。绘出梁跨中横截面 C 上的弯矩 M_C 的影响线，如习题 9.5（a）题解图（b）所示。将轮 1 作用力 [9.5（a）题解图（a）中 1 点的力] 置于影响线的顶点，按临界荷载判别式，有

$$\frac{(324.5)}{6}kN/m = \frac{324.5}{6}kN/m$$

$$\frac{0}{6}\text{kN/m} < \frac{(324.5)+324.5}{6}\text{kN/m}$$

故轮1作用力是使梁跨中截面C产生最大弯矩的临界荷载。

同理，轮2作用力［习题9.5（a）题解图（a）中2点的力］也是使梁跨中截面C产生最大弯矩的临界荷载，由于对称，两者产生的结果相同，只计算一种即可。梁跨中横截面C上的最大弯矩为

$$M_C = 324.5\text{kN} \times 3\text{m} + 324.5\text{kN} \times 0.6\text{m} = 1168.2\text{kN} \cdot \text{m}$$

2）求梁的绝对最大弯矩。梁上作用力的合力为

$$F_R = 324.5\text{kN} + 324.5\text{kN} = 649\text{kN}$$

合力F_R位于两力的中点，故合力F_R与轮1作用力之间的距离为$a = 2.4\text{m}$。轮1作用力离支座A的距离为

$$x = \frac{l}{2} - \frac{a}{2} = \frac{12\text{m}}{2} - \frac{2.4\text{m}}{2} = 4.8\text{m}$$

绝对最大弯矩发生在轮1作用的截面上，其数值为

$$M_{max} = \frac{F_R}{l}\left(\frac{l}{2} - \frac{a}{2}\right)^2 - M_i = \frac{649\text{kN}}{12\text{m}} \times (4.8\text{m})^2 - 0 = 1246.08\text{kN} \cdot \text{m}$$

显然，梁的绝对最大弯矩大于其跨中横截面C上的最大弯矩，但两者相差不大。

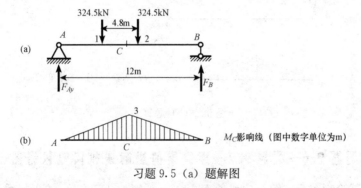

习题9.5（a）题解图

（2）题（b）解

1）求梁跨中横截面C上的最大弯矩。绘出梁跨中横截面C上的弯矩M_C的影响线，如习题9.5（b）题解图（b）所示。将轮1作用力［习题9.5（b）题解图（a）中1点的力］置于影响线的顶点，按临界荷载判别式，有

$$\frac{(120)}{6}\text{kN/m} > \frac{60}{6}\text{kN/m}$$

$$\frac{0}{6}\text{kN/m} < \frac{(120)+60}{6}\text{kN/m}$$

故轮1作用力是使梁跨中截面C产生最大弯矩的临界荷载。

验算其他荷载均不满足判别式。因此，梁跨中横截面C上的最大弯矩为

$$M_C = 120\text{kN} \times 3\text{m} + 60\text{kN} \times 1\text{m} = 420\text{kN} \cdot \text{m}$$

2）求梁的绝对最大弯矩。梁上作用力的合力（梁上荷载此时只有轮1和轮2的作用力）为

$$F_R = 120\text{kN} + 60\text{kN} = 180\text{kN}$$

由合力矩定理，有

$$F_R \cdot a = 60\text{kN} \times 4\text{m}$$

故合力 F_R 与临界荷载轮 1 作用力之间的距离为

$$a = 1.33\text{m}$$

轮 1 作用力离支座 A 的距离

$$x = \frac{l}{2} - \frac{a}{2} = \frac{12\text{m}}{2} - \frac{1.33\text{m}}{2} = 5.335\text{m}$$

绝对最大弯矩发生在轮 1 作用的截面上，其数值为

$$M_{\max} = \frac{F_R}{l} \left(\frac{l}{2} - \frac{a}{2} \right)^2 - M_i$$

$$= \frac{180\text{kN}}{12\text{m}} \times (5.335\text{m})^2 - 0 = 426.9\text{kN} \cdot \text{m}$$

显然，梁的绝对最大弯矩大于其跨中横截面 C 上的最大弯矩，但两者相差不大。

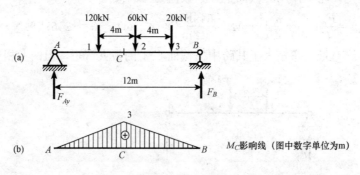

习题 9.5 (b) 题解图

习题 9.6～习题 9.7　连续梁的影响线和内力包络图

习题 9.6　试绘制图示连续梁中量值 M_A、M_K、M_C、F_{By}、F_{SK} 的影响线的轮廓。

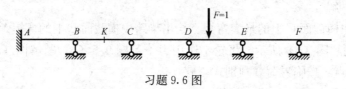

习题 9.6 图

解　用机动法绘出各量值的影响线的轮廓如习题 9.6 题解图（a～e）所示。

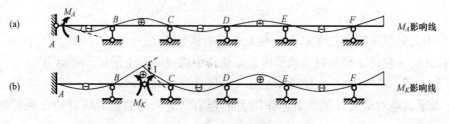

习题 9.6 题解图

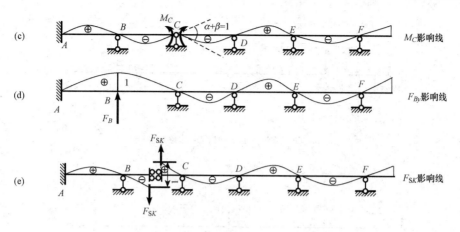

习题 9.6 题解图（续）

习题 9.7 试绘制图示连续梁的弯矩包络图。已知连续梁各跨承受均布恒载 $q=10\text{kN/m}$ 和均布活载 $q=20\text{kN/m}$ 的共同作用，梁的弯曲刚度 EI 为常数。

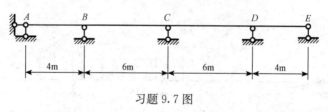

习题 9.7 图

解 1）绘出恒载作用下的弯矩图，如习题 9.7 题解图（b）所示。

2）绘出各跨分别承受活载时的弯矩图，分别如习题 9.7 题解图（c~f）所示。

3）将梁的每一跨分为四等分，求得各弯矩图中各等分点处的竖标值，然后将恒载弯矩图中各等分点处的竖标值与各个活载弯矩图中对应的正、负竖标值叠加，即得最大、最小弯矩值。

4）将各个最大弯矩值和最小弯矩值的竖标用曲线相连，即得弯矩包络图，如习题 9.7 题解图（g）所示。

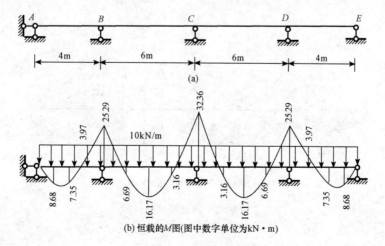

习题 9.7 题解图

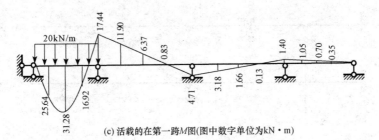

(c) 活载的在第一跨M图(图中数字单位为kN·m)

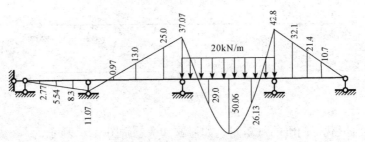

(d) 活载的在第二跨M图(图中数字单位为kN·m)

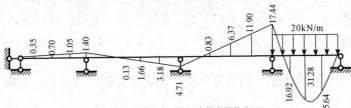

(e) 活载的在第三跨M图(图中数字单位为kN·m)

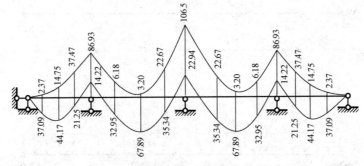

(f) 活载的在第四跨M图(图中数字单位为kN·m)

(g) 弯矩包络图(图中数字单位为kN·m)

习题9.7题解图（续）

第十章　结构的动力分析

内容总结

1. 结构动力分析的基本任务

结构上作用的荷载，除静荷载外，还可能有动荷载。所谓动荷载是指荷载的大小、方向和作用位置随时间迅速变化，由此而引起结构上各质点的加速度及作用于结构上的惯性力不能忽略。

结构动力分析的基本任务就是研究动荷载所引起的结构动内力、动位移等量值随时间的变化规律，从而确定其最大量值，为设计提供依据。

结构在动荷载作用下或受到外界干扰时将产生振动。若结构在起振后就再无外力激振作用了，则这种振动称为自由振动。结构在自由振动时所得到的结构的自振频率、振型和阻尼参数等指标是结构本身的固有性质而与动荷载无关，是反映结构动力特性的指标。

结构在动荷载作用下的动力反应与结构的动力特性密切相关，因此研究结构的动力特性也是结构动力分析的基本任务。

2. 体系振动的自由度

结构在振动过程中，确定全部质点位置所需要的独立几何参数的数目称为结构振动的自由度。

对于比较复杂的体系，可以用附加刚性链杆的方法使各质点位置完全固定下来，不再发生运动，此时所加刚性链杆的最少数目即为体系振动的自由度数。

振动自由度为一个的体系称为单自由度体系。振动自由度为两个及两个以上的体系称为多自由度体系。

实际结构的质量是连续分布的，因此具有无限多个振动自由度，应根据结构的实际情况和计算经验，把实际结构简化为有限多个自由度的体系进行计算。

3. 单自由度体系的自由振动

（1）振动微分方程及其解

单自由度体系自由振动的微分方程为

$$\ddot{y}(t) + \omega^2 y(t) = 0$$

式中：

$$\omega = \sqrt{\frac{k_{11}}{m}}$$

其解为

$$y(t) = A\sin(\omega t + \varphi)$$

式中：

$$A = \sqrt{y_0^2 + \left(\frac{v_0}{\omega}\right)^2}$$

$$\varphi = \tan^{-1}\frac{\omega y_0}{v_0}$$

式中的 A 表示质点的最大位移，称为振幅。在振动过程中质点的位置变化是由 $\omega t + \varphi$ 决定的，$\omega t + \varphi$ 称为相位角。φ 是初始位置的相位角，称为初相角。

（2）自振周期和自振频率

结构的自振周期为

$$T = \frac{2\pi}{\omega}$$

自振周期的倒数表示每秒钟内的振动次数，称为工程频率，以 f 表示。即

$$f = \frac{1}{T} = \frac{\omega}{2\pi}$$

通常用的较多的是在 2π 秒内的振动次数。即

$$\omega = \frac{2\pi}{T}$$

ω 称为圆频率。ω 是一个十分重要的量，还可表示为

$$\omega = \sqrt{\frac{1}{m\delta_{11}}} = \sqrt{\frac{g}{W\delta_{11}}} = \sqrt{\frac{g}{y_{\text{st}}^{\text{W}}}}$$

式中：$W = mg$——质点的重量；

y_{st}^{W}——重力引起的静位移。

结构自由振动时的圆频率 ω 通常简称为自振频率。自振频率只取决于结构自身的质量和刚度，与外界干扰无关，它是结构本身的固有属性，所以也常将自振频率称为固有频率。刚度越大或质量越小，则自振频率越高，反之越低。

4. 单自由度体系的强迫振动

（1）振动微分方程及其解

单自由度体系强迫振动的微分方程为

$$\ddot{y}(t) + \omega^2 y(t) = \frac{F(t)}{m}$$

当 $F(t) = F\sin\theta t$ 为简谐荷载时，有

$$\ddot{y}(t) + \omega^2 y(t) = \frac{F\sin\theta t}{m}$$

其解为

$$y(t) = -\frac{F}{m(\omega^2 - \theta^2)} \cdot \frac{\theta}{\omega}\sin\omega t + \frac{F}{m(\omega^2 - \theta^2)}\sin\theta t$$

体系的振动是由两部分组成：第一部分按体系的自振频率 ω 振动，是伴随动荷载的作用产生的，称为伴生自由振动；第二部分是按动荷载频率 θ 振动，称为纯强迫振动。

在实际情况中，第一部分会很快衰减逐渐消失，可以略去不计，而只考虑第二部分稳态的强迫振动。

（2）动荷因数

纯强迫振动任一时刻质点的位移为

$$y(t) = y_{st}^{F}\frac{1}{1 - \dfrac{\theta^2}{\omega^2}}\sin\theta t$$

式中：

$$y_{st}^{F} = F\delta_{11} = \frac{F}{m\omega^2}$$

称为最大静位移。最大动位移为

$$y_{dmax} = y_{st}^{F}\frac{1}{1 - \dfrac{\theta^2}{\omega^2}} = y_{st}^{F}K_d$$

式中：

$$K_d = \frac{y_{dmax}}{y_{st}^{F}} = \frac{1}{1 - \dfrac{\theta^2}{\omega^2}}$$

称为动荷因数。

当 $K_d = 1$ 时，可当作静荷载处理。当 $|K_d| \ll 1$ 时，质量 m 在静平衡位置附近做微小的振动。当 $|K_d| \to \infty$ 时，振幅会无限增大，这种现象称为"共振"，在工程设计中应尽量避免。

5. 单自由度体系的有阻尼振动

黏滞阻尼理论假定阻尼力的大小与振动速度的大小成正比，阻尼力方向始终与振动速度的方向相反，即

$$F_c = -c\dot{y}(t)$$

式中：c——阻尼系数。

（1）有阻尼的自由振动

单自由度体系有阻尼自由振动的微分方程为

$$\ddot{y}(t) + 2\zeta\omega\dot{y}(t) + \omega^2 y(t) = 0$$

式中：

$$\zeta = \frac{c}{2m\omega}$$

称为阻尼比。

① 当 $\zeta < 1$ 时，体系会产生振动。有阻尼自振频率 ω_c 与无阻尼自振频率 ω 很接近，可

认为 $\omega_{\mathrm{c}} \approx \omega$。同样，阻尼对自振周期的影响也不显著。

阻尼对振幅的影响较大。振幅按等比数列递减，取对数后有

$$\ln \frac{A_n}{A_{n+1}} = \zeta \omega T_{\mathrm{c}}$$

这里 $\ln \dfrac{A_n}{A_{n+1}}$ 是个常数，称为振幅的对数递减率，它表明一个周期内振幅的对数衰减情况。

当由试验测出周期 T_{c} 及振幅 A_n、A_{n+1} 后，可得阻尼系数为

$$c = 2m\omega\zeta = \frac{2m}{T_c} \ln \frac{A_n}{A_{n+1}}$$

② 当 $\zeta = 1$ 时，体系不再产生振动。这时的阻尼系数称为临界阻尼系数，以 c_{cr} 表示，有

$$c_{\mathrm{cr}} = 2m\omega = 2\sqrt{mk_{11}}$$

由 $\zeta = \dfrac{c}{2m\omega}$，得

$$\zeta = \frac{c}{c_{\mathrm{cr}}}$$

且有

$$\zeta = \frac{1}{\omega T_{\mathrm{c}}} \ln \frac{A_n}{A_{n+1}} = \frac{1}{2\pi} \cdot \frac{\omega_c}{\omega} \ln \frac{A_n}{A_{n+1}} \approx \frac{1}{2\pi} \ln \frac{A_n}{A_{n+1}}$$

（2）有阻尼的强迫振动

单自由度体系有阻尼强迫振动的微分方程为

$$\ddot{y}(t) + 2\zeta\omega\dot{y}(t) + \omega^2 y(t) = \frac{F(t)}{m}$$

当 $F(t)$ 为简谐荷载时，有

$$\ddot{y}(t) + 2\zeta\omega\dot{y}(t) + \omega^2 y(t) = \frac{F}{m}\sin\theta t$$

体系的振动是由两部分组成：第一部分随时间增加将很快衰减消失；第二部分是以动荷频率 θ 振动的纯强迫振动，这部分振动也称为稳态的强迫振动。

稳态强迫振动的位移为

$$y(t) - A\sin(\theta t - \varphi)$$

式中：

$$A = y_{\mathrm{st}}^{\mathrm{F}} \frac{1}{\sqrt{\left(1 - \dfrac{\theta^2}{\omega^2}\right)^2 + 4\zeta^2 \dfrac{\theta^2}{\omega^2}}} = y_{\mathrm{st}}^{\mathrm{F}} K_{\mathrm{d}}$$

称为纯强迫振动的振幅。而

$$K_{\mathrm{d}} = \frac{1}{\sqrt{\left(1 - \dfrac{\theta^2}{\omega^2}\right)^2 + 4\zeta^2 \dfrac{\theta^2}{\omega^2}}}$$

称为考虑阻尼时的动荷因数。且有

$$y(t) = y_{\mathrm{st}}^{\mathrm{F}} K_{\mathrm{d}}\sin(\theta t - \varphi)$$

当 $\dfrac{\theta}{\omega} < 0.75$ 和 $\dfrac{\theta}{\omega} > 1.25$ 时，阻尼对 K_{d} 的影响较小；当 $0.75 < \dfrac{\theta}{\omega} < 1.25$ 时，阻尼对

K_d 的影响显著。

由于 ζ 的值通常很小，故计算时可近似将 $\frac{\theta}{\omega}=1$ 时的动荷因数作为最大值，即

$$K_{\text{dmax}} \approx \frac{1}{2\zeta}$$

典型例题

例 10.1 长度为 $l=1\text{m}$ 的悬臂梁，在其端部装一质量为 $m=123\text{kg}$ 的电动机，如图 10.1（a）所示。钢梁的弹性模量为 $E=2.06\times10^{11}\text{N/m}^2$，截面的惯性矩为 $I=78\text{cm}^4$。与电动机的重量相比，梁的自重可忽略不计。试求自振频率及自振周期。

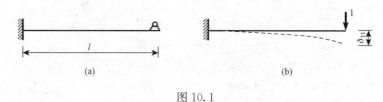

(a)   (b)

图 10.1

分析 计算结构的自振频率及自振周期时，应先考虑该结构是计算柔度系数还是计算刚度系数，一般根据结构特征那个容易计算那个。

解 这是一个单自由度体系，加单位力求其柔度系数，如图 10.1（b）所示。由图乘法得

$$\delta_{11} = \frac{l^3}{3EI} = \frac{1^3}{3\times2.06\times10^{11}\times78\times10^{-8}}\text{m/N} = 2.07\times10^{-6}\text{m/N}$$

自振频率为

$$\omega = \sqrt{\frac{1}{m\delta_{11}}} = \sqrt{\frac{1}{123\times2.07\times10^{-6}}}\text{s}^{-1} = 62.67\text{s}^{-1}$$

自振周期为

$$T=2\pi/\omega=2\times3.14/62.67\text{s}^{-1}=0.1\text{s}^{-1}$$

例 10.2 图 10.2 所示梁的弹性模量 $E=2.06\times10^{11}\text{N/m}^2$，惯性矩为 $I=78\text{cm}^4$，梁长 $l=1\text{m}$。在其端部装有一台质量为 $m=123\text{kg}$ 的电动机，电机转速为 $n=1200\text{r/min}$，转动产生的离心力为 $F=49\text{N}$。试求梁的最大动位移和最大动弯矩。不计梁重，不计阻尼。

分析 结构的振幅和最大动弯矩是在静平衡基础上由于振动引起的动力反应。若求最大位移和最大弯矩，还需加上由结构上的静荷载，比如重力所引起的位移和弯矩。

解 1）求最大静位移 y_{st}^F 和最大静弯矩 M_{st}^F。梁的 B 端位移最大。梁的 B 端的柔度系数已在例 10.1 求出，即

$$\delta_{11} = 2.07\times10^{-6}\text{m/N}$$

图 10.2

则由 F 引起的最大静位移为

$$y_{st}^F = F\delta = 49\text{N}\times2.07\times10^{-6}\text{m/N} = 0.102\text{mm}$$

251

梁的 A 端弯矩最大。由 F 引起的 A 端最大静弯矩为

$$M_{\mathrm{st}}^{\mathrm{F}} = Fl = 49\mathrm{m} \times 1\mathrm{m} = 49\mathrm{N} \cdot \mathrm{m}$$

2）计算动荷因数。动荷频率为

$$\theta = \frac{2\pi n}{60} = 125.66\mathrm{s}^{-1}$$

结构的自振频率已在例 10.1 中求出，即

$$\omega = 62.67\mathrm{s}^{-1}$$

故动荷因数为

$$K_{\mathrm{d}} = \frac{1}{1 - \dfrac{\theta^2}{\omega^2}} = \frac{1}{1 - \dfrac{125.66^2}{62.67^2}} = -0.33$$

3）求梁的最大动位移（振幅）和最大动弯矩。最大动位移为

$$A = y_{\mathrm{st}}^{\mathrm{F}} |K_d| = 0.102\mathrm{mm} \times 0.33 = 0.034\mathrm{mm}$$

最大动弯矩为

$$M_A = M_{\mathrm{st}}^{\mathrm{F}} |K_d| = 49\mathrm{N} \cdot \mathrm{m} \times 0.33 = 16.17\mathrm{N} \cdot \mathrm{m}$$

例 10.3 图 10.3 所示为一单层刚架。设横梁 $EI = \infty$，屋盖系统的质量和柱子的部分质量均集中在横梁处，共计为 m。为了确定刚架水平振动时的动力特性，进行以下振动实验：在横梁处加一水平力 F，使柱顶发生侧移 $y_0 = 0.5\mathrm{cm}$，然后突然释放，使刚架作自由振动。测得一个周期后横梁摆回的侧移为 $y_1 = 0.3\mathrm{cm}$。试计算：

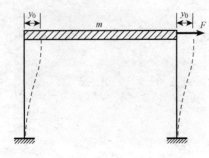

图 10.3

1）刚架的阻尼比 ζ；

2）振幅衰减到 y_0 的 5% 以下所需的时间。

分析 在有阻尼的振动问题中，阻尼比是一个极为重要的参数。计算时，当结构的阻尼比未知时，可假设为小阻尼情况，此时阻尼对周期的影响很小，可取 $T_c \approx T$ 进行计算。

解 1）求 ζ。假定阻尼比 $\zeta < 0.2$，此时阻尼对周期的影响很小，可取 $T_c \approx T$，此时 $\omega_c \approx \omega$。则有

$$\zeta = \frac{1}{\omega T_c} \ln \frac{A_n}{A_{n+1}} = \frac{1}{2\pi} \cdot \frac{\omega_c}{\omega} \ln \frac{A_n}{A_{n+1}} \approx \frac{1}{2\pi} \ln \frac{A_n}{A_{n+1}} = \frac{1}{2\pi} \ln \frac{y_0}{y_1}$$

$$= \frac{1}{2\pi} \ln \frac{0.5}{0.3} = \frac{1}{2 \times 3.14} \times 0.5108 = 0.0813$$

可见属于小阻尼，与假定相符合。

2）计算振幅衰减到 $0.05y_0$ 所需的振动周期数 k。在公式 $\ln \dfrac{A_n}{A_{n+k}} = k\zeta\omega T_c$ 中取 $T_c \approx T = 2\pi/\omega$，并令 $n = 0$，则有

$$\xi = \frac{1}{2\pi k} \ln \frac{A_0}{A_k} = \frac{1}{2\pi k} \ln \frac{y_0}{y_k}$$

故

$$k = \frac{1}{2\pi\xi} \ln \frac{y_0}{y_k} = \frac{1}{2 \times 3.14 \times 0.0813} \ln \frac{0.5}{0.025} = 5.87$$

取 $k=6$，即经过 6 个周期后，振幅可衰减到初位移的 5%以下。

思考题解答

思考题 10.1 结构的动力分析与静力分析的主要区别是什么？

解 结构在静荷载作用时，施力过程是缓慢的，它不会对结构产生显著的加速度，因而可忽略惯性力对结构的影响，荷载的作用与时间无关。

结构在动荷载下，如地震荷载、机械运转时产生的荷载以及水流与波浪对水工设施的冲击荷载等等。这些荷载的大小、方向和作用位置随时间迅速变化，由此而引起结构上各质点的加速度及作用于结构上的惯性力不能忽略

思考题 10.2 在结构的动力分析中，什么是体系振动的自由度？它是否只取决于质点的数目？与结构是静定还是超静定有无关系？与超静定次数有无关系？

解 我们把结构在振动过程中，确定全部质点位置所需要的独立几何参数的数目称为结构振动的自由度。

体系振动的自由度和质点的数目有关但不一定等于质点的数目。

体系振动的自由度与结构是静定还是超静定无关。

体系振动的自由度与超静定次数无关。

思考题 10.3 为什么说自振频率是结构的固有性质？它与结构的哪些量值有关？

解 因为自振频率只取决于结构自身的质量和刚度，与外界干扰无关，所以它是结构本身的固有属性，所以也常将自振频率称为固有频率。

思考题 10.4 等截面简支梁，当其弯曲刚度 EI 增加一倍，跨度 l 也增加一倍时，它的自振频率比原来增高还是降低？

解 它的自振频率比原来降低。

思考题 10.5 什么是阻尼？它对自由振动和强迫振动各有什么影响？

解 结构在振动过程中会受到周围介质的阻碍，这些因素会引起振动能量的耗散，阻滞体系持续振动，我们把这些因素称为阻尼。

（1）阻尼对自由振动的影响

① 当阻尼比 $\zeta<1$ 时，体系会产生振动。有阻尼自振频率 ω_c 与无阻尼自振频率 ω 很接近，可认为 $\omega_c \approx \omega$。同样，阻尼对自振周期的影响也不显著。但阻尼对振幅的影响较大。

② 当阻尼比 $\zeta=1$ 时，体系不再产生振动。

（2）阻尼对强迫振动的影响

有阻尼的强迫振动是由两部分组成：第一部分随时间增加将很快衰减消失；第二部分是以动荷频率 θ 振动的纯强迫振动，这部分振动也称为稳态的强迫振动。

当频率比 $\dfrac{\theta}{\omega}<0.75$ 和 $\dfrac{\theta}{\omega}>1.25$ 时，阻尼对动荷因数 K_d 的影响较小；当频率比 $0.75<\dfrac{\theta}{\omega}<1.25$ 时，阻尼对动荷因数 K_d 的影响显著。

思考题 10.6 如果阻尼比增大，振动周期将如何变化？

解 由公式 $\ln \dfrac{A_n}{A_{n+1}} = \zeta \omega T_c$ 可知，如果阻尼比 ζ 增大，振动周期 T_c 将变小。

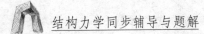

思考题 10.7 什么是动荷因数？动荷因数的大小与哪些因素有关？

解 $K_d = \dfrac{y_{dmax}}{y_{st}^F} = \dfrac{1}{1 - \dfrac{\theta^2}{\omega^2}}$ 称为动荷因数。动荷因数 K_d 与频率比 $\dfrac{\theta}{\omega}$ 有关。

思考题 10.8 动荷因数为负值时，其表示的物理意义是什么？

解 由动荷因数的定义可知，当动荷因数为负值时，表明动荷载频率大于结构自振频率。当 $\theta \gg \omega$ 时，此时 $\dfrac{\theta^2}{\omega^2}$ 为很大的数，$|K_d| \ll 1$。这表明当动荷载频率远大于自振频率时，动位移远小于最大静位移 y_{st}^F，质量 m 在静平衡位置附近做微小的振动。

习题解答

习题 10.1　体系振动的自由度

习题 10.1 试确定图示体系振动的自由度。

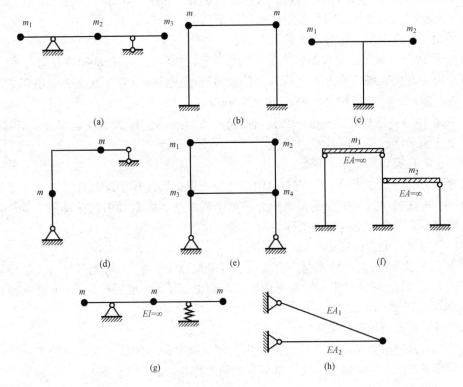

习题 10.1 图

解 用附加刚性链杆的方法使各质点位置完全固定下来，不再发生运动，分别如习题 10.1 题解图（a～h）所示。此时所加刚性链杆的最少数目即为体系振动的自由度数。因此，图（a～h）所示体系的自由度数分别为 3、1、3、3、2、2、1、2。

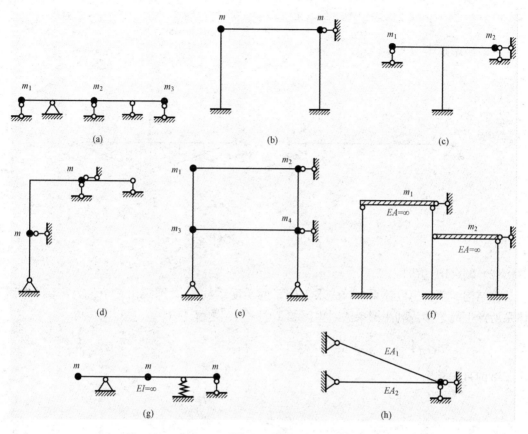

(a) (b) (c)

(d) (e) (f)

(g) (h)

习题 10.1 题解图

习题 10.2～习题 10.5　结构的自振频率和自振周期

习题 10.2　试求图示各梁的自振频率，并分析支承情况对自振频率的影响。

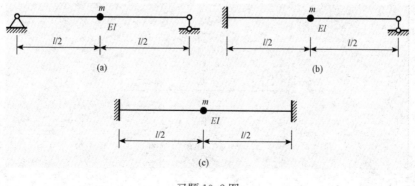

(a) (b)

(c)

习题 10.2 图

解　(1) 题 (a) 解

该结构为单自由度体系。首先求出体系的柔度系数 δ_{11}，即求出在单位力 $F=1$ 作用下体系所产生的位移。利用图乘法，由习题 10.2 (a) 题解图 (b) 自乘，得

$$\delta_{11} = \frac{1}{EI} \times \frac{1}{2} \times \frac{l}{2} \times \frac{l}{4} \times \frac{2}{3} \times \frac{l}{4} \times 2 = \frac{l^3}{48EI}$$

梁的自振频率为

$$\omega = \sqrt{\frac{1}{m\delta_{11}}} = 4\sqrt{\frac{3EI}{ml^3}}$$

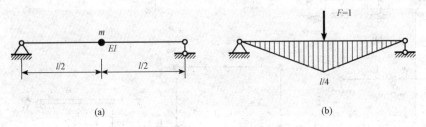

习题 10.2（a）题解图

（2）题（b）解

该结构为单自由度体系。首先求出体系的柔度系数 δ_{11}，即求出在单位力 $F=1$ 作用下体系所产生的位移。利用图乘法，由习题 10.2（b）题解图（b，c）互乘，得

$$\delta_{11} = \frac{1}{EI}\left(\frac{1}{2} \times \frac{l}{2} \times \frac{3l}{16} \times \frac{2}{3} \times \frac{l}{2} - \frac{1}{2} \times \frac{l}{2} \times \frac{5l}{32} \times \frac{l}{3} \times \frac{l}{2}\right) = \frac{7l^3}{768EI}$$

梁的自振频率为

$$\omega = \sqrt{\frac{1}{m\delta_{11}}} = 16\sqrt{\frac{3EI}{7ml^3}}$$

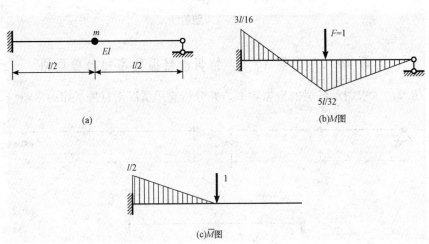

习题 10.2（b）题解图

（3）题（c）解

该结构为单自由度体系。首先求出体系的柔度系数 δ_{11}，即求出在单位力 $F=1$ 作用下体系所产生的位移。利用图乘法，由习题 10.2（c）题解图（b，c）互乘，得

$$\delta_{11} = \frac{1}{EI}\left(\frac{1}{2} \times \frac{l}{2} \times \frac{l}{8} \times \frac{2}{3} \times \frac{l}{2} - \frac{1}{2} \times \frac{l}{2} \times \frac{l}{8} \times \frac{1}{3} \times \frac{l}{2}\right) = \frac{l^3}{192EI}$$

梁的自振频率为

$$\omega = \sqrt{\dfrac{1}{m\delta_{11}}} = 8\sqrt{\dfrac{3EI}{ml^3}}$$

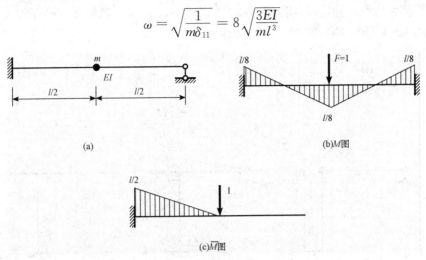

(a)　　　　　　　　(b)M图

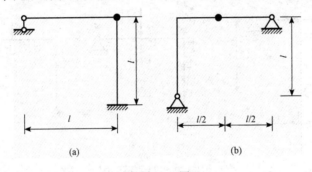

(c)$\overline{M}$图

习题 10.2（c）题解图

从上面三种梁的自振频率可以看出，梁的约束越强，自振频率越大。

习题 10.3　试求图示刚架的自振频率。设各杆的弯曲刚度 EI 为常数。

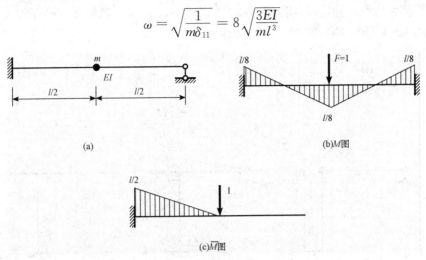

习题 10.3 图

解　（1）题（a）解

该结构为单自由度体系。首先求出体系的柔度系数 δ_{11}，即求出在单位力 $F=1$ 作用下体系所产生的位移。用力法绘出结构的 M 图（过程省略），如习题 10.3（a）题解图（b）所示。在原体系中取一静定结构绘出 $\overline{M}$ 图，如习题 10.3（a）题解图（c）所示。利用图乘法，由习题 10.3（a）题解图（b，c）互乘，得

$$\delta_{11} = \frac{1}{EI}\left(\frac{1}{2} \times l^2 \times \frac{7l}{24}\right) = \frac{7l^3}{48EI}$$

刚架的自振频率为

$$\omega = \sqrt{\frac{1}{m\delta_{11}}} = 4\sqrt{\frac{3EI}{7ml^3}}$$

（2）题（b）解

该结构为单自由度体系。首先求出体系的柔度系数 δ_{11}，即求出在单位力 $F=1$ 作用下

体系所产生的位移。用力法绘出结构的 M 图（过程省略），如习题 10.3（b）题解图（b）所示。在原体系中取一静定结构绘出 $\overline{M}$ 图，如习题 10.3（b）题解图（c）所示。利用图乘法，由习题 10.3（b）题解图（b，c）互乘，得

$$\delta_{11} = \frac{1}{EI}\left(\frac{1}{2} \times \frac{l}{2} \times \frac{l}{4} \times \frac{2}{3} \times \frac{13l}{64} + \frac{1}{2} \times \frac{l}{2} \times \frac{l}{4} \times \frac{5l}{48}\right) = \frac{23l^3}{1536EI}$$

刚架的自振频率为

$$\omega = \sqrt{\frac{1}{m\delta_{11}}} = \sqrt{\frac{1536EI}{23ml^3}}$$

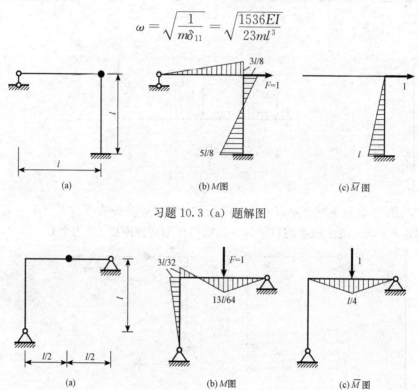

习题 10.3（a）题解图

习题 10.3（b）题解图

习题 10.4 图示桁架各杆的截面相同，已知截面面积 $A = 2 \times 10^3\,\mathrm{m}^2$，材料的弹性模量 $E = 206\mathrm{GPa}$，质量 m 的质点重 $W = 40\mathrm{kN}$，各杆重量略去不计。试求桁架的自振频率和自振周期。

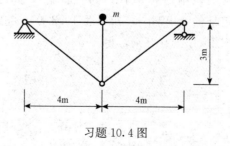

习题 10.4 图

解 该结构为单自由度体系。首先求出体系在 $W = 40\mathrm{kN}$ 作用下产生的位移 $y_{\mathrm{st}}^{\mathrm{W}}$。绘出桁架在 $W = 40\mathrm{kN}$ 作用下的 F_{N} 图（过程省略），如习题 10.4 题解图（a）所示。绘出桁架在

单位力作用下的 $\overline{F}_\mathrm{N}$ 图，如习题 10.4 题解图（b）所示。由位移计算公式，得

$$y_\mathrm{st}^\mathrm{W} = \sum \frac{F_\mathrm{N} \overline{F}_\mathrm{N} l}{EA}$$

$$= \frac{40 \times 10^3\,\mathrm{N}}{206 \times 10^9\,\mathrm{Pa} \times 2 \times 10^3\,\mathrm{m}^2} \times \left[\left(\frac{2}{3}\right)^2 \times 4\mathrm{m} \times 2 + 1^2 \times 3\mathrm{m} + \left(\frac{5}{6}\right)^2 \times 5\mathrm{m} \times 2\right]$$

$$= 13.107 \times 10^{-8}\,\mathrm{m}$$

桁架的自振频率为

$$\omega = \sqrt{\frac{g}{y_\mathrm{st}^\mathrm{W}}} = \sqrt{\frac{9.8}{13.107 \times 10^{-8}}}\,\mathrm{s}^{-1} = 8646.69\,\mathrm{s}^{-1}$$

桁架的自振周期为

$$T = 2\pi \sqrt{\frac{y_\mathrm{st}^\mathrm{W}}{g}} = 2 \times 3.14 \sqrt{\frac{13.107 \times 10^{-8}}{9.8}}\,\mathrm{s} = 7.263 \times 10^{-4}\,\mathrm{s}$$

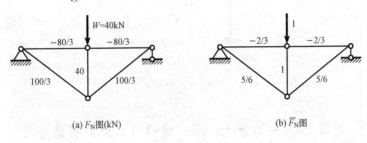

(a) F_N 图(kN)　　　　　　(b) $\overline{F}_\mathrm{N}$ 图

习题 10.4 题解图

习题 10.5 试求图示厂房排架的水平自振频率和自振周期。设屋盖系统的总质量 $m = 2 \times 10^3\,\mathrm{kg}$（立柱的部分质量已集中到屋盖处，不需另加考虑），立柱截面的惯性矩分别为 $I_1 = 2 \times 10^{-3}\,\mathrm{m}^4$，$I_2 = 1 \times 10^{-2}\,\mathrm{m}^4$，材料的弹性模量 $E = 3 \times 10^{10}\,\mathrm{Pa}$。

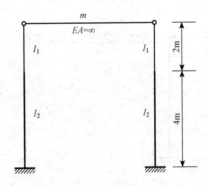

习题 10.5 图

解 该结构为单自由度体系。首先求出当柱顶产生水平单位位移时引起的刚架柱顶的水平刚度系数 k_{11} [习题 10.5 题解图（a）]。为此，先用力法求出习题 10.5 题解图（b）所示柱子顶端的剪力为

$$F_\mathrm{S} = 3629\mathrm{kN}$$

故

$$k_{11} = 2 \times 3629 = 7258\text{kN}$$

刚架的自振频率为

$$\omega = \sqrt{\frac{k_{11}}{m}} = \sqrt{\frac{7258 \times 10^3}{2 \times 10^3}}\text{s}^{-1} = 60.24\text{s}^{-1}$$

刚架的自振周期为

$$T = \frac{2\pi}{\omega} = \frac{2 \times 3.14}{60.24}\text{s} = 0.104\text{s}$$

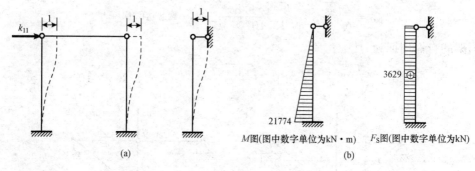

习题 10.5 题解图

习题 10.6～习题 10.10　结构的动内力和动位移

习题 10.6　在图示刚架的柱顶处装有电动机,已知电动机和结构的重量集中于柱顶,共重 $W = 20\text{kN}$,电动机产生的水平离心力的幅值 $F = 250\text{N}$,电动机转速 $n = 550\dfrac{\text{r}}{\text{min}}$,立柱的弯曲刚度 $EI_1 = 3.528 \times 10^4\text{kN} \cdot \text{m}^2$。试求电动机转动时刚架的最大水平位移和柱端弯矩的幅值。

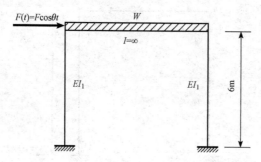

习题 10.6 图

解　1) 计算水平刚度系数 k_{11}。结构为单自由度体系。首先求出当柱顶产生水平单位位移时引起的刚架柱顶的水平刚度系数 k_{11} [习题 10.6 题解图 (a)]。此时柱子顶端的剪力为 $\dfrac{12EI_1}{l^3}$。以横梁为研究对象,由 $\sum X = 0$ 得

$$k_{11} = 2 \times \frac{12EI_1}{l^3} = \frac{24EI_1}{l^3}$$

2）计算刚架的自振频率。

$$\omega = \sqrt{\frac{k_{11}}{m}} = \sqrt{\frac{24EI_1}{ml^3}} = \sqrt{\frac{24gEI_1}{Wl^3}} = \sqrt{\frac{24 \times 9.8 \times 3.528 \times 10^7}{20 \times 10^3 \times 6^3}}\,\mathrm{s}^{-1} = 43.827\mathrm{s}^{-1}$$

3）计算动荷因数。动荷频率为

$$\theta = \frac{2\pi n}{60} = \frac{2 \times 3.14 \times 550}{60}\mathrm{s}^{-1} = 57.567\mathrm{s}^{-1}$$

动荷因数为

$$K_d = \frac{1}{1 - \dfrac{\theta^2}{\omega^2}} = \frac{1}{1 - \dfrac{57.567^2}{43.827^2}} = -1.379$$

4）计算刚架的最大水平位移和柱端弯矩的幅值。最大静位移为

$$y_{st}^F = \frac{F}{m\omega^2} = \frac{Fg}{W\omega^2} = \frac{250 \times 9.8}{20 \times 10^3 \times 43.827^2}\mathrm{m} = 63.775 \times 10^{-6}\mathrm{m}$$

最大静弯矩［习题 10.6 题解图（b）中的柱端弯矩］为

$$M_{st}^F = 375\mathrm{N} \cdot \mathrm{m}$$

刚架的最大水平位移为

$$A = y_{st}^F |K_d| = 63.775 \times 10^{-6}\mathrm{m} \times 1.379 = 0.088\mathrm{mm}$$

刚架柱端弯矩的幅值为

$$M_A = M_{st}^F |K_d| = 375\mathrm{N} \cdot \mathrm{m} \times 1.379 = 517.125\mathrm{N} \cdot \mathrm{m}$$

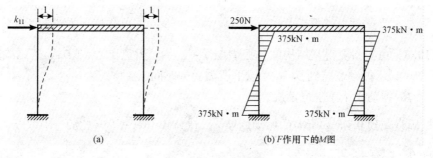

习题 10.6 题解图

习题 10.7 试求图示梁的最大竖向位移和梁端弯矩幅值。已知质点重 $W = 10\mathrm{kN}$，干扰力幅值 $F = 2.5\mathrm{kN}$，干扰力频率 $\theta = 57.61\mathrm{s}^{-1}$，梁跨度 $l = 1.5\mathrm{m}$，材料的弹性模量 $E = 2 \times 10^{11}\mathrm{Pa}$，截面的惯性矩 $I = 1.13 \times 10^{-5}\mathrm{m}^4$。

解 1）计算柔度系数 δ_{11}。该结构为单自由度体系。首先求出体系的柔度系数 δ_{11}，即求出在单位力 $F = 1$ 作用下体系所产生的位移，如习题 10.7 题解图所示。利用图乘法，得

$$\delta_{11} = \frac{1}{EI}\left(\frac{1}{2} \times l^2 \times \frac{2l}{3}\right) = \frac{l^3}{3EI} = \frac{1.5^3}{3 \times 2 \times 10^{11} \times 1.13 \times 10^{-5}}\mathrm{m/N} = 0.498 \times 10^{-6}\mathrm{m/N}$$

2）计算梁的自振频率。

$$\omega = \sqrt{\frac{1}{m\delta_{11}}} = \sqrt{\frac{g}{W\delta_{11}}} = \sqrt{\frac{9.8}{10 \times 10^3 \times 0.498 \times 10^{-6}}}\mathrm{s}^{-1} = 44.36\mathrm{s}^{-1}$$

3）计算动荷因数。干扰力频率为

$$\theta = 57.61\text{s}^{-1}$$

动荷因数为

$$K_{\mathrm{d}} = \frac{1}{1 - \dfrac{\theta^2}{\omega^2}} = \frac{1}{1 - \dfrac{57.61^2}{44.36^2}} = -1.456$$

4) 计算梁的最大竖向位移和梁端弯矩幅值。最大静位移为

$$y_{\mathrm{st}}^{\mathrm{F}} = F \times \delta_{11} = 2.5 \times 10^3\,\mathrm{N} \times 0.498 \times 10^{-6}\,\mathrm{m/N} = 1.245 \times 10^{-3}\,\mathrm{m} = 1.245\,\mathrm{mm}$$

梁端最大静弯矩为

$$M_{\mathrm{st}}^{\mathrm{F}} = Fl = 2.5\,\mathrm{kN} \times 1.5\,\mathrm{m} = 3.75\,\mathrm{kN \cdot m}$$

梁的最大竖向位移为

$$\begin{aligned} y_{\max} &= W \times \delta_{11} + y_{\mathrm{st}}^{\mathrm{F}}\,|K_{\mathrm{d}}| \\ &= 10 \times 10^3\,\mathrm{N} \times 0.498 \times 10^{-6}\,\mathrm{m/N} \times 10^3 + 1.245\,\mathrm{mm} \times 1.456 = 6.79\,\mathrm{mm} \end{aligned}$$

梁端弯矩幅值为

$$M_{A\max} = Wl + M_{\mathrm{st}}^{\mathrm{F}}\,|K_{\mathrm{d}}| = 10\,\mathrm{kN} \times 1.5\,\mathrm{m} + 3.75\,\mathrm{kN \cdot m} \times 1.456 = 20.46\,\mathrm{kN \cdot m}$$

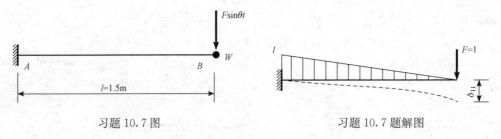

习题 10.7 图　　　　　　　　　　习题 10.7 题解图

习题 10.8 由实验测得某结构的自振周期 $T = 0.2\mathrm{s}$，阻尼比 $\zeta = 0.06$，若结构因初始位移 y_0 而振动，试求振幅衰减到 $0.05y_0$ 以下所需要的时间。

解 结构的振动属于小阻尼情况。

计算振幅衰减到 $0.05y_0$ 所需的振动周期 k。在公式 $\ln\dfrac{A_n}{A_{n+k}} = k\zeta\omega T_{\mathrm{c}}$ 中取 $T_{\mathrm{c}} \approx T = 2\pi/\omega$，并令 $n = 0$，则有

$$\xi = \frac{1}{2\pi k}\ln\frac{A_0}{A_k} = \frac{1}{2\pi k}\ln\frac{y_0}{y_{\mathrm{k}}}$$

由此得

$$k = \frac{1}{2\pi\xi}\ln\frac{y_0}{y_{\mathrm{k}}} = \frac{1}{2 \times 3.14 \times 0.06}\ln\frac{y_0}{0.05y_0} = 7.95$$

取 $k = 8$，振幅衰减到 $0.05y_0$ 以下所需要的时间为

$$t = k \times T = 8 \times 0.2\mathrm{s} = 1.6\mathrm{s}$$

习题 10.9 无重简支梁的跨长 $l = 4\mathrm{m}$，在跨中点处安装有重 $W = 34.3\mathrm{kN}$ 的电动机，其转速为 $n = 500r/\mathrm{min}$，电动机工作时产生的竖向干扰力幅值 $F = 9.8\mathrm{kN}$，梁材料的弹性模量 $E = 206\mathrm{GPa}$，截面的惯性矩 $I = 8.88 \times 10^{-4}\,\mathrm{m}^4$，体系的阻尼比 $\zeta = 0.01$。试求梁的最大动位移和最大弯矩，并求共振时梁的最大动位移和最大弯矩。

解 1) 计算柔度系数 δ_{11}。该结构为单自由度体系。首先求出体系的柔度系数 δ_{11}，即求出在单位力 $F = 1$ 作用下体系沿单位力方向所产生的位移，绘出 $\overline{M}$ 图如习题 10.9 题解图

所示。利用图乘法，得

$$\delta_{11} = \frac{l^3}{48EI} = \frac{4^3}{48 \times 206 \times 10^9 \times 8.88 \times 10^{-4}} \text{m/N} = 7.289 \times 10^{-9} \text{m/N}$$

2）计算梁的自振频率。

$$\omega = \sqrt{\frac{1}{m\delta_{11}}} = \sqrt{\frac{g}{W\delta_{11}}} = \sqrt{\frac{9.8}{34.3 \times 10^3 \times 7.289 \times 10^{-9}}} \text{s}^{-1} = 197.987 \text{s}^{-1}$$

3）计算动荷因数。干扰力频率为

$$\theta = \frac{2\pi n}{60} = \frac{2 \times 3.14 \times 500}{60} \text{s}^{-1} = 52.333 \text{s}^{-1}$$

动荷因数为

$$K_d = \frac{1}{\sqrt{\left(1 - \frac{\theta^2}{\omega^2}\right)^2 + 4\zeta^2 \frac{\theta^2}{\omega^2}}} = \frac{1}{\sqrt{\left(1 - \frac{52.333^2}{197.987^2}\right)^2 + 4 \times 0.01^2 \times \frac{52.333^2}{197.987^2}}} = 1.075$$

4）计算梁的最大动位移和最大弯矩。梁的最大静位移为

$$y_{st}^F = F \times \delta_{11} = 9.8 \times 10^3 \text{N} \times 7.289 \times 10^{-9} \text{m/N} = 71.432 \times 10^{-6} \text{m}$$

梁的最大静弯矩为

$$M_{st}^F = F \times \frac{l}{4} = 9.8 \times 10^3 \text{N} \times \frac{4}{4} \text{m} = 9.8 \text{kN} \cdot \text{m}$$

梁的最大竖向位移为

$$y_{max} = W \times \delta_{11} + y_{st}^F |K_d| = 34.3 \times 10^3 \text{N} \times 7.289 \times 10^{-9} \text{m/N} + 71.432 \times 10^{-6} \text{m} \times 1.075$$
$$= 326.802 \times 10^{-6} \text{m}$$

梁的最大弯矩为

$$M_{max} = \frac{Wl}{4} + M_{st}^F |K_d| = \frac{34.3 \times 10^3 \text{N} \times 4\text{m}}{4} + 9.8 \times 10^3 \text{N} \cdot \text{m} \times 1.075 = 53.835 \text{kN} \cdot \text{m}$$

5）计算共振时梁的最大动位移和最大弯矩。共振时动荷因数为

$$K_{dmax} \approx \frac{1}{2\zeta} = \frac{1}{2 \times 0.01} = 50$$

共振时梁的最大竖向位移为

$$y_{max} = W \times \delta_{11} + y_{st}^F K_{dmax}$$
$$= 34.3 \times 10^3 \text{N} \times 7.289 \times 10^{-9} \text{m/N} + 9.8 \times 10^3 \text{N} \times 7.289 \times 10^{-9} \text{m/N} \times 50 = 3.82 \text{mm}$$

共振时梁的最大弯矩为

$$M_{max} = \frac{Wl}{4} + M_{st}^F K_{dmax} = \frac{34.3 \times 10^3 \text{N} \times 4\text{m}}{4} + 9.8 \times 10^3 \text{N} \cdot \text{m} \times 50 = 524.3 \text{kN} \cdot \text{m}$$

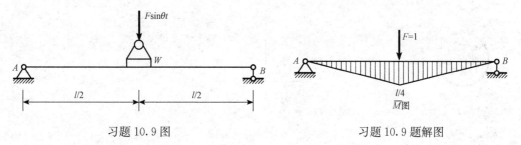

习题 10.9 图　　　　　　　　　　　　习题 10.9 题解图

263

习题 10.10 机器与基础的质量共为 $m=20\times10^3\text{kg}$，基础底面积 $A=4\text{m}^2$，设土壤抗压刚度系数 $c=2940\text{kN/m}^3$，体系的阻尼比 $\zeta=0.05$，机器工作时产生竖向简谐荷载 $F(t)=F\sin\theta t$，荷载幅值 $F=12\text{kN}$，机器转速 $n=300\text{r/min}$。试求地基基础的最大压应力。

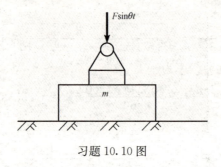

习题 10.10 图

解 在基础底面积 4m^2 内的总抗压刚度系数 k_{11} 为

$$k_{11}=c\cdot A=2940\text{kN/m}^3\times4\text{m}^2=11760\text{kN/m}$$

体系的自振频率为

$$\omega=\sqrt{\frac{k_{11}}{m}}=\sqrt{\frac{11760\times10^3}{20\times10^3}}\text{s}^{-1}=588\text{s}^{-1}$$

体系的干扰力频率为

$$\theta=\frac{2\pi n}{60}=\frac{2\times3.14\times300}{60}\text{s}^{-1}=31.4\text{s}^{-1}$$

体系的动荷因数为

$$K_\text{d}=\frac{1}{\sqrt{\left(1-\dfrac{\theta^2}{\omega^2}\right)^2+4\zeta^2\dfrac{\theta^2}{\omega^2}}}=\frac{1}{\sqrt{\left(1-\dfrac{31.4^2}{588^2}\right)^2+4\times0.05^2\times\dfrac{31.4^2}{588^2}}}=1.003$$

地基基础的最大压应力为

$$\sigma=\frac{W+F\times K_\text{d}}{A}=\frac{20\times10^3\text{kg}\times9.8\text{m/s}^2+12\times10^3\text{N}\times1.003}{4\text{m}^2}=52.009\text{kPa}$$